U0961964

建筑工人职业技能培训丛书

架子起重工基本技术

（修订版）

本书编著者　叶　刚

金盾出版社

内 容 提 要

本书系统介绍了初、中级架子起重工应知应会的基本知识和操作技术。内容包括：识图基本知识，建筑力学基本知识，架子工具及起重、吊装机具，架子基本材料，木、竹脚手架的搭设与拆除，吊、挂、挑、插口脚手架及其它脚手架的搭设与拆除，起重、吊装基本知识等。内容丰富，通俗易懂，实用性强，可供建筑工人及相关院校师生阅读。

图书在版编目(CIP)数据

架子起重工基本技术/叶　刚编著．—修订版．—北京：金盾出版社，2001.8

(建筑工人职业技能培训丛书)

ISBN 978-7-5082-1300-2

Ⅰ．架…　Ⅱ．叶…　Ⅲ．①脚手架-架设-技术培训-教材②起重机械，建筑机械-操作-技术培训-教材　Ⅳ．TU73

中国版本图书馆 CIP 数据核字(2000)第 34577 号

金盾出版社出版、总发行

北京太平路 5 号(地铁万寿路站往南)

邮政编码：100036　电话：68214039　83219215

传真：68276683　网址：www.jdcbs.cn

封面印刷：北京精美彩印有限公司

正文印刷：北京金盾印刷厂

装订：东杨庄装订厂

各地新华书店经销

开本：787×1092 1/32　印张：12.5　字数：280 千字

2009 年 6 月修订版第 7 次印刷

印数：62001—68000 册　定价：18.00 元

序

建筑业是我国国民经济的支柱产业，随着我国经济持续、快速的发展，建筑业在国民经济中的地位和作用日益突出。由于建筑施工队伍的急剧扩大，目前全国有80%以上的施工任务由农民工完成。由于对工人的职业技能培训工作滞后，一线技术工人素质不能很好地适应企业施工生产的需要，成为有的建筑产品质量不高、施工事故时有发生的原因之一，如不改变这种状况，必然影响到建筑业的长远发展。

世界经济发达国家和我国经济发展的实践证明，职业教育的规模和水平直接影响企业产品质量、经济效益和发展速度。为提高建筑队伍，特别是施工一线工人队伍的整体素质，进一步实现国家提出的“培养百万名建设专门人才和培训千万名建设技术工人和熟练劳务人员”的人才培养目标，大力发展以职业技能培训为基础的建设职业教育是一条重要途径。

本系列丛书根据国家建设部1996年颁发的《建设行业职业技能标准》和《建设职业技能岗位鉴定规范》要求，针对目前建筑工人的实际情况和工人培训的实际需要，在吸取借鉴国内外先进经验的基础上，组织编写了《木工基本技术》、《瓦工基本技术》、《抹灰工基本技术》、《钢筋工基本技术》、《混凝土工基本技术》、《油漆工基本技术》、《测量放线工基本技术》、《架子起重工基本技术》、《气焊工基本技术》、《电焊工基本技术》、《安装电工基本技术》、《管工基本技术》、《钣金工基本技术》等书，供广大建筑工人进行技能培训或自学提高之用。

本丛书从当前建筑工人队伍的整体素质出发，综合考虑企业人力资源开发的需要，在内容编排上，确定以培训中级技术工人为主要目标，并兼顾高级技术工人的知识技能更新，力求做到应知应会相结合，侧重于提高工人的操作技能，对成熟的，并已推广应用的新材料、新技术、新工艺、新机具作了较详细的介绍。在编写中，注意针对性、实用性和先进性相结合，力求做到科学、实用。

本丛书也可作为建筑类技工学校和职业高中教学参考用书，并可供建筑企业一线施工管理人员和技术人员参考。

由于丛书是综合性的，难以同时兼顾各方面的需要，加之编写时间较短，涉及的工种较多，难免存在不足之处，敬请读者批评指正。

建筑工人职业技能培训丛书编委会

2001年5月

修订版前言

本书自1996年出版以来，累计印数已达4万余册，受到广大读者的欢迎和社会的好评。不少读者还对第一版的内容提出了宝贵的意见和建议，在此谨向广大读者表示衷心感谢。

近几年，随着改革开放步伐的加快，建筑业得到了很大的发展，新材料、新技术、新工艺不断出现。为此，有必要对第一版的内容进行修订。

本次修订的重点是修改第一版中的陈旧内容，增加科学实用的新技术、新工艺，适当提高知识和技能的层次，使之更加符合广大读者的要求。

根据现场架子工知识与技能的需求调查，本次修订重点增加了建筑力学基本知识和高层建筑复杂脚手架的内容，对建设部推广的新技术作了较多的补充，并根据国家新规范和新标准对全书内容进行了全面修订。

在修订过程中，得到了编委会各位同志的大力支持和指导，在此特表示感谢。

全书由叶刚主编，参加修订工作的有高松芝、徐剑、孙锦海、张智军、王美南等同志。全书由北京城建培训中心高级工程师刘王晋主审。

限于编著者的技术水平，本书难免有疏漏和不当之处，恳请读者多提宝贵意见。

作　者

2001年6月

目 录

第一章　概　　述

第一节　架子的作用与分类

一、架子的作用

脚手架在建筑工程施工中，是一项不可缺少的空中作业工具。它的作用主要是：

1. 可以使建筑工人在高空不同部位进行操作。

2. 保证建筑工人在进行高空操作时的安全。

上述两个作用是相辅相成的，有了安全保护的作用，才能发挥高空操作的作用；起不到保证安全的作用，工人也就不能在上面操作。因此，脚手架施工中安全是第一位的，必须牢记这一点。

建筑施工中，无论结构施工还是室内外装饰施工都离不开各种脚手架，架子的搭设质量对施工人员的人身安全、工程进度、工程质量有直接的关系。如果架子搭设不好，不仅架子工本身不安全，而且对其他施工人员也极易造成伤害；架子搭得不及时，就会耽误工期；架子搭得不合适，就会使施工操作不便，影响工效和质量。所以，我们一定要重视架子的搭设质量。

二、架子的分类

脚手架的种类很多，可从不同角度将架子分成不同的类别。按用途分，有结构脚手架、装饰脚手架；按架子的搭设位置分，有外架子和内架子两大类。凡搭设在建筑物外围的架子，统称为外架子；凡搭设在建筑物内部的架子，统称为内架子。

外架子按其搭设方法不同，可分为落地外架子、挂架子、吊架子及挑架子等。

落地外架子是从地面搭起，建筑物有多高它也要搭多高。这种架子对外墙砌筑，墙面质量控制有很大的作用，但需要大量架子材料，搭设费工费时，而且建筑物愈高，架子的稳定性愈差，所以高层建筑的落地外架子要采取相应的稳固措施。

挂架子是挂靠在墙上或柱上的架子，随工程的进展上下移挂。吊架子是从屋面或楼板上悬吊下来，利用起重机具逐步提升或下降。挑架子是从墙上向外挑出。这三种架子主要用于墙面装饰工程施工，都是装饰脚手架。

内架子设在楼层内，可以随楼层建高而搬移，工人在室内操作安全可靠，架子构造也比较简单，用料少，轻便，能多次重复使用。

架子按其搭设材料的不同，又可分为钢架子、木架子、竹架子等。按架子的构造形式分，有多立杆式、框式、桥式以及适用于层间操作的工具式脚手架等。

架子类型的选择使用，要根据工程特点、使用要求、材料配备等因素来决定，力求安全、坚固、适用和经济。

第二节　架子的基本要求

一、架子安全防护的规程、条例和基本标准

建国 50 多年来，国家在劳动保护方面颁布了许多法规，

北京市根据国家的有关法规也分别作了许多具体的规定。涉及到脚手架安全的有《建筑安装工程安全技术规程》(1956年5月国务院全体会议第29次会议通过)、《建筑安装工人安全技术操作规程》(1980年5月国家建工总局颁布)、《北京市建筑安装施工工程中预防高处坠落和物体打击事故的规定》(1981年12月北京市建委、劳动局颁布)、《建筑组装式井字架安全管理规定》(1988年北京市劳动局颁布)、《北京市建筑施工现场安全防护基本标准》(1988年颁布,1991年修订)、《高层建筑工程钢管脚手架安全技术暂行规定》(1984年北京市建委颁布)。

脚手架搭设除要认真贯彻执行国家有关安全防护的规程、条例和基本标准之外,还应遵守各省市根据本地具体情况所作的一些更具体的法规,以确保人员和工程的安全。

二、架子的基本要求

无论哪一种架子,必须满足以下基本要求:

1. 架子要有足够的坚固性和稳定性。施工期间在规定的允许荷载和气候条件作用下,保证脚手架结构稳定、不摇、不晃、不倾斜、不沉陷、不倒塌。

2. 有足够的面积,能满足工人操作、材料堆放以及车辆行驶的需要。

3. 因地制宜,就地取材,尽量节约架子用料。

4. 构造简单,装拆方便,并能多次周转使用。

脚手架使用时不允许超载。计算时以脚手板上实际作用的荷载为准。结构施工用的内、外承重脚手架,使用时荷载不得超过2646N/m^2,装修施工用的内、外脚手架使用荷载不得超过1960N/m^2,桥式和吊、挂、挑等架子,使用荷载必须经过计算和试验来确定。

脚手架的大、小横杆的允许挠度，一般不得超过杆长的1/150；组合式脚手架的桁架允许挠度，一般不得超过跨度的1/200。

第二章　架子工识图基础知识

架子工人要完成架子的搭拆以及简单的起重作业，首先要学会看懂施工图。

一般建筑工程的施工图分为建筑施工图和结构施工图两大类。

建筑施工图是说明房屋建筑各层平面布置，立面、剖面形式，建筑各部构造及局部详细构造的图纸。

结构施工图是说明房屋的结构构造类型、结构平面布置、构件尺寸、材料和施工要求等内容的图纸。看懂建筑施工图和结构施工图，对架子的搭设方案的设定有十分重要的意义。

第一节　施工图的一般表示方法

一、建筑制图的表示方法

国家对施工图的表示方法有统一的规定，目的是规格统一并保证图纸的质量，便于设计、阅读和施工。下面介绍一些常用的规定和表示方法。

（一）图标　在每张图纸的右下角，都有一个图标，标明工程名称、图名、设计号、图别、图号，还有会签栏等内容。当需要查阅某张图时，可从图册的图纸目录中查到该图的工程图号，然后根据图号查对图标，就可以找到所需的图纸。

常见的图标格式内容如图 2-1 所示。

（二）比例　在图纸中，一般不可能按建筑物或构件的实

（设计单位全称）			工程名称		
			项　　目		
审　定			（图名）	设计号	
审　核				图　别	
设　计				图　号	
制　图				日　期	

图 2-1　图标

际尺寸来绘制，而必须缩小。这个缩小的程度（即缩小尺寸与实际尺寸比之）称为比例。比例一般是用两个数字中间加一个比例号来表示，比例号前的数字表示图上尺寸，一般用 1 来表示；比例号后的数字是实际尺寸。如1：200表示图上尺寸按实际尺寸缩小到 1/200，即实际尺寸等于图上尺寸再乘上 200。

为了使用方便，通常使用专门放大或缩小的比例尺来画图或量图，考虑到画图或量图所出现的误差对施工的影响，国家制图标准规定施工时应以施工图上标注的尺寸为准。

（三）轴线　轴线是承重结构构件定位放线的重要依据。凡是承重墙、柱、屋架、大梁等主要承重构件的平面位置图上均应画上轴线。平面图上轴线的编号一般标注在图样的下方与左侧，如图 2-2 所示。

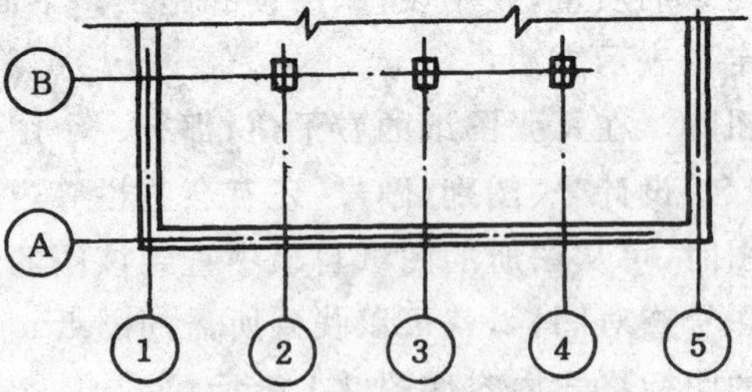

图 2-2　定位轴线编号顺序

要注意轴线不一定是构件的中心线，看图时应看清轴线标在构件的什么部位。

（四）标高　施工图上建筑物各部位的相对高度，一般都用标高来表示，符号为"▽"，符号下面横线为某一处高度的分界线；符号上面那条横线上标明高度，单位为"m"，一般精确到"mm"。

标高可分为绝对标高和相对标高两种。绝对标高是以我国青岛的黄海平均海平面定为标高的零点，其它标高均以此为基准。绝对标高一般标注在总平面图或图纸的总说明上。相对标高是以该建筑物的底层室内地坪定为标高的零点，写作"±0.000"，某点比这点高，称为正(＋)，相反称为负(－)。

绝对标高和相对标高的关系在总平面图上或图纸的总说明上加以表示或说明。

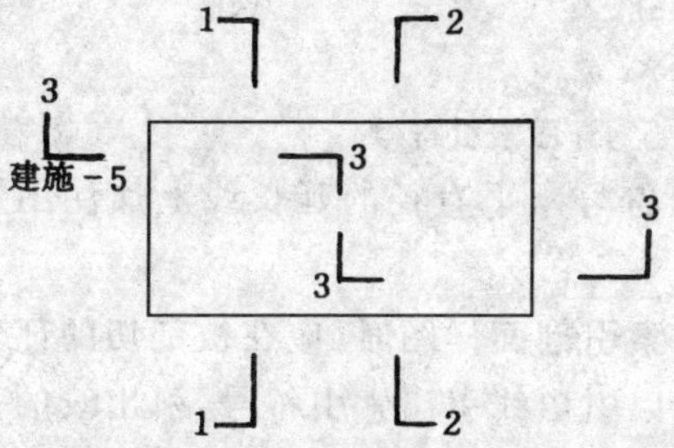

图 2-3　剖面剖切符号

（五）各种符号

1. 剖切符号。剖面的剖切符号应由剖切位置及剖视方向线组成，应以粗实线绘制，如图 2-3 所示。

断(截)面剖切符号应用剖切位置线表示。并以粗实线绘制，其要求如图 2-4 所示。

2. 详图索引号。需要对某一构件或某一部位进一步表示清楚时，常采用详图索引号表示。常见的有以下几种表示方法：

(1)索引出的详图与被索引的图在同一张图纸上时，采用图 2-5a 的方法表示，索引符号的上半圆中用阿拉伯数字注明详图的编号。

(2)索引出的详图与被索引的图不在同一张图上时，应在索引符号的下半圆内用阿拉伯数字注明该详图所在图纸的编号，如图 2-5b 所示。

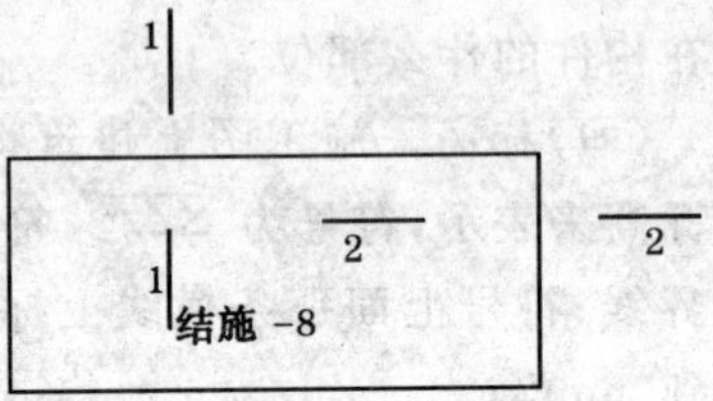

图 2-4　断(截)面剖切符号

(3)索引出的详图如

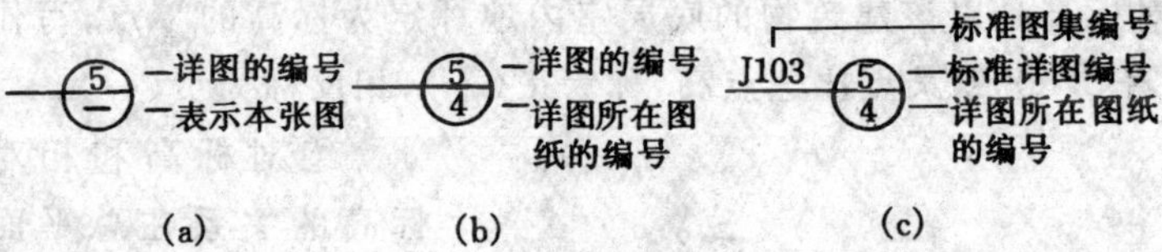

图 2-5　详图索引符号

采用标准图时，应在索引符号水平直径的延长线上加注图册的编号，如图 2-5c 所示。

(4)索引符号如用于索引剖面详图时，应在被剖切的部位绘制剖切位置线，同时应以引出线引出索引符号，引出线的一侧应为剖视方向，索引符号编写规定同前，如图 2-6 所示。

(5)详图的位置和编号，应以直径为 14mm 的粗实线圆绘制，当详图与被索引的图在同一张图上时，采用图 2-7a 的表示方法；当详图与被索引的图不在同一张图上时，采用图 2-7b 的表示方法。

零件、钢筋、杆件、设备等的编号，应以直径为 6mm 的细实线圆表示，如图 2-7c 所示。

(6)引出线。需要对建筑物的某些部位或某些构件在图上

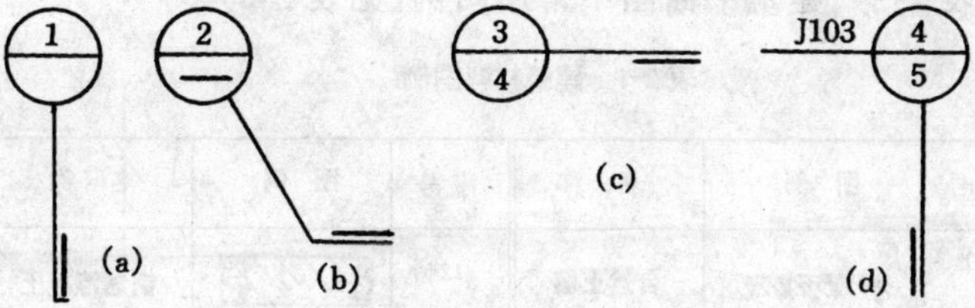

图 2-6　索引符号用于索引剖面详图

(a)左剖视　(b)下剖视　(c)上剖视　(d)右剖视

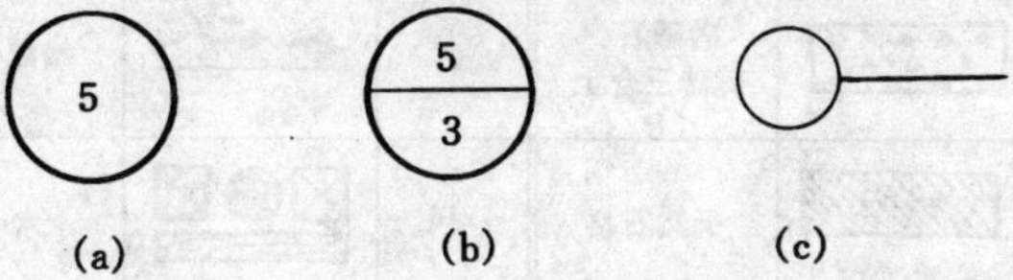

图 2-7　详图的位置和编号

用文字加以说明时，应用引出线引出，并辅以文字说明，如图 2-8a、图 2-8b 所示。

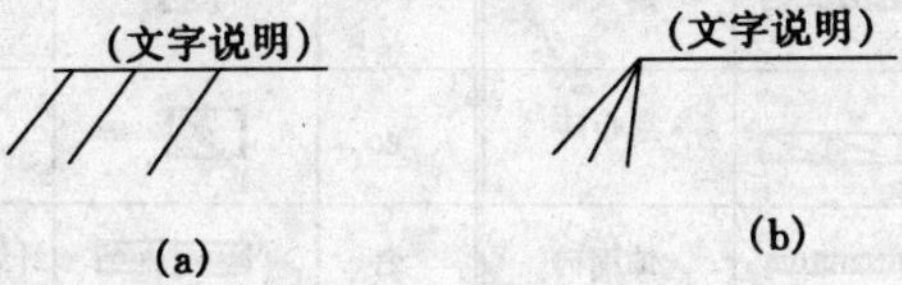

图 2-8　引出线

二、图例、代号的表示方法

(一)图例的表示方法　为了简化施工图，绘图中要采用若干图例。例如建筑材料图例(见表 2-1)、总平面图常用图例(见表 2-2)、建筑平面图中常用图例(见表 2-3)。

表 2-1　建筑材料图例

序号	图例	名称	序号	图例	名称
1		自然土壤	12		钢筋混凝土
2		夯实土壤	13		焦渣、矿渣
3		砂、灰土	14		金属
4		砂砾石、碎砖三合土	15		松散材料
5		天然石料	16		木材
6		毛石	17		胶合板
7		普通砖	18		石膏板
8		耐火砖	19		多孔材料
9		空心砖	20		玻璃
10	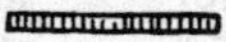	饰面砖	21		纤维材料或人造板
11		混凝土	22		防水材料或防潮层

表 2-2　总不面图常用图例

名　　称	图　例	说　　明
新设计的建筑物	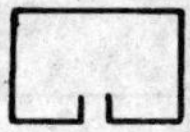	1. 比例小于 1∶2000 时，可以不画出入口 2. 需要时可以在右上角以点数表示层数 3. 用粗实线表示
原有的建筑物		在设计中拟利用者，均应编号说明
划扩建的预留地或建筑物		用中虚线表示
拆除的建筑物	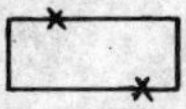	用细实线表示
围墙	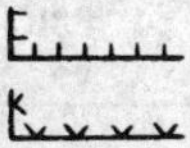	上图表示砖石、混凝土及金属材料围墙 下图表示镀锌铁丝网、篱笆等围墙
坐标	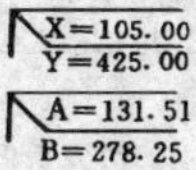	上图表示测量坐标 下图表示建筑坐标
原有的道路		
计划的道路	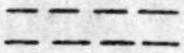	
室内地坪标高	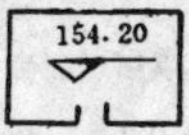	
室外整平标高	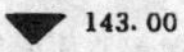	
方格网交叉点标高	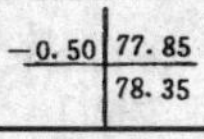	“78.35”为原地面标高，“77.85”为设计标高“−0.50”为施工高度“−”为挖方（“+”为填方）

表 2-3　建筑平面图中常用图例

名　称	图　例	名　称	图　例
底层楼梯	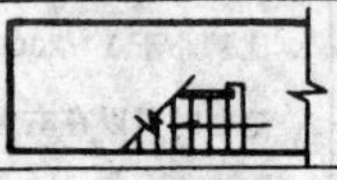	坑槽	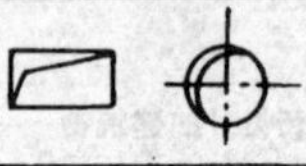
中间层楼梯	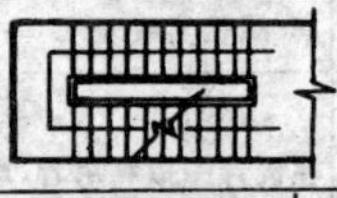	烟道	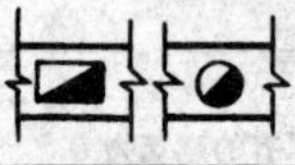
顶层楼梯	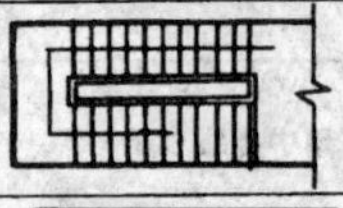	通风道	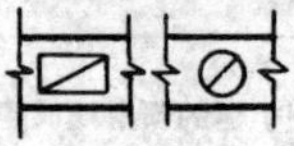
厕所间		空门洞	
淋浴小间		单扇门	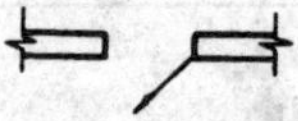
入口坡道	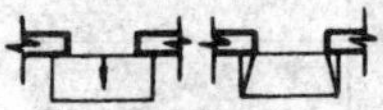	双扇门	
墙上预留洞口	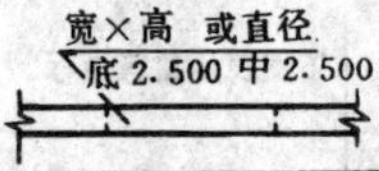	对开折门	
墙上预留槽		单扇内外开双层门	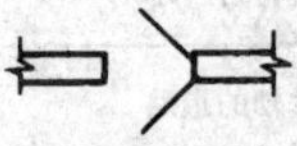
检查孔	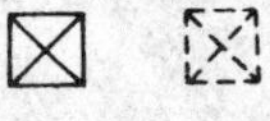	双扇双面弹簧门	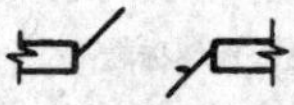
高窗		单扇双面弹簧门	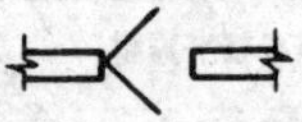
孔洞		双扇门外开双层门	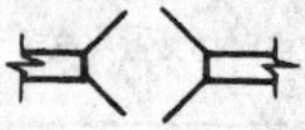

（二）代号的表示方法　房屋结构的各种构件，如梁、板、柱等，种类繁多，布置复杂，为了简明地将各种构件表示在图纸上，通常采用构件代号加以区别。常用构件代号见表2-4。

表2-4　常用构件代号

序号	名　称	代号	序号	名　称	代号
1	板	B	21	檩条	LT
2	屋面板	WB	22	屋架	WJ
3	空心板	KB	23	托架	TJ
4	槽形板	CB	24	天窗架	CJ
5	折板	ZB	25	刚架	GJ
6	密肋板	MB	26	框架	KJ
7	楼梯板	TB	27	支架	ZJ
8	盖板或沟盖板	GB	28	柱	Z
9	檐口板	YB	29	基础	J
10	吊车安全走道板	DB	30	设备基础	SJ
11	墙板	QB	31	桩	ZH
12	天沟板	TGB	32	柱间支撑	ZC
13	梁	L	33	垂直支撑	CC
14	屋面梁	WL	34	水平支撑	SC
15	吊车梁	DL	35	梯	T
16	圈梁	QL	36	雨篷	YP
17	过梁	GL	37	阳台	YT
18	连系梁	LL	38	梁垫	LD
19	基础梁	JL	39	预埋件	M
20	楼梯梁	TL			

第二节 读图的顺序和要领

一、读图的顺序

读图要依顺序，其方法一般是：由外向里看，由大到小看，由粗到细看，图样与说明对照看，建筑施工图与结构施工图对照看。

图纸拿来以后，应先将目录看一遍，了解一下工程性质、建筑面积、设计单位、图纸的总张数等基本情况，然后按照目录检查各类图纸是否齐全。

读图时首先看一下总说明，了解建筑概况、技术要求等图面表达不清必须用文字补充加以说明的一些问题，然后阅图。阅图一般按目录顺序由总平面图→建筑平面图→建筑立面图及剖面图→结构施工图，依次看下去。

二、读图的要领

1. 掌握投影作图的基本原理，要经常培养自己通过三面投影图建立形体空间形象的想象力。

2. 掌握前述的常用图例、符号及表示方法。

3. 熟悉建筑构造和结构构造的一般方法。

4. 看图时要先粗后细、先大后小、互相对照。看图中要注意各种对照，如平面图、立面图、剖面图对照，整体和详图对照，建筑图与结构图对照，图形与文字说明对照等。

联系实际看图，往往可以收到事半功倍的效果。依据工程实物有利于读懂该形体的三视图，也有利于理解由三视图形成实物的空间形象。

第三节　施工图的识读

一、建筑施工图的识读

建筑施工图包括设计总说明书与总平面图、建筑平面图、立面图、剖面图以及建筑详图。

(一)设计总说明及总平面图的识读　设计总说明是建筑施工图首页的主要内容,包括工程概况与设计标准、结构特征、构造做法等;总平面图是表示新建房屋及其周围总体情况的平面图。阅读时应注意以下几点:

1. 熟悉总平面图的比例、图例及文字说明,总平面图内尺寸标准一律以“m”为单位。

2. 通过图中的指北针了解建筑物的方向。

3. 了解工程性质、用地范围、地形地物以及周围环境,以便看出场地平整工作量与要求,需拆迁的房屋数量等。

4. 了解新建房屋的位置关系及外围尺寸,注意底层室内地坪标高与等高线标高的关系,从而确定排水方向并计算土方。

5. 了解道路、绿化与建筑物的关系,注意保护古树,合理安排交通疏导及工地运输。

6. 查看水、暖、电等管线的布置及走向,注意它们对施工的影响。

图 2-9 为某学校新建学生宿舍工程的总平面图的示例。从图中可以看出,新建宿舍位于已建浴室以南、教学楼以东。西有篮球场,东有一池塘。由等高线可以看出该地势西北高,东南低。图中还反映出其它诸如拟拆迁房屋、围墙、水沟、护坡、挡土墙、道路、绿化等情况。

(二)建筑平面图的识读　建筑平面图是基本的建筑施工

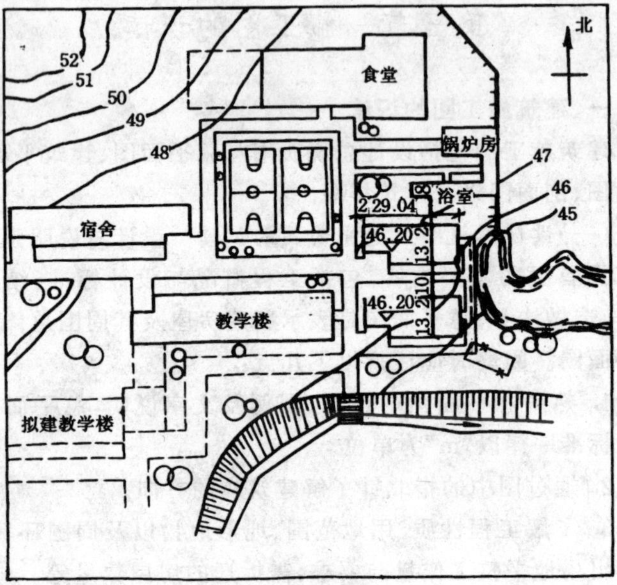

图 2-9　总平面图示例

图，它是假想用一水平的剖切面沿门窗洞位置将房屋剖切后，对剖切面以下部分所作的水平投影图。它反映出房屋的平面形状、大小和布置，墙、柱的位置、尺寸和材料，门窗的类型及位置等。

建筑平面图识读时须注意以下几点：

1. 按照由外向内、由大到小、由粗到细的阅图原则，首先了解平面图的总长、总宽、房间的功能及布置方式。然后了解纵、横轴线间的尺寸，查看承重墙及非承重墙的位置、厚度与材料。

2. 查看门窗洞口尺寸、编号，并与门窗表核对。注意楼梯出入口的位置及尺寸等。

3. 了解室内外设备及设施的位置尺寸。

4. 核对各种平面尺寸及标高有无错误。

5. 核对从平面图中引出的详图或标准图有无错误。

图 2-10 为某教学楼的底层平面图的示例。通过平面图中的尺寸标记可以看出外部有三道尺寸，分别表示房屋的总长为 29640mm，总宽为 16200mm，轴线间距以及门窗和窗间墙的大小。内部尺寸表示室内门窗洞、墙厚以及固定设备的位置。底层地面标高为±0.000，厕所地面为－0.020。本教学楼有两个入口，南立面中间偏左处为主要入口。楼梯为双跑楼梯，设在入口门厅的对面。教学楼内部的东侧有四个教室，西侧有一套间和男女厕所。

从门窗代号及编号中可以看出底层共有四种门和五种窗。

除此之外，还画出了剖面图的剖切位置以及详图和标准图索引。

（三）建筑立面图的识读　平行于房屋立面的投影面上所作的房屋正投影图称为立面图。立面图主要反映出入口及房屋的外貌特征，一般不注尺寸，只注主要部位的相对标高。为了加强图面效果，立面图常采用不同粗细的线型来画。阅读时主要注意立面的朝向、凹凸变化；与平剖面图对照核对各部位的标高和高度尺寸；与建筑平面图及门窗表对照核对门窗的位置及数量以及注意立面所选用的材料、颜色、施工要求是否与材料做法表相符。

图 2-11 为某教学楼的立面图的示例。从图上可知，该立面为南立面，比例 1∶100。从图中可以一目了然地了解建筑物的外貌特征以及各部位的标高关系，从文字说明可以知道外墙的装修做法。

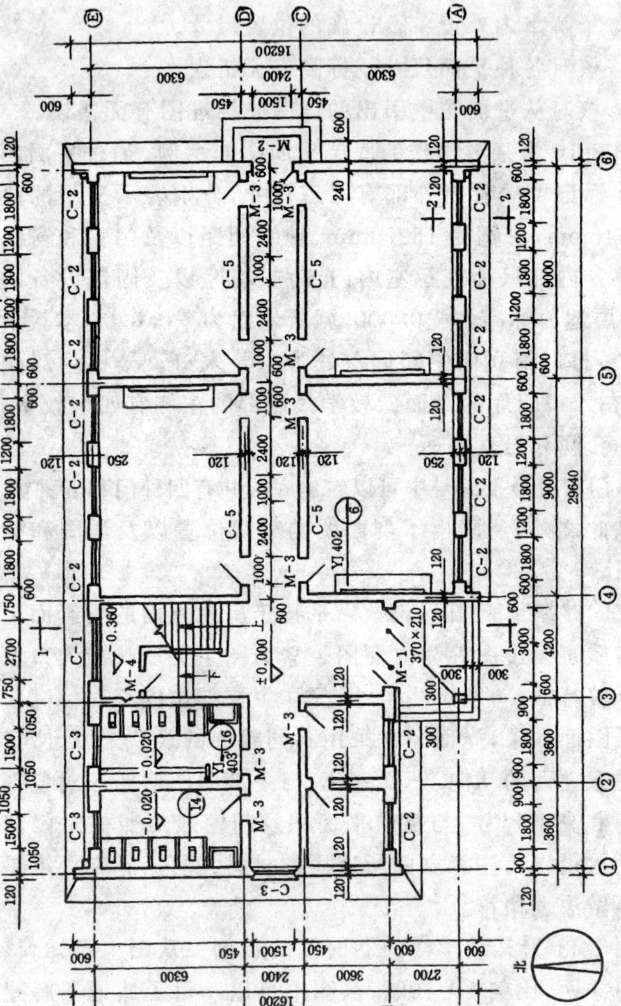

底层平面图 1:100

图 2-10 建筑平面图示例

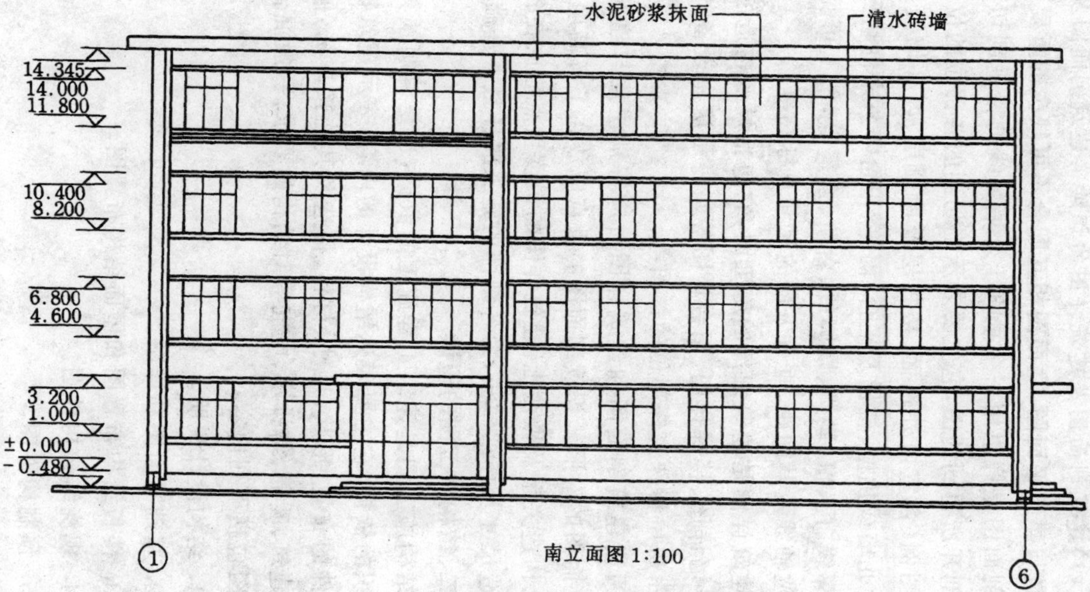

南立面图 1:100

图 2-11 建筑立面图示例

(四)建筑剖面图及建筑详图的识读 建筑剖面图及建筑详图是与建筑平面图、立面图相互配合不可缺少的重要图样。建筑剖面图是假想用一个垂直于外墙轴线的铅垂剖切面，将房屋剖开所得到的图，它主要表示剖切到的各部位的位置、形状及图例(含室内外地面、楼板层及屋顶层、内外墙及门窗、梁、女儿墙或挑檐、楼梯及平台、雨篷、阳台等)；未剖切到的墙面轮廓线、门、窗、勒脚、踢脚线、台阶、雨篷等，图上可见外墙的定位轴线及其间距、垂直方向的尺寸及标高等。

建筑详图是建筑细部的施工图，它包括局部构造的详图(如外墙详图、楼梯详图、阳台详图等)、表示房屋设备的详图及表示房屋特殊装修部位的详图等。

阅读建筑剖面图和建筑详图时应特别注意与建筑平面图、立面图的对照。识读剖面图的重点应放在了解高度尺寸、标高、构造关系及做法上。建筑详图的识读重点应放在各部位的构造尺寸及详细做法，为各细部的施工放样打下基础。

二、结构施工图的识读

结构施工图是建筑工程施工的依据，也是编制预算和施工组织的依据。它主要表达结构设计的内容，表示建筑物各承重构件的布置、形状、尺寸、材料、构造及其连接方法，同时反映出建筑、暖通、给排水、电气等对结构的要求。一般混合结构施工图包括下列内容：

1. 结构设计说明。
2. 基础平面图和详图。
3. 楼板结构布置图和屋面结构布置图。
4. 现浇结构构件图。
5. 预制构件图。
6. 结构构造详图。

下面以钢筋混凝土结构和砖混结构施工图为例，重点说明结构施工图识读的一般方法。

（一）钢筋混凝土构件配筋图的表示方法　从钢筋混凝土构件的外面看不见内部钢筋的具体布置，为了表达构件内钢筋的配置，我们假想混凝土为透明体，这样就可以看见其内部的配筋情况，称为构件的配筋图。配筋图由立面图和断面图组成。在立面图中，构件的轮廓线规定用中粗实线画出；钢筋则用粗实线（单线）画出。在断面图中，剖切到的钢筋圆截面画成黑圆点，其余未剖切到的钢筋仍画成粗实线。图 2-12 为钢筋

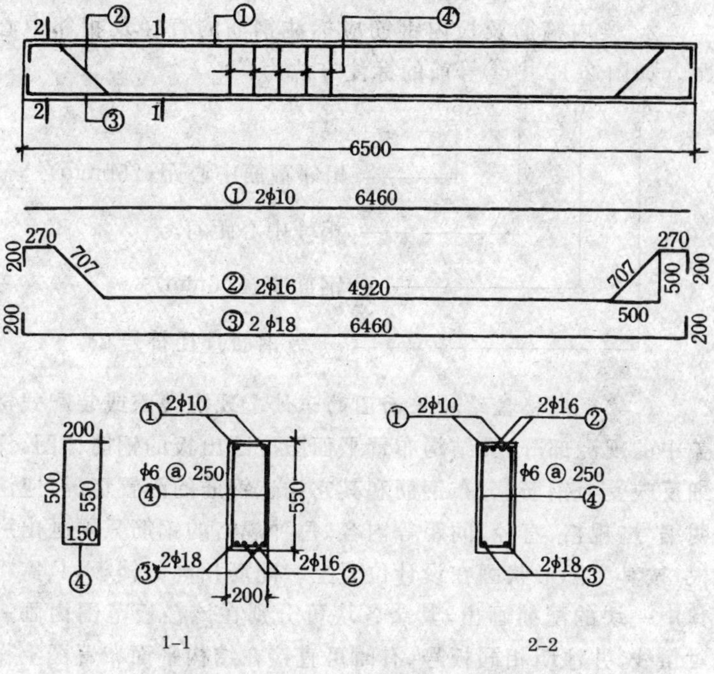

图 2-12　钢筋混凝土梁配筋图示例

混凝土梁的配筋图示例。

图中钢筋的标注方法有以下两种方式：

1. 梁内受力钢筋、架立钢筋应标注钢筋的根数和直径，如图中①号筋的标注方法为：

2　φ　10

- 10 —— 钢筋直径(10mm)
- φ —— Ⅰ级钢筋直径符号
- 2 —— 钢筋根数(2根)

2. 梁内箍筋及板内钢筋应标注钢筋的直径及相邻中心距。如图 2-12 中④号筋的标注方法为：

φ　6　ⓐ　250

- 250 —— 相邻箍筋中心距(250mm)
- ⓐ —— 相等中心距符号
- 6 —— 钢筋直径(6mm)
- φ —— Ⅰ级钢筋直径符号

(二)现浇楼盖结构平面图的识读　现浇楼盖或装配式楼盖中的现浇部分，其结构布置平面图应画出板的钢筋详图，详细反映受力钢筋、分布钢筋和其它构造钢筋的配置情况，应注明编号、规格、直径、间距等内容。每种规格的钢筋只须画出一根，按其实际形状画在设计位置上。配筋相同的楼板，只需将其中一块的配筋画出，其余各块可分别在该楼板范围内画一对角线，并注明相同板号。有时可直接在结构平面布置图上作出梁、板的截面图，把钢筋混凝土的截面部分涂黑，并注明其尺寸。

图 2-13 所示为现浇楼盖模板及配筋图。从平面图中可以看出水平方向⑤～⑥轴线间距为 4000mm，竖直方向轴线Ⓐ～Ⓑ、Ⓑ～Ⓒ间距各为 2500mm。L_1 梁的断面尺寸为 200mm×400mm，梁垫尺寸为 500mm×240mm×400mm，梁的模板及配筋另有详图。

从剖面 1-1 图中，可知板厚为 80mm，板的标高为 3.50m，板支承在墙上的长度为 240mm。圈梁的断面尺寸为 240mm×240mm。从配筋图中可以看出板内有四种不同类型的钢筋：

①号钢筋，直径为 6mm 的 I 级钢筋，间距为ⓐ200；

②号钢筋，直径为 6mm 的 I 级钢筋，间距为ⓐ150；

③号钢筋，直径为 8mm 的 I 级钢筋，间距为ⓐ200；

④号钢筋，直径为 8mm 的 I 级钢筋，间距为ⓐ200。

（三）砖混结构平面图的识读 图 2-14 是某砖混结构首层顶板结构的平面图。从图中可以看出墙体位置、预制楼板位置、梁的位置，以及楼板在厕所间部分为现浇钢筋混凝土楼板的配筋情况。预制楼板的规格，可以由板的编号查定型图册得出。从图中可以看出预制楼板有 $YB_{60\text{-}1}$、$YB_{60\text{-}(1)}$、$YB_{24\text{-}1}$、$YB_{36\text{-}1}$、$YB_{36\text{-}(1)}$五种型号。$YB_{60\text{-}1}$、$YB_{60\text{-}(1)}$放在大房间与横轴线平行；在间道上放楼板 $YB_{24\text{-}1}$；中间⑤～⑥轴线的楼板为 $YB_{36\text{-}1}$和 $YB_{36\text{-}(1)}$。厕所间现浇楼板的厚度为 8cm，跨度为 3m，具体配筋情况如图所示。

为了表达局部的断面尺寸和结构，平面图上还画有 1-1、2-2、3-3、甲-甲等剖面图，标出局部尺寸和结构。

（四）砖混结构详图的识读 看结构平面图主要是了解结构的平面情况，要想全面了解房屋结构各部分的详细情况，必

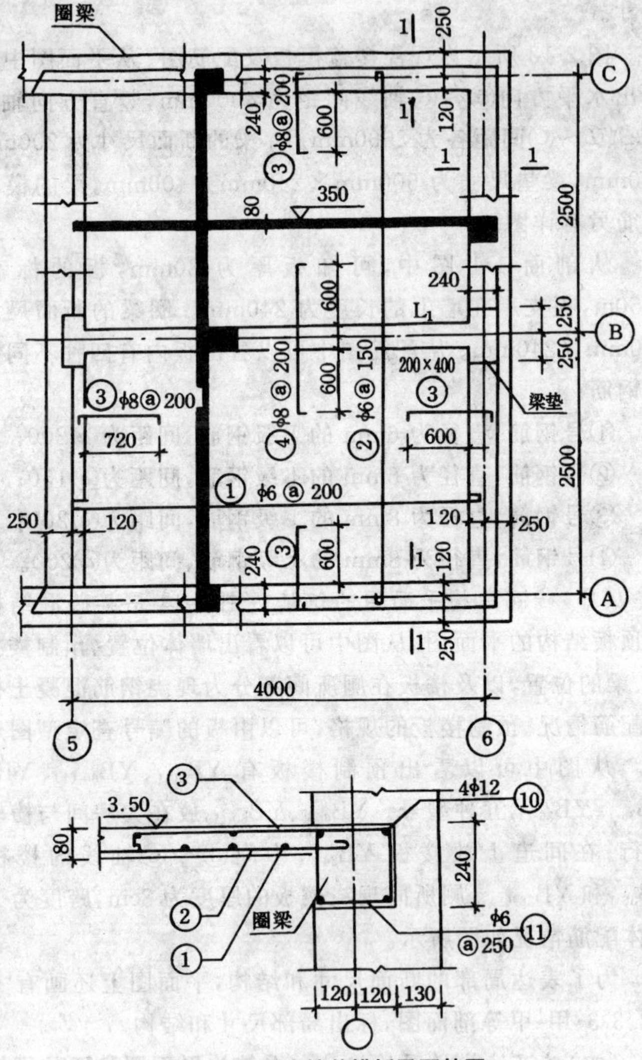

图 2-13 现浇楼盖模板及配筋图

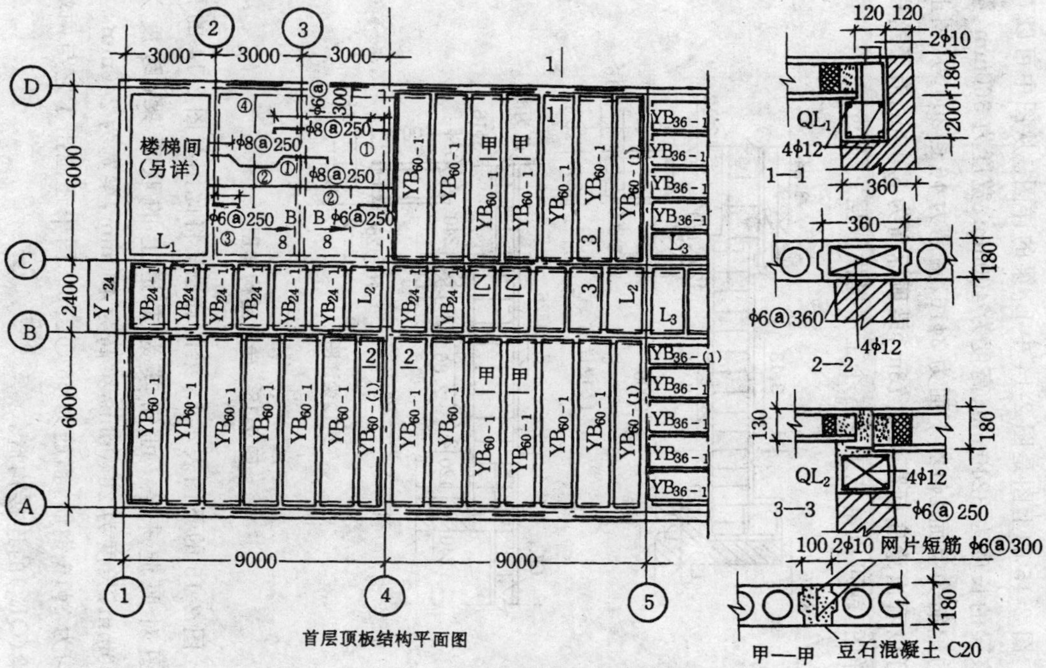

首层顶板结构平面图

图 2-14　砖混结构首层顶板结构平面图

须借助于结构详图。

图 2-15 的上图是图 2-14 中 L_1 梁的详图。从图中可以看出该梁的长度为 3240mm、高度为 400mm、宽度为 360mm，梁上的配筋为上面 2ϕ12、下面为 3ϕ16、箍筋为 ϕ6 ⓐ200。从图上还可以看出梁底标高为 2.73m，梁顶标高为 3.13m。有了这样的详图，就可以给施工的各个工序提供依据。

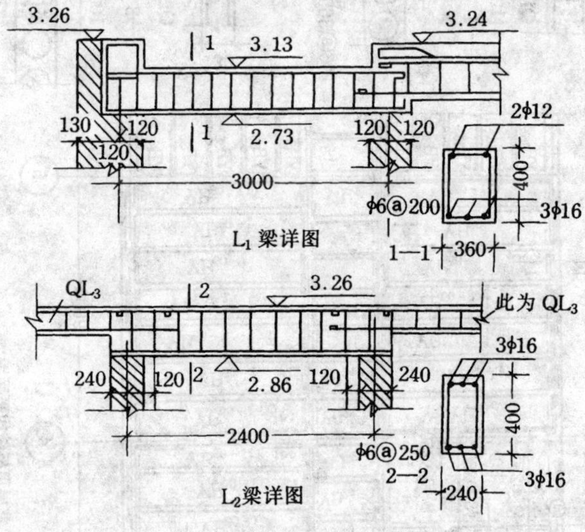

图 2-15 砖混结构详图

图 2-15 的下图表示 L_2 梁的详图。将此图与图 2-14 的平面图对照起来看，可知其为走道上的联系梁，跨度为 2400mm，长度为 2640mm，梁高为 400mm，梁宽为 240mm，上下均为 3ϕ16 钢筋，箍筋为 ϕ6 ⓐ250。图中还画出了它与两端圈梁(QL_3)的连接构造。

(五)审核图纸的主要要求　高级架子起重工应有一定的

审图能力，在掌握识图技巧的基础上，看图时要循序渐进。首先要仔细地阅读设计说明，对整个建筑物的设计要求在思想上形成一个初步的印象；然后看建筑平面图和立面图，对建筑物的平面情况和立面情况有一个鲜明的轮廓概念；在此基础上再看结构施工图，就能够比较清楚地了解平面图、立面图、剖面图等建筑施工图与结构施工图之间的关系，加深对整个建筑的理解，并明确结构部位的具体做法和要求。

审图时应重点注意以下问题：

1. 要记住重要部位的尺寸。平面图中有几个开间、开间尺寸，总长度、总宽度等关键尺寸；立面图中的室内外高差、窗台标高，每层楼板、屋面板、屋架下弦标高，以及建筑物的总高度；基础施工图中基础的埋深尺寸和宽度，各种钢筋混凝土梁、柱、板构件在建筑中的部位、数量、长度、断面尺寸等均应记住。

2. 审图时抓住关键，掌握特点。抓住关键问题，可以少出差错。平面图中门窗的开启方向、轴线是中还是偏中、朝向、墙厚等是易出错的地方，要重点审查。立面图中要掌握门窗洞口的标高尺寸；剖面图中要关注各部的标高及做法；结构施工图主要了解各建筑构件的设计要求，具体位置、尺寸和相互之间的关系等。

不同建筑有不同的设计和施工特点，在审图时应掌握这些特点。这些特点一般包括以下几个方面：

(1)地基基础的处理方案和要达到的要求。

(2)某些特殊部位的处理要求。

(3)特殊材料或新材料的技术要求。

(4)施工注意要点和施工中最容易出问题的部位。

(5)设计中专项指出的技术标准和特殊要求。

(6)新工艺、新结构、新技术等技术要求或特殊施工方法。

(7)结构上的关键部位和高级装修的部位和做法。

3. 审图时要注意三个结合。审土建施工图时，必须注意结合看水、电、暖、卫设备图，室内外的管道、管沟、电缆图等，掌握土建施工与其它工种施工的关系，做好协调均衡施工安排。审图时，一般应注意建筑与结构结合，室内与室外结合，土建与安装结合，这样对工程形成一个整体概念，明确各工种、工序之间的关系和衔接，减少或避免出现施工疏漏和错误。

4. 掌握审图的一些技巧。审图的技巧因人而异，一般采用下列方法可以取得事半功倍的效果。

(1)随看随记。看图时逐张看，有什么问题及时记录下来，最后汇总，对所记录问题根据问题的性质逐个寻求解决的方法，这样可以加深对存在问题的印象。

(2)先粗看后细看。先将全部图纸粗看一遍，对图的全貌和存在问题大体有一个概念，再逐张细看 2～3 遍，逐个解决粗看中发现的问题，从而加深理解，加深记忆。

(3)反复对照，找出规律。在大体看清楚各种图的基础上，反复对照、思考各种图之间的内在联系，找出其中规律性的东西，并标注在常用的图纸上，这样可以方便使用，加深记忆，也有利于发现问题。

第三章　建筑力学基本知识

第一节　力的基本概念

在搭、拆脚手架和常用的起重吊装作业中，经常需了解架子材料能承受多大的力，用多少杆件比较安全，被吊物体的重量与吊具的关系，绑扎点的选择等均涉及到力学和材料的强度问题。作为架子工应掌握力学的基本知识，以保证施工安全。

一、力的基本概念

力是物体对物体的作用。一个物体受到力的作用，必定存在另一个物体对它施加这种作用。所以力不能脱离物体而单独存在。

力对物体作用的结果，一是使物体产生变形。例如，力作用在绑扎铁丝上，能使铁丝变直、变弯、伸长或缩短等。二是使物体的运动状态发生改变。例如，人在工地推小车，可以使小车由静止到运动，并使小车速度加快、变慢或转弯等。

由实践可知，力对物体的作用效果取决于力的大小、方向和作用点，通称力的三要素。

例如要想举起物体，必须用向上的力。用向下或水平力均不能举起物体，这说明力对物体的作用效果与力的方向有关。吊起小型预制过梁所用的力，要比吊起大型的外墙板的力要小得多；推小车时，所用的力要作用在车把上且与小车的前进方向一致，如果力作用在车身上且与小车的前进方向垂直，则会使小车翻倒，这都说明力对物体的作用效果取决于力的大小、方向和作用点。改变其中的任何一个因素，都会改变力对物体的作用效果。

为了形象地表示出力的三要素，一般用一带箭头的线段表示，如图 3-1 所示。线段的长度按比例表示力的大小，箭头表示力的方向，力与水平线的夹角 α 表示力的方位，线段的起点或终点表示力的作用点。图中表示物体受到与水平方向成 30°角，大小为 20N 的拉力作用。

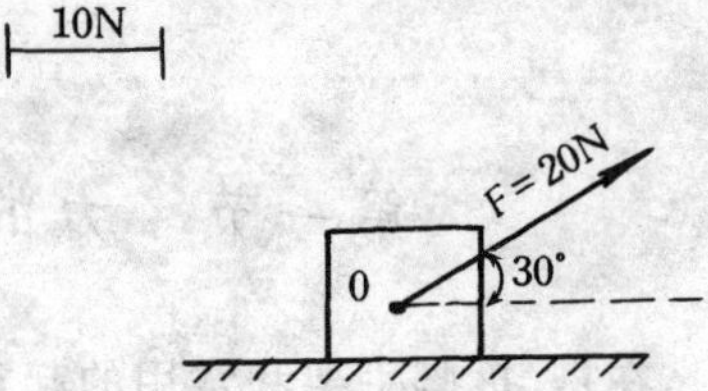

图 3-1　力的图示

力的单位用牛顿（牛或 N）或千牛顿（千牛或 kN）表示，1kgf＝9.81N，粗略计算 1kgf≈10N。

二、力的合成与分解

（一）力的合成　当一个物体受到几个力的作用时，如果能找到一个力，其作用效果与原来的几个力对物体的共同作用的效果相同，则这个力叫做那几个力的合力，求若干个力的合力叫做力的合成。那几个力叫做该合力的分力。

由于力的作用方向不同，所以求合力的方法也不同。

同向力的合成：

1. 在同一直线上作用力的合成。如果在同一直线上作用有几个方向相同的力，它们的合力的方向与分力的方向相同，则合力的大小等于各个分力大小之和，即

$$F=F_1+F_2+\cdots\cdots+F_n$$

例如图 3-2 所示，由甲、乙、丙三个人同时用一根绳子拉

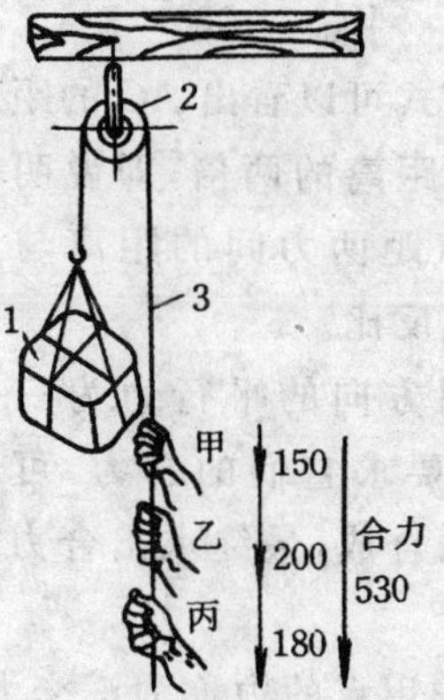

图 3-2　作用在同一直线上的力的合成

1. 重物　2. 滑车　3. 绳子

一个重物，三个人同时用力向下拉。设甲用力 $F_1=150N$，乙用力 $F_2=200N$，丙用力 $F_3=180N$，则三个人的合力 $F=F_1+F_2+F_3=150+200+180=530N$，合力的方向与三个人用力的方向一致。

当作用在同一直线上的两个力方向相反时，它们的合力等于较大的力减去较小的力，即

$$F=F_1-F_2 \quad (\text{设 } F_1>F_2)$$

合力 F 的方向与 F_1 的方向相同。

2. 同方向平行力的合成。在吊装构件时，常使用图 3-3 所示的吊索铁扁担，在铁扁担两端下边挂的两条吊索所受的力 F_1 和 F_2 是两个平行力，方向都朝下，这两个平行力的合力大小为两个分力大小之和，方向与分力方向相同，合力作用点在两分力之间。当两力大小相等时，合力作用点位于两分力中间；当两分力不相等时，合力作用点距两分力间的距离与分力的大小成反比。如图 3-4 所示，设甲重 $10kg \approx W_1=100N$，乙重 $20kg \approx W_2=200N$，则甲、乙两分力的合力 $F_1=W_1+W_2=100N+200N=300N$，合力的方向与 W_1 与 W_2 的方向一致，合力作用点 C 的位置由下式求得：

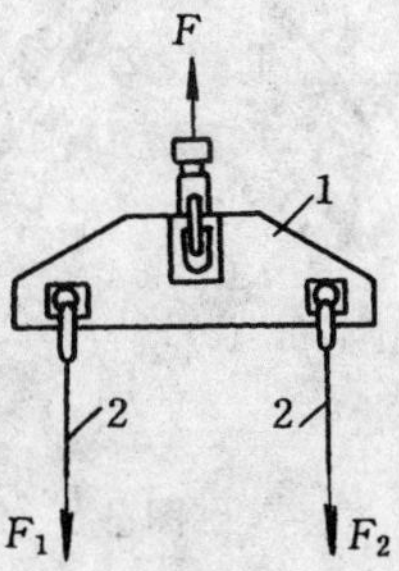

图 3-3　平行力的合成

1. 铁扁担　2. 吊索

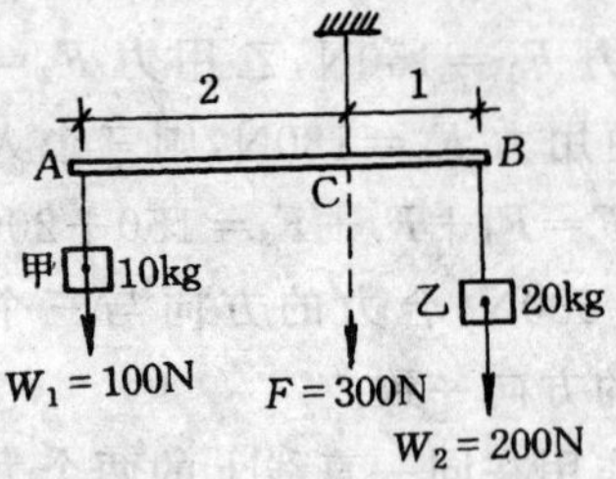

图 3-4 平行力的合成

$$\frac{AC}{BC}=\frac{W_2}{W_1}=\frac{200}{100}=\frac{2}{1}$$

由上式可以看出 AC 的距离为 BC 的距离的两倍，即说明合力作用点距两力间的距离与力的大小成反比。

当同方向的平行力为三个以上时，要求它们的合力，可以采取两两合成，最终求出合力的方法，用上述方法依次类推即可。

3. 两个汇交力的合成。有共同作用点的力称为汇交力。如图 3-5a 所示，甲、乙两绳拉力汇交于吊环，设甲绳拉力 $F_1=$

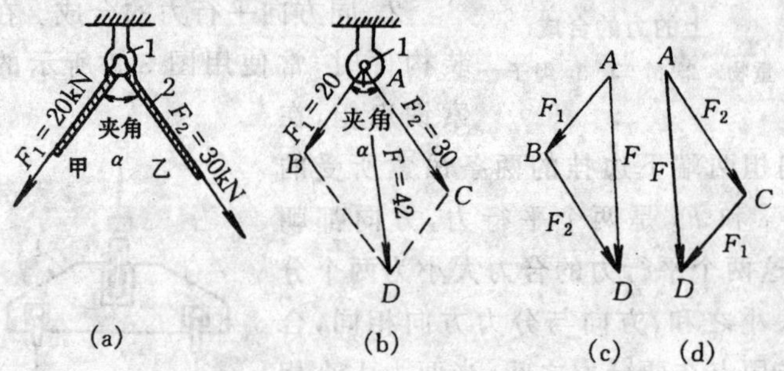

图 3-5 作用于一点互成角度的两力的合成

(a)作用在吊环上的力 (b)平行四边形法则求合力

(c)、(d)三角形法则求合力

1. 吊环 2. 绳索

20kN，乙绳拉力 $F_2=30$kN，两绳之间呈夹角 α，欲求 F_1 和 F_2 的合力可用作图的方法求得。即以两分力 F_1 和 F_2 为邻边作一个平行四边形如图 3-5b 所示，对角线 AD 即为合力的大小和方向，合力的作用点通过两分力的汇交点。作图时应按比例和相互夹角先作出 F_1 和 F_2，然后过 F_1 的终点 B 作 F_2 的平行线 BD，再过 F_2 的终点 C 作 F_1 的平行线 CD，BD 和 CD 相交于 D 点，连结 AD，则 AD 的长度即为合力 F 的大小，用比例尺量得 $F=42\text{kN}$，作用点通过两分力的汇交点 A，指向右下方，其与两分力的关系可用量角器量出合力与分力的夹角表示。上述方法称为平行四边形法则。这种关系也可以用力三角形表示，即任取一点 A，过 A 作 AB 平行于 F_1，并按比例截取 $AB=F_1$，再从 F_1 的终点作 BD 平行于 F_2，并按比例截取 $BD=F_2$，连接 AD，则 AD 的大小和方向表示 F_1 和 F_2 的合力的大小和方向，合力作用点为原汇交点 A。力三角形的作法与分力的顺序无关，图 3-5c、d 两种作法得出的合力结果是相同的。

由作图可以看出，合力的大小随分力间的夹角变化而变化：两分力间的夹角愈小，则合力愈大；反之则愈小。这点在起重吊装时应引起注意。

多个汇交力的合成可以用上述基本方法，两两合成，依此类推，连续应用，最后一个平行四边形的对角线即为多个汇交力的合力的大小和方向，合力作用点通过分力的汇交点。

（二）力的分解　将一个力分成几个力，而这几个力对物体的作用效果与那个力的作用效果相同，这几个力叫做那个力的分力，这个过程称为力的分解。

利用力三角形可以由合力求出其分力，如图 3-6 所示。从汽车上卸一件重量为 12kg（产生 $W=120\text{N}$ 的重力）的重物，让重物沿滑板滑下，此时重力分解为平行于滑板斜面下滑的力 F 和垂直压向斜面的正压力 N，用作图的方法先按比例画出垂直向下的重力 W，然后分别过 W 的起点 A 和终点 B 作

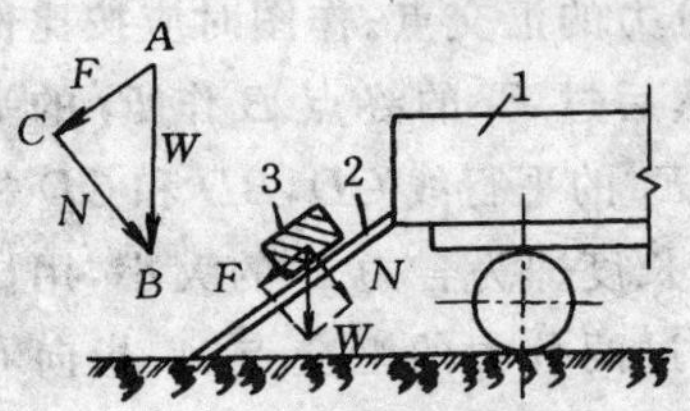

图 3-6 求斜面上物体重力的分力

1. 汽车 2. 滑板 3. 重物

AC 平行力 F，BC 平行力 N，两者相交于 C 点，则线段 AC 的长度即为力 F 的大小，线段 CB 的长度即为力 N 的大小，经实量得 $F=75\text{N}$，$N=100\text{N}$。

力的分解知识在搭拆脚手架的过程中经常遇到，掌握并灵活应用这些知识有助于脚手架的安全施工。

应用力的平行四边形法则，不仅可以将两个共点力合成一个力，而且也可以将一个力分解成两个力。因为以一个力为对角线的平行四边形有无数个，所以力的分解是有条件的。工程中常将一个力沿两个直角坐标轴分解成两个互相垂直的力 F_x 和 F_y，如图 3-7a、图 3-7b 所示。为了计算方便，同时规定：当从力的始端投影 a 到末端投影 b 的方向与投影轴力的正向一致时，力的投影取正值；反之，则取负值。同样力 F 在 y 轴

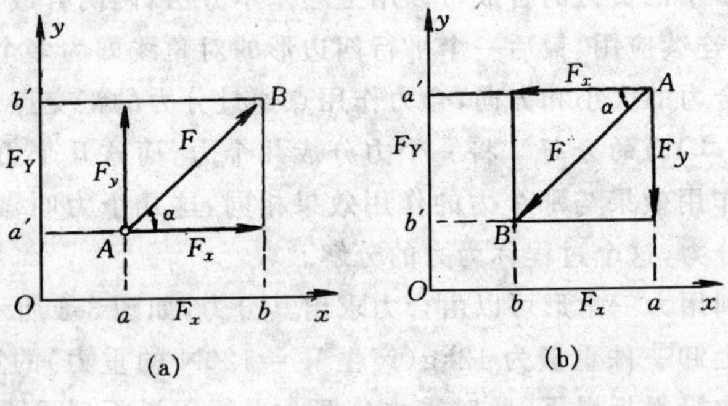

图 3-7 力的分解

(a)力的正投影 (b)力的负投影

上投影的正负号规定与力 F 在 x 轴上投影的正负号规定相同。因此，已知力 F，求其投影 F_x 和 F_y 可用下列两式计算：

$$\left.\begin{aligned}F_x&=\pm F\cos\alpha\\F_y&=\pm F\sin\alpha\end{aligned}\right\}\qquad(3—1)$$

反之，如力 F 在坐标轴 x 和 y 上的投影 F_x 和 F_y 已知，则可由下式确定力 F 的大小和方向：

$$\left.\begin{aligned}F&=\sqrt{F_x^2+F_y^2}\\\tan\alpha&=\frac{|F_y|}{|F_x|}\end{aligned}\right\}\qquad(3—2)$$

由于合力在任一轴上的投影，等于各个分力在同一轴上投影的代数和，所以平面汇交力系合力 R 的大小和方向为：

$$\left.\begin{aligned}R&=\sqrt{R_x^2+R_y^2}\\\tan\alpha&=\frac{|R_y|}{|R_x|}\end{aligned}\right\}\qquad(3—3)$$

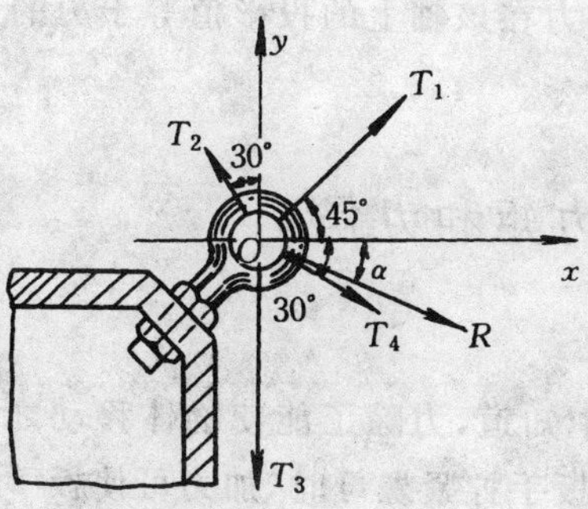

图 3-8 某设备起吊装置螺栓受力情况

【例 3—1】 在某设备起吊装置的螺栓环眼上，共作用有四个力 T_1、T_2、T_3 和 T_4，如图 3-8 所示。设 $T_1=1500\text{N}$，$T_2=800\text{N}$，$T_3=2000\text{N}$，$T_4=1000\text{N}$，各力的方向如图 3-8 所示，试求其合力。

解：设直角坐标系 O_{xy} 如图所示。由式 3-3 计算合力 R 在 x、y 轴上的投影为

$R_x=\Sigma F_x=T_1\cos45°-$

$T_2\cos60° + 0 + T_4\cos30°$

$= 1500 \times 0.707 - 800 \times 0.5 + 1000 \times 0.866$

$= 1527\text{N}(\rightarrow)$

$R_y = \Sigma F_y = T_1\sin45° + T_2\sin60° - T_3 - T_4\sin30°$

$= 1500 \times 0.707 + 800 \times 0.866 - 2000 - 1000 \times 0.5$

$= -746\text{N}(\downarrow)$

故合力 R 的大小为

$$R = \sqrt{R_x^2 + R_y^2} = \sqrt{(1527)^2 + (-746)^2} = 1696\text{N}$$

合力 R 的方向为

$$\tan\alpha = \frac{|R_y|}{|R_x|} = \frac{746}{1527} = 0.490, \alpha = 26°06'$$

因 R_x 为正、R_y 为负，故 α 应在第四象限(图 3-8)，合力 R 的作用线通过力系的汇交点 O。

由上例可知：

1. 如力垂直于坐标轴，则力在该轴上的投影值等于零。

2. 如力平行于坐标轴，则力在该轴上的投影值等于力的大小。

第二节　力矩和力偶

一、力矩的概念

(一)力矩　从工程实践中知道，力除了能使物体移动之外，还能使物体转动。例如，用扳手拧紧螺母时，加力可使扳手绕螺母中心转动；钢筋工用扳手弯制钢筋时，可使钢筋绕扳柱中心转动。力使物体产生转动效应，用力矩表示，如图 3-9 所示。力 F 使扳手绕螺母中心 O 转动的效应不仅与力的大小有

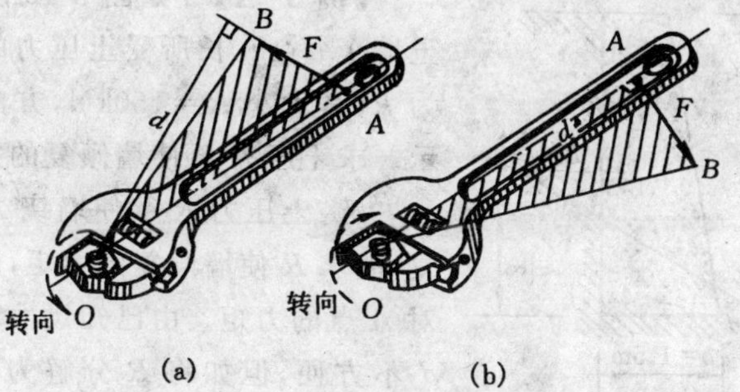

图 3-9 力使物体产生转动

(a)正转 (b)负转

关,而且与螺母中心 O 到该力作用线的垂直距离 d 成正比。其计算公式为

$$M_O(F)=\pm Fd \tag{3—4}$$

一般规定:

1. 使物体绕 O 点逆时针方向转动的力矩为正,反之为负。

2. 单位是 N·m 或 kN·m。

3. 力的作用线通过矩心 O 时,力矩为零。

4. 力对任一点之矩,不因该力沿作用线移动而改变。

(二)合力矩定理 平面汇交力系的合力对平面内任一点之矩,等于力系中各力对同一点力矩的代数和。即

$$m_o(R)=m_o(F_1)+m_o(F_2)+\cdots\cdots+m_o(F_n)$$
$$=\Sigma m_o(F) \tag{3—5}$$

利用上式在求某力力矩时,力臂不易求出,可将该力分解为两个分力,分别求出分力的力矩,然后求其代数和,即可求出合力的力矩。

【例 3—2】 如图 3-10 所示挡土墙上每 1m 长所受土压力的合力为 R，其大小 $R=150\text{kN}$，方向如图示。求土压力 R 使墙倾复的力矩。

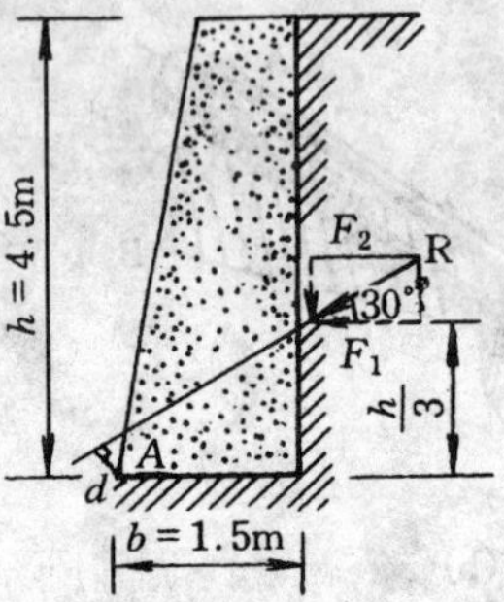

图 3-10 求挡土墙倾复力矩

解：土压力 R 欲使墙绕 A 点倾复，故求 R 使墙倾复的力矩，即求 R 对 A 点的力矩。由已知尺寸求力臂 d 不方便，但如将 R 分解为 F_1（水平）和 F_2（垂直）两分力，则两分力的力臂是已知的，故由式 3—5 得：

$$m_A(R)=m_A(F_1)+m_A(F_2)$$

$$=F_1h/3-F_2b$$

$$=150\cos30°\times1.5-150\sin30°\times1.5$$

$$=82.4\text{kN}\cdot\text{m}$$

故土压力 R 使墙倾覆的力矩为 $82.4\text{kN}\cdot\text{m}$。

（三）力矩平衡 如图 3-11 所示，一物体上作用有 F、F_1、F_2、F_3 四个力，到支点的力臂分别为 l、l_1、l_2、l_3。其中，力 F 使物体绕支点顺时针转动，而 F_1、F_2、F_3 使物体绕支点逆时针转动，要使物体在这四个力的作用下处于平衡状态，顺时针转动的力矩之和必须等于逆时针转动的力矩之和。因而，力矩平衡的条件是：

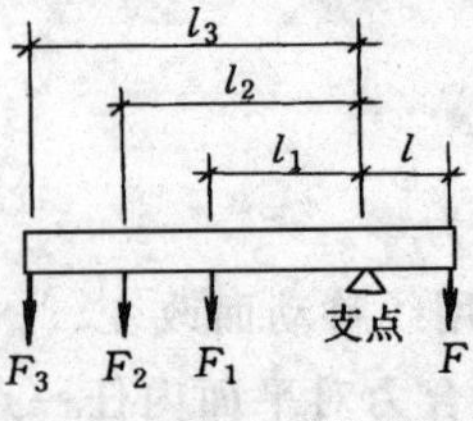

图 3-11 力矩平衡

$$F\cdot l=F_1\cdot l_1+F_2\cdot l_2+F_3\cdot l_3$$

（四）杠杆原理及其应用 能在外力的作用下绕固定点转动的物体叫做杠杆（如撬棍、撬杠、拔钉子的锄头、钳子、剪刀、扳子、钎子棍等)。由上述力矩的概念可知,当力矩不变时,力臂大,则作用力小。杠杆利用这个原理达到省力的目的,称为杠杆原理。如果将重物或待克服的阻力统称为阻力,阻力到支点的垂直距离称为重臂,当杠杆所受的作用力和克服的阻力在同一平面内时,阻力和重臂的乘积等于作用力和力臂的乘积。即:

$$阻力\times 重臂=作用力\times 力臂$$

这就是杠杆原理的表达式。

杠杆原理在工程中应用很广泛,应用得好,不仅省力省工,而且安全可靠。下面介绍几种实际应用方法:

1. 撬杠的计算和操作。如图 3-12 所示,已知卷扬机重 5t,$ac=4\text{m}$,$cb=15\text{cm}$,求在 a 点上要加多大的力才能从 b 点处将卷扬机的一头撬起来?

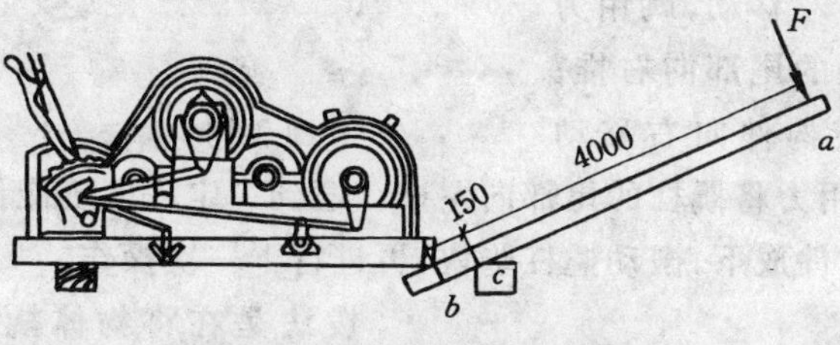

图 3-12 用撬棍撬卷扬机

卷扬机重 5t,它所受的重力 $W=50\text{kN}$,考虑到撬的是其一头,所以撬杠 b 点的阻力设为卷扬机重力的一半。

根据杠杆原理:

$$\frac{W}{2}\times 150=F\times 4000$$

$$F=\frac{\frac{50}{2}\times 150}{4000}\approx 0.94\text{kN}$$

通过计算可知，只要用 0.94kN 的力就可以将重 5t 的卷扬机的一头撬起来，省力约 96%。在施工现场常用撬杠（撬棍）调整堆放在现场的预制构件的位置。

使用撬杠作业时，撬杠下面的垫块要尽量靠近被撬物体，撬杠插入不要太深，这样可以增大力臂，减小重臂，省力省工。

撬重物时要选用规格适宜的撬杠，作业时，严禁用脚踩。撬杠使用完后，要平放在脚手架或构件上，不得竖靠在脚手架或构件上，以确保安全。

2. 磨和拨的基本操作。磨法是在用撬杠将物体撬起来的同时向左或向右推动撬杠的尾部使构件移动。如图 3-13 所示，将构件撬起来后，要想使构件向左移动，就用力将撬杠的尾部向右推；要想使构件向右移动时，就用力将撬杠的尾部向左推。磨到一定程度不能再磨时，可将构件放下，搬动撬杠垫块，再进行下一次操作。

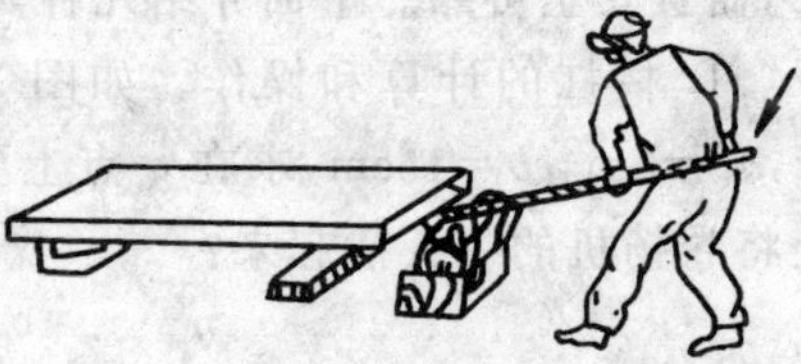

图 3-13 磨法

拨法是在将物体撬起来的同时，使物体向前移动。如在铺设塔吊轨道时，使钢轨就位常采用这种方法，如图 3-14 所示。

图 3-14 拨法

3. 顶和落的基本操作。顶和落是使用千斤顶把物体顶起和落下，如图 3-15 所示。

用千斤顶顶起物体的方法步骤为：

（1）将千斤顶放在被顶重物下的适当位置，如图 3-15a

所示。

(2)操作千斤顶,将重物顶起,如图 3-15b 所示。

(3)在重物下面垫木垛,并落下千斤顶,如图 3-15c 所示。

(4)将千斤顶垫高到适当位置,再重复上述操作,如图 3-15d 所示。

如此循环往复将重物逐步顶升到所需的位置后,将重物垫平垫牢,落下并卸去千斤顶。

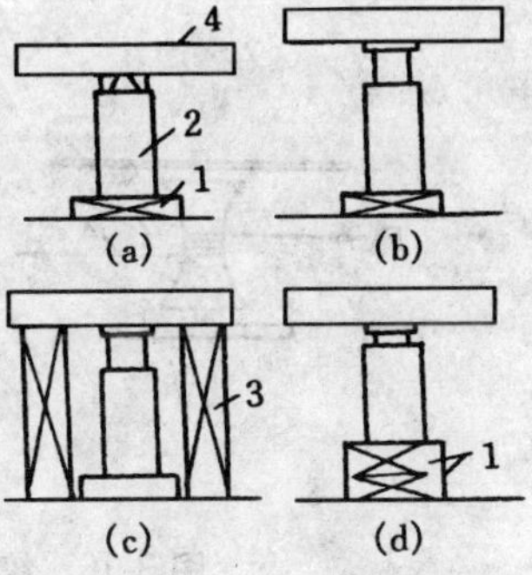

图 3-15 用千斤顶逐步顶升重物

(a)最初位置 (b)顶升重物

(c)在重物下垫枕木垛

(d)将千斤顶垫高准备再提升

1. 垫木 2. 千斤顶 3. 枕木

用千斤顶落重物的步骤与上述操作步骤相反,但须掌握好下落速度,下落太快易发生危险。落时应随落随抽去垫木,并及时加进不同厚度的垫木,保证重物与垫木之间的距离在 5cm 左右,以确保安全。

4. 绞磨的计算。在土法吊装中,用绞磨或滑车组可以将几十吨的重物吊起或移动。如图 3-16 所示,绞磨轴的中心视为支点,卷筒半径视为重臂,绞磨轴中心到绞杆端施力点的距离是力臂,由杠杆原理可知:

力×绞杠推力点半径(力臂)=重力×卷筒半径(重臂)

如设重物重 $W=2000$N,绞杠长 500mm,卷筒半径为 125mm,计算需要用多大的力 F,才能绞动重物?

根据杠杆原理,故:

$$F\times 500=W\times 125$$

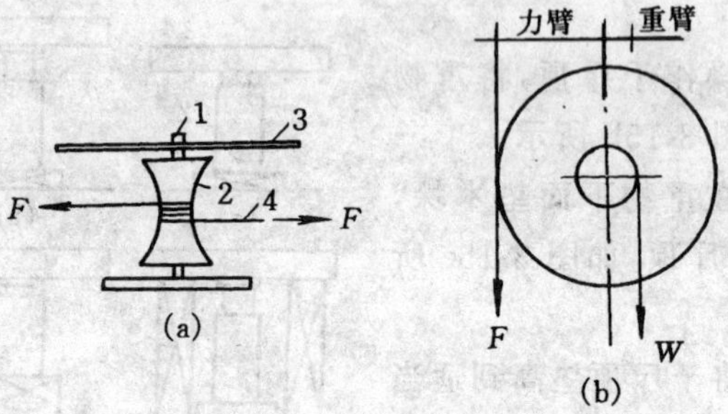

图 3-16 绞磨计算示意图

(a)绞磨 (b)计算简图

1. 绞磨轴 2. 卷筒 3. 绞杠 4. 缠绕钢丝绳

$$F=\frac{2000\times125}{500}=500\text{N}$$

如果不考虑摩擦，那么用 500N 的力，就可以把 2000N 的重物绞动。

二、力偶的概念

（一）力偶 在生产和生活中，有时会遇到两个等值、反向、不共线的平行力作用在同一物体上，如图 3-17a 所示司机加在方向盘上的力和图 3-17b 所示工人加在螺纹扳手上的力。这两个力称为力偶，用符号(F,F')表示。力偶和力是组成力系的两个基本元素，相互不能互代对物体的作用效应。

力偶能使物体发生转动，其转动效应的大小用力偶矩(M)来表示。即

$$M=\pm Fd \qquad (3—6)$$

式中 d 称为力偶臂，是两平行力之间的垂直距离。力偶矩的单位为 N·m 或 kN·m。力偶对物体的转动方向规定：顺时针转动为正；逆时针转动为负。

力偶有以下基本特性：

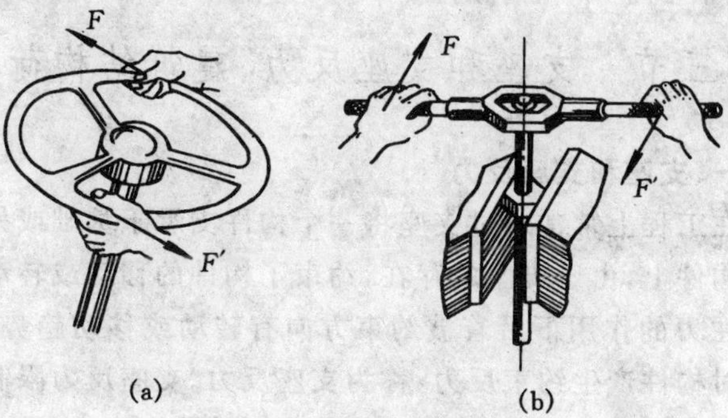

图 3-17　力偶

(a)负力偶　(b)正力偶

1. 力偶对所作用于平面内任一点之矩都相等，与矩心的位置无关。

2. 力偶只能与力偶平衡，不能与力平衡。

3. 力偶在所作用的平面内可以任意移动，不改变其对物体的作用。

4. 在保持力偶矩的大小和力偶转向不变的情况下，可任意改变力偶中力的大小和力偶臂的长短，而不改变它对物体的转动效应。

(二)平面力偶系的合成和平衡　物体在同一平面内，可能同时作用有几个力偶，可合成为一个合力偶，用符号“M”表示，其合力偶矩等于：

$$M=m_1+m_2+\cdots\cdots+m_n=\Sigma m \qquad (3-7)$$

物体在平面力偶系作用下，不产生转动效应，而维持平衡状态的条件为：

$$M=\Sigma m=0 \qquad (3-8)$$

第三节　支座和支座反力、建筑结构荷载

一、支座和支座反力

在工程上常常通过支座将一个构件支承于基础或另一静止的构件上，由于支座的存在，约束了构件的移动或转动。当构件在力的作用下沿着被约束方向有转动或移动趋势时，支座则对构件产生约束反力，称为支座反力。支座反力限制构件产生转动或移动，维持建筑物的静止不动状态。

实际工程中支座的形式是多种多样的，但按其受力情况来分析归纳，常用的有三种。

（一）可动铰支座（滚轴支座）　图 3-18 所示这种支座的特点是：

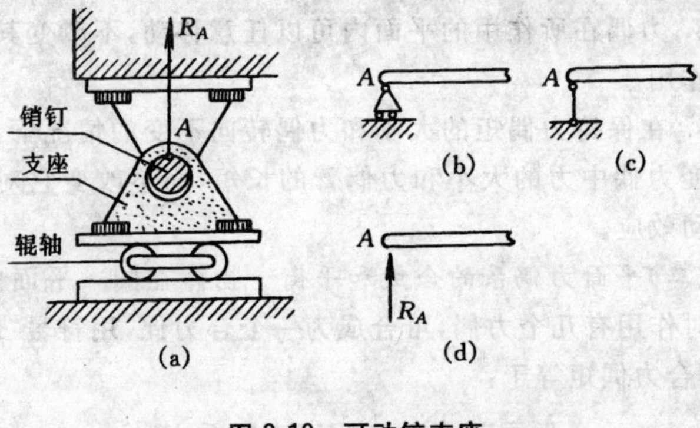

图 3-18　可动铰支座

(a)支座示意　(b)、(c)支座简图　(d)支座反力

1. 构件可绕 A 转动。

2. 构件可沿支承面的水平方向移动。

3. 构件不能沿支承面的垂直方向移动。所以它的支座反

力通过销钉中心，垂直于支承面，指向未定。这种支座简图如图 3-18b、图 3-18c 所示，支座反力如图 3-18d 所示。

工程上常将一根横梁通过混凝土垫块支承在砧柱上的形式简化为可动铰支座，如图 3-19 所示。

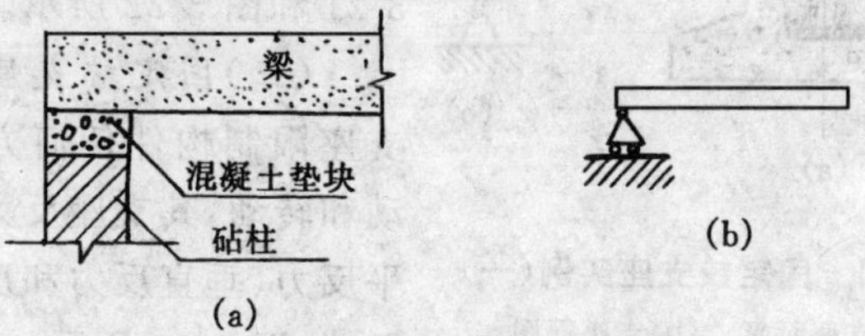

图 3-19 可移动铰支座

(a)梁支承示意 (b)支座简图

（二）固定铰支座（铰链支座） 这种支座的特点是构件只能绕 A 点转动，而不能沿任何方向移动，如图 3-20a 所示。这种支座反力必作用于销钉与支座的接触点，垂直于销钉轴线，并通过销钉中心，而方向未定。其简图如图 3-20b、图 3-20c 所示，支座反力如图 3-20d、图 3-20e 所示。

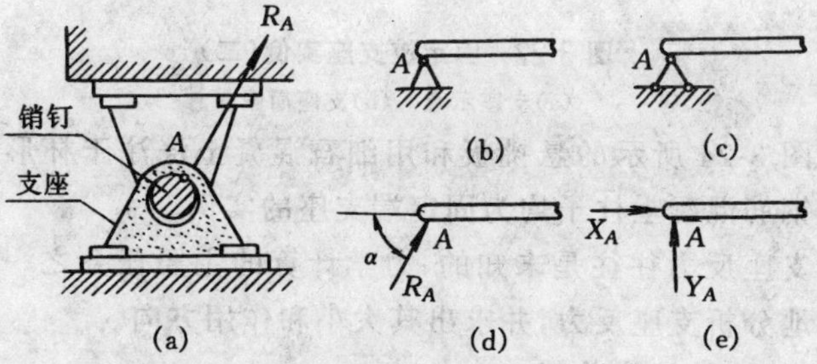

图 3-20 固定铰支座

(a)支座示意 (b)、(c)支座简图 (d)、(e)支座反力

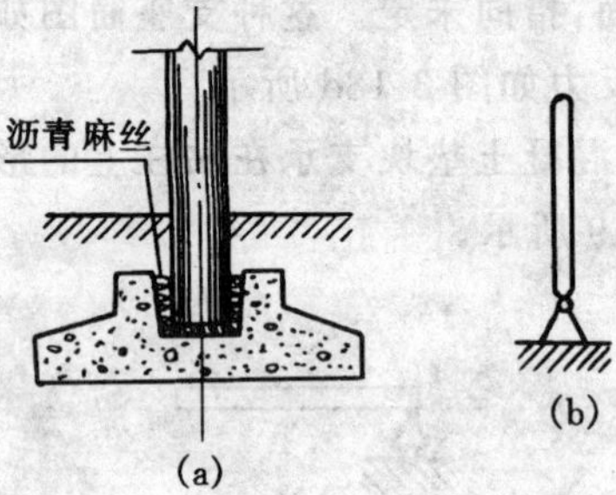

图 3-21 固定铰支座实例(一)

(a)支座示意 (b)支座简图

工程中常将用沥青麻丝固定柱子的杯形基础，屋架与柱子通过预埋垫板焊接的形式简化为固定铰支座，如图3-21和图3-22所示。

(三)固定端支座 这种支座限制构件任何方向的移动和转动，其支座反力常用水平反力、垂直反力和反力偶表示，如图3-23所示。

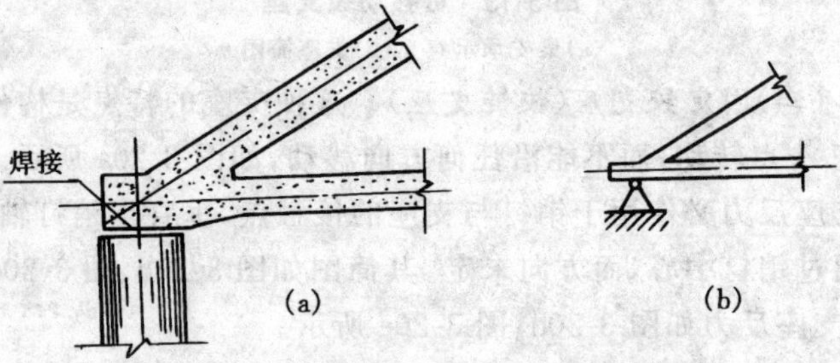

图 3-22 固定铰支座实例(二)

(a)支座示意 (b)支座简图

图3-24所示的悬挑板和用细石混凝土浇注于杯形基础内的钢筋混凝土柱子均为固定端支座的实例。

支座反力往往是未知的，力学计算的主要任务之一就是正确地分析支座反力，并求出其大小和作用方向。

二、建筑结构荷载

作用在建筑结构上的力称为荷载。它是主动作用在结构上的外力。根据我国现行的《建筑结构荷载规范》(GBJ9—87)

的规定，结构设计中，需采用标准荷载。标准荷载就是指建筑物在正常使用情况下，有可能出现的最大荷载。结构上的荷载分为三类：

（一）恒荷载　恒荷载是指长期作用在结构上的不变荷载，在结构使用期间，其值不随时间而改变。例如结构自重、土压力等，通常可经过计算或查有关表格求出。

（二）活载　在结构使用期，其值随时间变化，且其变化值与平均值相比不可忽略的荷载。如楼面活荷载，风荷载、雪荷载等。

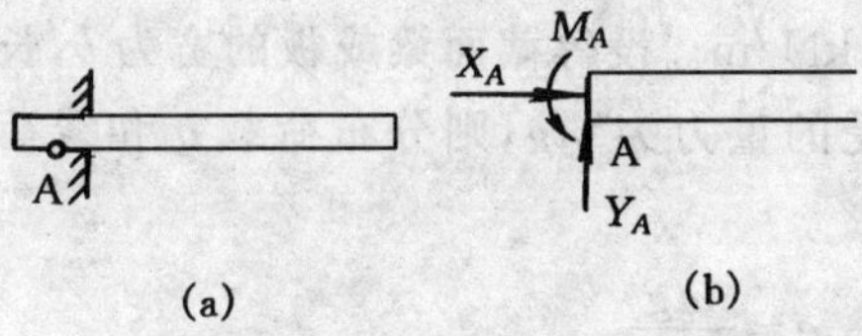

图 3-23　固定端支座（一）

（a）支座示意　（b）支座反力

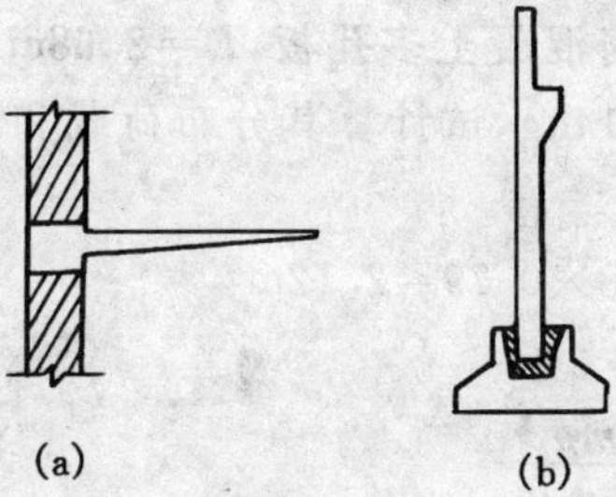

图 3-24　固定端支座（二）

（a）、（b）支座示意

（三）偶然荷载　在结构使用期不一定出现，一旦出现，其值很大，且持续时间较短的荷载。如爆炸力、撞击力、地震力等。

根据荷载的分布情况，还可以将荷载分为集中荷载和分布荷载。

当荷载的作用面积远远小于结构的受荷面积时，可将其简化为集中作用在一点上，称为集中荷载，如屋架传给柱子的压力。它的单位是 N 或 kN。

连续分布在一块面积上的荷载，叫分布荷载，它的单位是：N/m^2 或 kN/m^2。连续分布在一定长度上的荷载，叫线荷载，它的单位是 N/m 或 kN/m。设等截面梁或板的宽为 b，长为 L，每块板（或梁）所受的重力为 mg，则分布荷载 q 和线荷载 q_L 分别用下式计算：

$$\left.\begin{aligned} q&=\frac{mg}{L\cdot b} \\ q_L&=q\cdot b \end{aligned}\right\} \qquad (3—9)$$

由上式可知，欲将分布荷载转化为线荷载，只需将分布荷载乘以板的宽度即可。

【例 3—3】 某预应力钢筋混凝土多孔板，$L=2.68\text{m}$，$b=0.79\text{m}$，每块板的质量 $m=314\text{kg}$，试计算其分布荷载和线荷载。

解：板的面积 $=L\cdot b=2.68\times0.79=2.12\text{m}^2$

则分布荷载：

$$q=\frac{mg}{L\cdot b}=\frac{314\times9.81}{2.12}=1450\text{N/m}^2$$

线荷载：

$$q_L=q\cdot b=1450\times0.79=1150\text{N/m}$$

第四节 受力分析与受力图

一、受力分析与受力图

（一）受力分析 工程结构中的各个构件之间是互相联系的，它们在荷载和支座反力的共同作用下保持平衡，当计算某个构件时，首先要分析其受到的已知力情况，然后根据平衡条件求出未知力，这种分析过程叫受力分析。

（二）受力图　当求某构件的未知力时，通常要将其从与它相联系的结构体系中分离出来，在构件上标出已知力和未知的支座反力（或约束反力），这样得到的计算图形，称为受力图。画受力图是解决力学问题的关键，是进行力学计算的依据。

通过上述分析，我们可将画受力图分为以下三个步骤：

1. 明确研究对象。即将研究对象与周围其它物体之间的约束全部解除，单独画出该研究对象。

2. 将作用在研究对象上所有已知的主动力画上。

3. 分析约束性质，确定并画上所有约束反力（支座反力）。

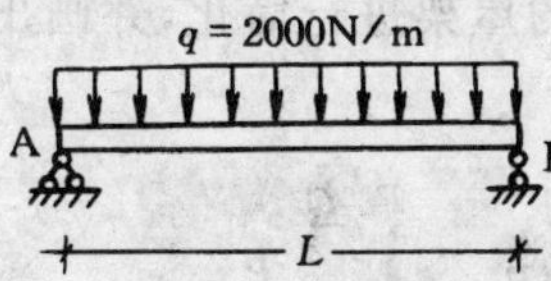

图 3-25　简支梁

【例 3—4】　试画出图 3-25 所示简支梁的受力图。

解：

（1）以简支梁为研究对象，单独画出。

（2）画上作用在梁上的已知荷载 $q=2000N/m$。

（3）简支梁的 A 端为固定铰支座，其支座反力用水平分力 X_A 和垂直分力 Y_A 代替，方向可随意假定；B 端为活动铰支座，其支座反力为垂直向上的 Y_B，据此画出受力图如图 3-26 所示。

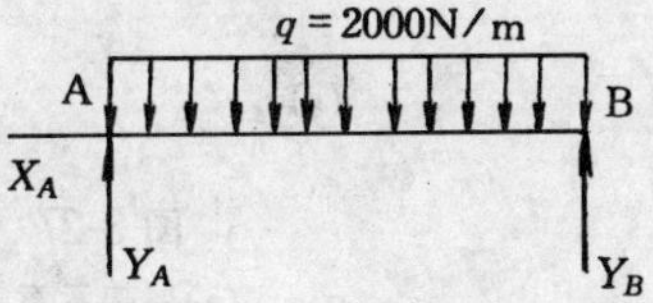

图 3-26　简支梁受力图

二、建筑结构计算简图

实际的建筑结构的受力情况是很复杂的，为了便于对结构进行力学分析和计算，必须对实际结构进行简化，简化后得出的图形叫做结构的计算简图。

合理的计算简图既反映了构件的基本特性又突出了主要的决定性因素。计算简图一般包括三个方面的简化。

1. 构件和节点的简化：

(1)构件的简化。用构件的轴线代表实际构件，尺寸按轴线的长度标注。

(2)节点的简化。按节点的实际构造，简化为铰节点或刚节点。

2. 支座的简化。按其支座的实际构造和约束情况，将其简化为可动铰支座、固定铰支座和固定端支座等形式。

【例 3—5】 试对图 3-27a 所示的屋架进行简化，并画出其计算简图。

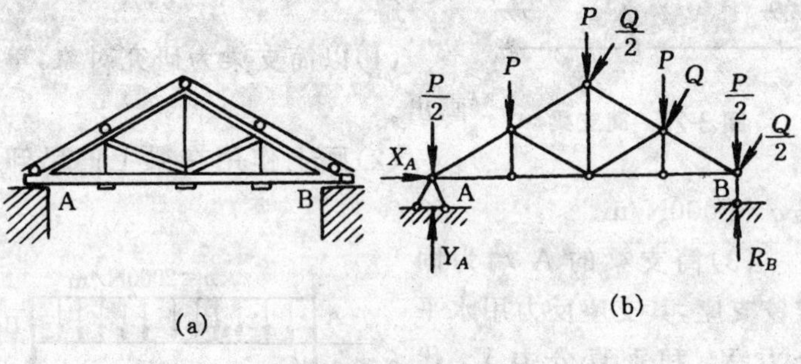

图 3-27 屋架的简化

(a)屋架示意 (b)屋架受力图

解：按屋架的主要受力情况，一般先假定：

(1)各杆件两端为理想的铰连接。

(2)各杆的轴线绝对平直且在同一平面内通过铰心。

(3)荷载和支座反力都在屋架平面内，作用在节点上。对其进行以下简化：

①构件简化。屋架由细长杆组成，以轴线代替各杆件。

②节点的简化。木屋架的节点是榫接的，它只能限制移动，不能限制转动，可简化为铰接。

③支座的简化。屋架两端直接放置在墙上，可以看成其一端为固定铰支座，另一端为可动铰支座。

④荷载的简化。屋面上的荷载一般都传递到屋架的节点上，有屋面传来的竖向荷载 P 和风荷载 Q。两端的支座反力分别为 X_A、Y_A 和 R_B。据此画出屋架的计算简图，如图 3-27b 所示。

第五节　简单结构平衡计算

一、二力平衡

作用在同一刚体（假设受力后不变形的物体）上的两个力，使刚体平衡的必要和充分条件是，这两个力大小相等、方向相反、作用在同一直线上。上述平衡条件不适用于变形体，例如柔绳的两端受到一对大小相等、方向相反的拉力就可以平衡；但若是压力就不能平衡。

二、平面汇交力系的平衡

如果作用在构件上的所有荷载和支座反力均位于同一平面内，且作用线汇交于一点，则构成平面汇交力系。由式（3—3）可知，平面汇交力系可以合成一个合力。构件在平面汇交力系作用下平衡的必要和充分条件是合力为零，即平面汇交力系的各分力在两个坐标轴上的投影的代数和都等于零。即：

$$\left.\begin{aligned}R_x=\Sigma F_x=0\\R_y=\Sigma F_y=0\end{aligned}\right\} \qquad (3—10)$$

应用平衡条件可以求解两个未知量。

【例 3—6】 如图 3-28a 所示的起重装置，重物通过卷扬

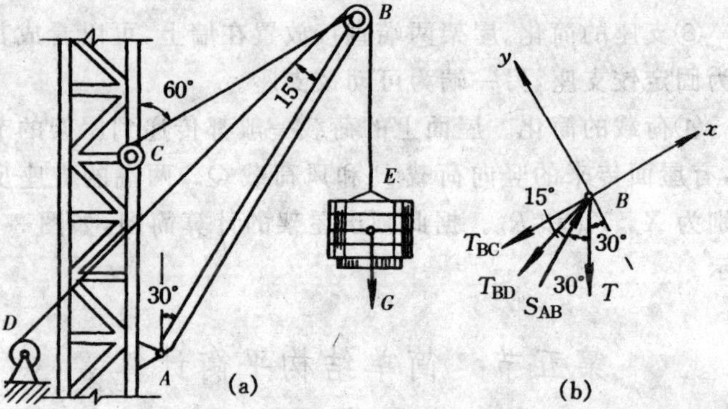

图 3-28 例 3—6 所示起重装置

(a)起重装置示意 (b)受力图

机由绕过滑轮 B 的钢索起吊。杆 AB 的一端铰接在井架上，另一端用钢索与井架连接。设重物重 $G=2\text{kN}$，杆与滑轮的自重及滑轮的大小均不计。试求钢索 BC 的拉力和杆 AB 所受的力。滑轮轴承的摩擦力不计。

解：取滑轮 B 为研究对象，作用于滑轮上的力有：钢索 BE 的拉力 T，根据力平衡条件，显然 $T=G=2\text{kN}$；钢索 BD 的拉力 T_{BD}，因不计摩擦，则 $T_{BD}=T=2\text{kN}$；钢索 BC 的拉力 T_{BC}；杆 AB 系力杆，其对滑轮的约束反力 S_{AB}沿 AB 线，假设 S_{AB}的指向如图，即假设杆受压力。因滑轮的大小不计，所以这四个力可视为平面汇交力系。滑轮的受力如图 3-28b 所示。

为了避免解联立方程，取直角坐标系如图，其中 y 轴垂直于未知力 T_{BC}。列出平衡方程：

$$\Sigma F_Y=0,\ -T_{BD}\sin15°+S_{AB}\sin30°-T\sin60°=0$$

将 T 与 T_{BD} 的已知值代入，得：

$$S_{AB}=\frac{T_{BD}\sin15°+T\sin60°}{\sin30°}$$

$$=\frac{2\times0.259+2\times0.866}{0.5}$$

$$=4.50\text{kN}$$

得正号表示假设指向正确，即杆 AB 受压。

再列：

$$\Sigma F_x=0,\ -T_{BC}-T_{BD}\cos15°+S_{AB}\cos30°-T\cos60°=0$$

将各已知值代入，得：

$$T_{BC}=-T_{BD}\cos15°+S_{AB}\cos30°-T\cos60°$$

$$=-2\times0.966+4.50\times0.866-2\times0.5=0.965\text{kN}$$

三、平面一般力系的平衡

一般作用在建筑结构上的所有力的作用线，是既不相交于一点，又不相互平行。当这些力位于同一平面内时，称为平面一般力系。构件在平面一般力系作用下平衡的必要且充分条件为：

$$\left.\begin{aligned}\Sigma F_x=0\\ \Sigma F_y=0\\ \Sigma M=0\end{aligned}\right\}\qquad(3\text{—}11)$$

上式表示力系中所有各力，在两个任选的坐标轴上投影的代数和分别等于零，即该两坐标轴方向无移动；力系中各力对于平面内任意一点的力矩代数和等于零，即构件在该力系作用下无转动。构件既无移动又无转动，即处于平衡状态。

平衡条件共有三个，它们彼此互相独立。根据这些平衡条件可以求出三个未知力。

【例 3—7】 梁 AB 两端支承在墙内，其上受到预制板传来的分布荷载 $q_1=10\mathrm{kN/m}$，以及设备荷载 $P=15\mathrm{kN}$，如图 3-29 所示。梁自重 $q_2=3\mathrm{kN/m}$，试求墙壁对梁 A、B 端的支座反力。

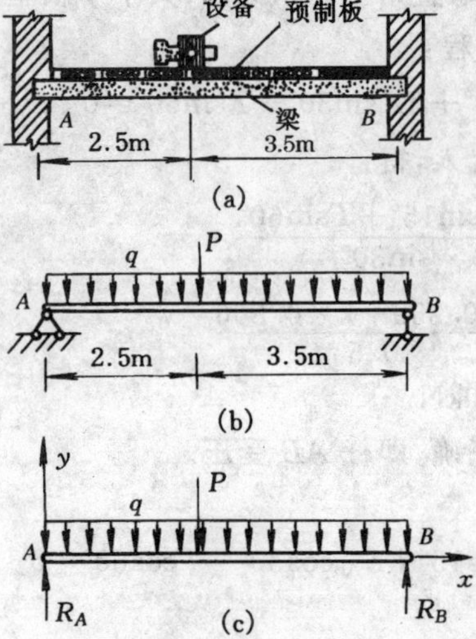

图 3-29 梁 AB 的受力情况

(a)梁受力示意 (b)梁的计算简图

(c)梁的受力图

解：取梁 AB 为研究对象，画出计算简图如图 3-29b 所示。其上作用有集中荷载 P、线荷载 q 及支座的约束反力 R_A、R_B。由于力 P、q、R_B 相互平行，故 R_A 必与各力平行，才能保持该力系为平衡力系。梁的受力如图 3-29c 所示。取坐标系如图，由

$$\Sigma m_A(F)=0, -P\times 2.5-6q\times 3+R_B\times 6=0$$

得 $R_B=\dfrac{2.5P+18q}{6}=\dfrac{2.5\times 15+18(10+3)}{6}=45.3\mathrm{kN}(\uparrow)$

由 $\Sigma Y=0, R_A+R_B-P-6q=0$

得 $R_A=P+6q-R_B=15+6(10+3)-45.3=47.7\mathrm{kN}(\uparrow)$

校核： $\Sigma m_B(F)=P\times 3.5+6q\times 3-R_A\times 6$

$=15\times 3.5+18(10+3)-47.7\times 6\approx 0$

说明计算无误。要说明的是校核式的矩心 B 与计算过程

另一力矩式中的矩心 A 不能是同一点，否则校核失效。

第六节　梁的内力、强度计算

一、梁的内力

梁是在荷载作用下产生弯曲变形的构件。工程中常见的简单梁，按支座情况有下列三种典型形式：

（一）简支梁　一端为固定铰支座，另一端为可动铰支座的梁（图 3-30a）。

（二）外伸梁　梁身一端或两端外伸出支座的简支梁（图 3-30b）。

（三）悬臂梁　一端为固定端支座，另一端自由的梁（图 3-30c）。

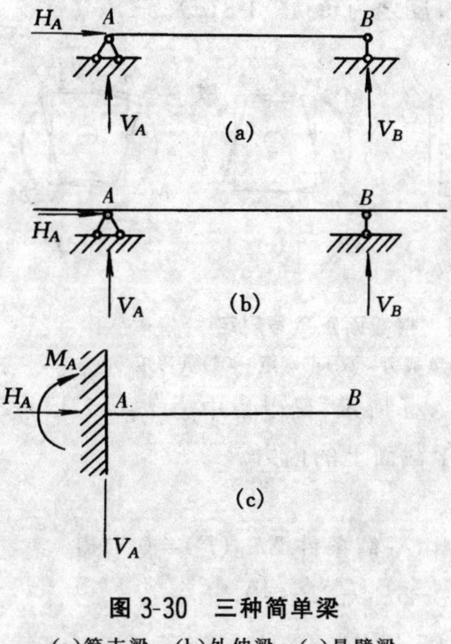

图 3-30　三种简单梁

(a)简支梁　(b)外伸梁　(c)悬臂梁

梁在外力作用下发生弯曲变形时，梁的内部会产生抵抗变形的内力。这样的内力有两种：一种叫弯矩 M，一种叫剪力 Q。梁横截面上的弯矩和剪力可以用截面法求出。其步骤为：

1. 求出外力作用下的支座反力。

2. 在求内力的截面处，假想地将梁截开为两部分。

3. 将截开的两部分中的任一部分留下作为研究对象，并把弃去部分对留下部分的作用代之以弯矩和剪力。

4. 应用平衡条件求出未知内力。

为了使截面左右部分求出的内力符号相同，对剪力和弯矩的正负号作如下规定：

在横截面 $m-m$ 处，从梁中取出一微段，若剪力 Q 使微段顺时针转动(图 3-31a)，则截面上的剪力为正；反之为负(图 3-31b)。若弯矩 M 使微段产生向下凸的变形(图 3-31c)，则截面上的弯矩 M 为正；反之为负(图 3-31d)。

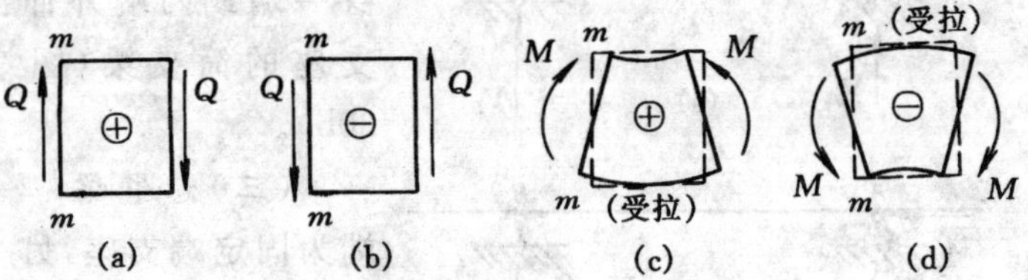

图 3-31 横截面正负号规定

(a)正剪力 (b)负剪力 (c)正弯矩 (d)负弯矩

【例 3—8】 如图 3-32a 所示，梁受集中力 $P_1=25\text{kN}$，$P_2=25\text{kN}$ 的作用，试求 1-1 截面上的内力。

解：

(1)计算支座反力。由平衡条件 $\Sigma m_B(F)=0$ 求得

$$6V_A-5P_1-2P_2=0$$

$$V_A=\frac{P_1\times5+P_2\times2}{6}=29.2\text{kN}$$

由 $\Sigma F_y=0$ 有

$$V_A+V_B-P_1-P_2=0$$

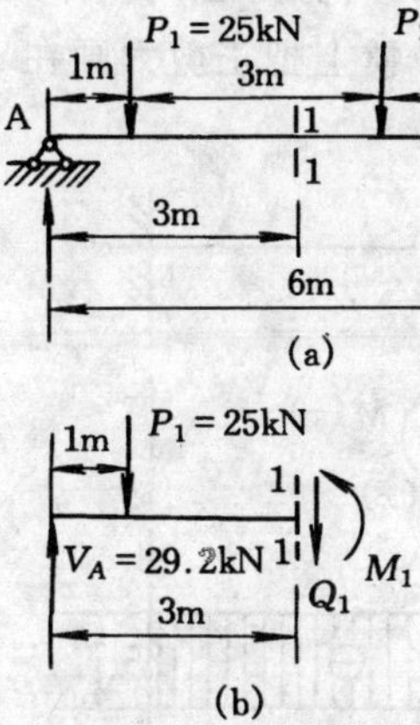

图 3-32 例 3-8 受力图

(a)梁受力图 (b)截面受力图

$$V_B=P_1+P_2-V_A=20.8kN$$

校核：

$$\Sigma m_A=6V_B-P_1\times1+P_2\times4$$
$$=6\times20.8-25\times1-25\times4\approx0$$

计算无误。

(2)计算截面内力。用 1—1 截面截取左段为研究对象，并设 M、Q 均为正，如图 3-32b 所示。

由平衡条件

$$\Sigma F_y=0$$

$$V_A-P_1-Q_1=0$$

得：$Q_1=V_A-P_1$

$=29.2-25$

$=4.2kN$

$$\Sigma M_1=0 \quad V_A\times3-P_1\times2-M_1=0$$

得：$M_1=V_A\times3-P_2\times2=29.2\times3-25\times2=37.6kN\cdot m$

所得 Q_1、M_1 为正值，表示所设 Q_1、M_1 方向与实际方向相同，即均为正。

二、梁的剪力图和弯矩图

上述计算是一根简支梁。在实际工程中，荷载的形式是多种多样的，而且梁上各横截面上的内力也不一定相同，设计梁的截面大小时，需找出在荷载和反力作用下，沿梁长各截面弯矩和剪力的变化规律，从中找出其中的最大值作为设计的依据。为此，我们用横坐标 x 表示沿梁轴线的截面位置，用纵坐标 y 表示相应截面上的内力(Q 或 M)的大小，画出一个图形，这样的图形叫做内力图。表示剪力的叫剪力图，表示弯矩的叫弯矩图。需注意的是土建工程中习惯上把正剪力画在 x 轴上方，负剪力画在 x 轴下方；而弯矩规定画在梁受拉的一侧，即正弯矩画在 x 轴下边，负弯矩画在 x 轴的上方。

下面通过例题来说明简单梁剪力图和弯矩图的绘制方法。

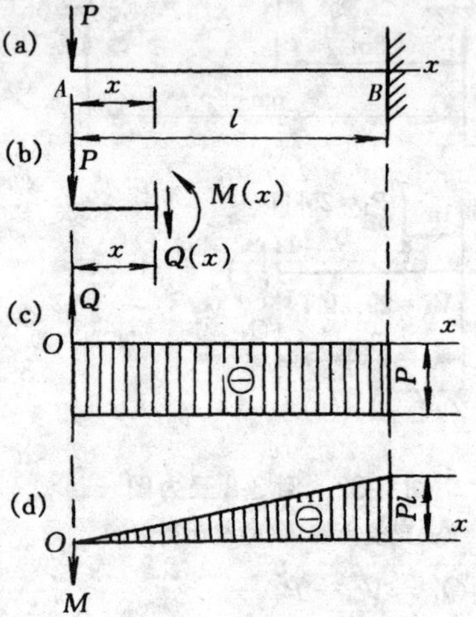

图 3-33 悬臂梁受力图

(a)受力图 (b)截面受力图

(c)Q 图 (d)M 图

【例 3—9】 悬臂梁受集中力作用如图 3-33 所示。求梁的剪力方程和弯矩方程，画出剪力图和弯矩图，并确定 $|Q|_{max}$ 与 $|M|_{max}$。

解：

(1)列剪力方程和弯矩方程。将 x 轴坐标原点取在梁左端，在距原点为 x 的截面处假想将梁截为两段，取左段为研究对象可写出该截面上的剪力 $Q(x)$ 和弯矩 $M(x)$ 为：

$$Q(x)=-P \quad \text{(a)}$$

$$M(x)=-Px \quad \text{(b)}$$

(2)绘剪力图和弯矩图。先取两个坐标系，Ox 轴与梁轴线平行，原点 O 与梁 A 点对应，横坐标表示横截面的位置，纵坐标分别表示剪力 Q 和弯矩 M。然后按方程作图。

由剪力方程式(a)可知 $Q(x)$ 为一常数，全梁各截面剪力相同，在纵坐标上向下截取一段为 P，Q 图为一平行于 x 轴的直线。

由弯矩方程式(b)可知 $M(x)$ 为 x 的一次函数，应是一直线图形，故只需确定两个截面上的弯矩值，便可确定直线位置。

$$x=0, M=0$$

$$x=l, M=-Pl$$

将它标在图 d 的 MOx 坐标系中，相连两点可作出梁的弯矩图。由于 M 是负值，按规定画在横坐标的上方。

(3)确定 $|Q|_{max}$ 及 $|M|_{max}$。从剪力图和弯矩图上很容易看到最大剪力和最大弯矩(均指绝对值)在 B 端，其值为

$|Q|_{max}=P$，$|M|_{max}=Pl$

【例 3—10】 简支梁受均布荷载作用如图 3-34 所示，求梁的剪力方程和弯矩方程，画 Q、M 图，并确定 $|Q|_{max}$ 及 $|M|_{max}$。

解：

(1)计算支座反力。本题根据对称关系可看出：

$$V_A=V_B=\frac{1}{2}ql$$

(2)列剪力方程和弯矩方程。取任意截面 x，则：

$$Q(x)=V_A-qx=\frac{1}{2}ql-qx \qquad \text{(a)}$$

$$M(x)=V_Ax-\frac{1}{2}qx^2=\frac{1}{2}qlx-\frac{1}{2}qx^2 \qquad \text{(b)}$$

(3)绘剪力图和弯矩图。

(a)式为直线方程，应计算两个控制点值：

$$x=0, Q=\frac{1}{2}ql$$

$$x=l, Q=-\frac{1}{2}ql$$

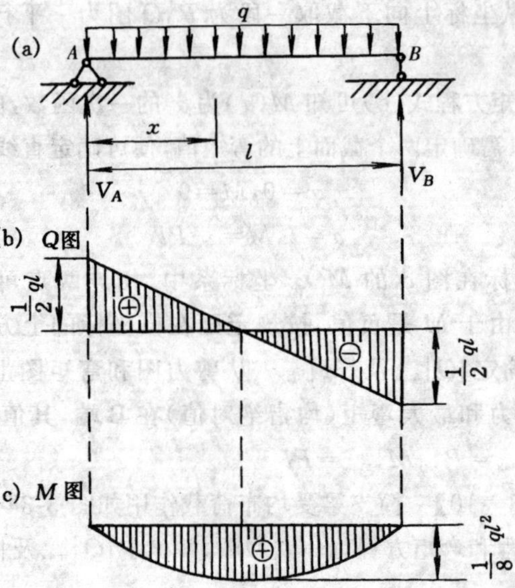

图 3-34 简支梁受均布载荷图

(a)受力图 (b)Q 图 (c)M 图

根据所得值，分别在 x 轴上方和下方得两点位置，相连后得 Q 图如图 3-34b 所示。

(b)式为曲线(抛物线)方程，应至少计算三个控制点：

$$x=0, M=0; x=\frac{1}{2}, M=\frac{1}{8}ql^2; x=l, M=0$$

作出 M 图如图 3-34c 所示。

(4)确定 $|Q|_{max}$ 及 $|M|_{max}$。

在 A、B 两端截面 $|Q|_{max}=\frac{1}{2}ql$

在跨中截面 $|M|_{max}=\frac{1}{8}ql^2$

实际工作中，梁在各种荷载作用下的内力图可以查《建筑结构静力计算手册》,表 3-1 列出了常见梁的弯矩图,可供架子工在进行简单架子计算时采用。

表 3-1 常见梁的弯矩图

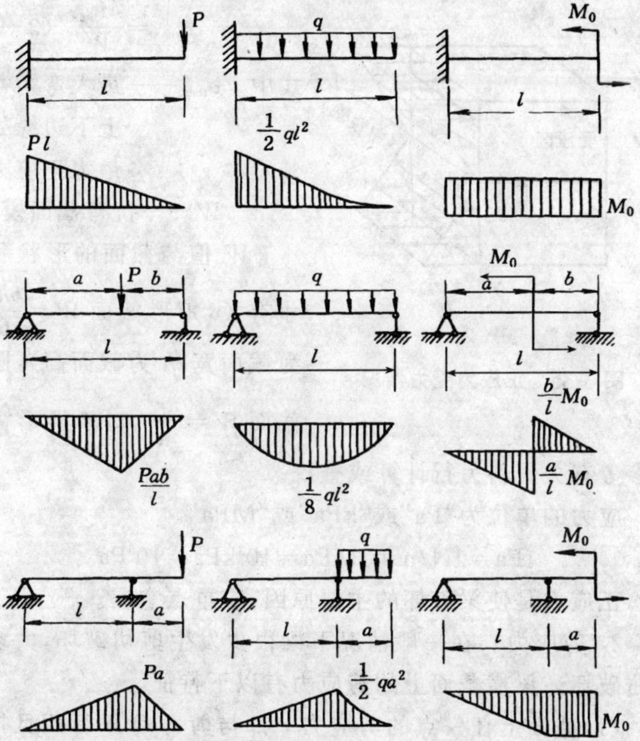

三、梁的应力和强度计算

(一)梁的应力及其计算　单位面积上的内力称为应力。

1. 正应力。对于受弯构件,应力在横截面上的分布是不均匀的。经实践证明,与弯矩对应的应力是垂直于横截面的,称为正应力 σ,它沿横截面呈线性分布。中性轴上各点的正应力等于零;与中性轴等距离的各点正应力相等;离中性轴越远,正应力值越大。其受力情况如图 3-35 所示。

梁最大正应力的计算公式为:

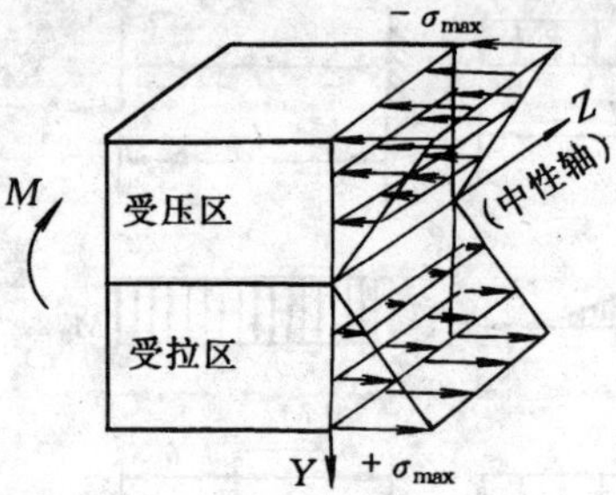

图 3-35 正应力受力情况

$$\sigma_{max}=\frac{M_{max}}{W} \quad (3\text{—}12)$$

式中 σ_{max}——最大弯矩截面上下边缘处的最大正应力;

W——抗弯截面模量。

W 值与截面的形状和尺寸有关:矩形截面 $W=\frac{bh^2}{6}$(b 为截面宽,h 为截面高),圆形截面 $W=\frac{\pi r^3}{4}$,对于异形截面可参考有关资料另行计算或查找。

应力的单位为"Pa"或"kPa"或"MPa"。

$$1Pa=1N/m^2, 1MPa=10^3kPa=10^6Pa$$

正应力是使梁破坏的主要原因,应重点掌握。

2. 剪应力。在一般情况下梁很少发生剪切破坏,大多是弯曲破坏。梁横截面上的剪应力有以下特征。

(1)截面上任一点的剪应力 τ 都与剪力 Q 平行而且指向与 Q 相同。

(2)离中性轴等距离各点上的剪应力相等。

(3)剪应力的大小沿截面高度 h 呈二次抛物线的规律变化。上、下边缘剪应力为零,中性轴处剪应力最大。

矩形截面最大剪应力的计算公式为:

$$\tau_{max}=\frac{3}{2}\cdot\frac{Q}{A} \quad (3-13)$$

式中　τ_{max}——最大剪应力；

Q——横截面上的剪力；

A——横截面面积。

圆截面上的最大剪应力 $\tau_{max}=\frac{4}{3}\cdot\frac{Q}{A}$。剪应力的单位与正应力相同。

（二）梁的弯曲强度计算　对一般梁来说，过大的正应力将是梁破坏的主要原因，因此，一般按正应力强度条件设计截面，然后按剪应力强度条件校核。

正应力强度条件要求梁在外力作用下，最大弯矩截面处上下边缘的最大正应力不超过材料的许用应力，所以强度条件为：

$$\sigma_{max}=\frac{M_{max}}{W}\leqslant[\sigma] \quad (3-14)$$

式中　$[\sigma]$——材料的许用应力，可查有关工程手册。

利用上式可解决三方面问题：

1. 强度校核：$\sigma_{max}=\frac{M_{max}}{W}\leqslant[\sigma]$

2. 设计截面：$W\geqslant\frac{M_{max}}{[\sigma]}$

3. 求承载能力：$[M]_{max}\leqslant W[\sigma]$

【例 3—11】　矩形截面松木梁两端搁在墙上，承受由楼板传来的荷载（图 3-36a），试选择梁的截面尺寸。梁轴间距 $a=1.2$m，梁的跨度 $l=5$m，荷载（包括梁及楼板自重）$p=3$kN/m^2，材料的许用应力$[\sigma]=10$MPa。

解：木梁两端搁在墙上，可简化为一简支梁（图 3-36b）。每根梁承受宽为 a、长为 l 的楼板面积上的荷载 pal。梁上荷载

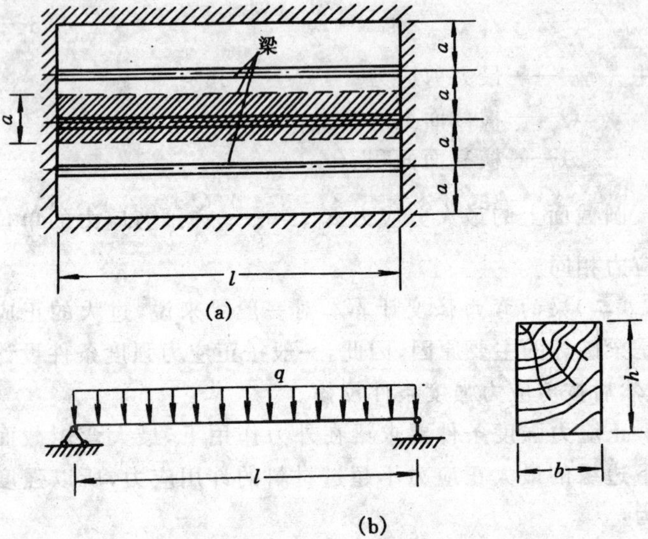

图 3-36 矩形截面梁受力情况

(a)梁受力示意 (b)计算简图

的分布为：

$$q=\frac{pal}{l}=pa=3\times1.2=3.6\text{kN/m}$$

梁的最大弯矩在跨中点截面上：

$$M_{\max}=\frac{1}{8}ql^2=\frac{1}{8}\times3.6\times5^2=11.25\text{kN}\cdot\text{m}$$

所需截面系数(模量)：

$$W\geqslant\frac{M_{\max}}{[\sigma]}=\frac{11.25\times10^3}{10\times10^6}=1.125\times10^{-3}\text{m}^3$$

因截面高度 h 和宽度 b 均为未知数，设计截面时，可参考经验数据 $b/h=1/2\sim1/3$ 选用，所得结果比较经济。现设 $b/h=1/3$，则

$$W=\frac{1}{6}bh^2=\frac{1}{6}\times\frac{1}{3}h^3=\frac{1}{18}h^3$$

由 $\frac{1}{18}h^3=1.125\times10^{-3}$，求得

$$h=\sqrt[3]{1.125\times10^{-3}\times18}=2.73\times10^{-1}\text{m}=273\text{mm}$$

$$b=\frac{1}{3}h=91\text{mm}$$

此尺寸为所需的最小尺寸。构件尺寸常以 10mm 为最小单位，故应选用

$$h=280\text{mm},b=100\text{mm}$$

从正应力的分布情况看，梁弯曲时，截面上离中性轴越远的地方应力越大，应用强度条件时，是以截面边缘点的最大应力来与许用应力比较的。截面上其它各点应力则远远小于许用应力值，这使材料不能充分发挥作用。所以，理想的情况是，尽可能把截面材料集中到离中性轴最远的地方，这就是截面高度相同的矩形截面优于圆形截面、工字形截面优于矩形截面的原因。在工程上，采用空心圆钢管搭设扣件式脚手架也是这个道理。

第七节　压杆稳定计算

根据上节的内容可以推知，轴向受压构件的承载能力是根据强度条件 $\sigma=\frac{N}{A}\leqslant[\sigma]$ 确定的。其中 N 是构件横截面上的内力，称为轴力，A 为横截面面积。但实际工程中，许多细长杆件受压破坏是在满足强度条件下发生的。

例如，图 3-37 所示的两根长度不同的矩形等截面松木条，若按强度条件考虑，经计算两杆的极限承载力 $P_b=6\text{kN}$。

实际试验过程中，当长杆缓慢加力至 $P\approx 30\mathrm{N}$ 时，杆发生弯曲，压力再增加，弯曲急剧增大，很快折断（图 3-37a）；而短杆受力可达 6000N，且破坏前轴线保持直线。显然，长杆的破坏不是由于强度不足而引起的。

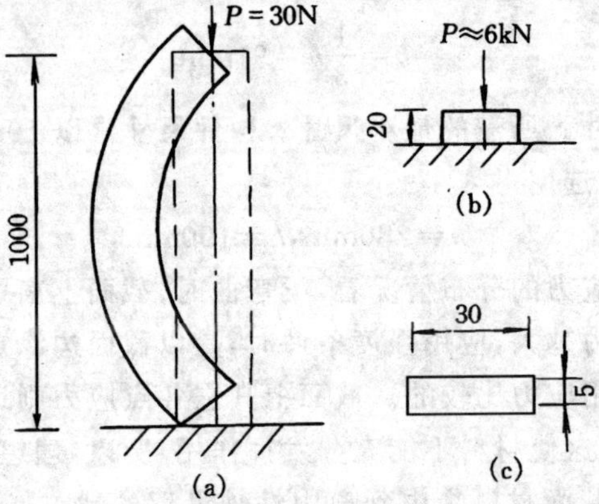

图 3-37　松木条受压破坏

(a)长松木条失稳破坏　(b)短松木条达承载力极限破坏　(c)截面尺寸

经研究发现，细长压杆在轴向压力的作用下突然破坏，是由于杆件丧失了保持直线形状的稳定性而造成的，这类破坏称丧失稳定或失稳。杆件失稳破坏比强度不足破坏时所能承受的压力要小得多。架子工程中的各式杆件有相当多的杆件其受力状态属于这种类型，因此有必要对细长压杆进行稳定计算。

一、细长压杆临界压力公式

细长压杆受缓慢渐增的压力 P 的作用，开始阶段压杆保持杆轴为直线的平衡状态。随着压力的增加，当增大到某一特定值 P_{cr}时，杆件出现微弯。压力继续增大，杆轴弯曲迅速增大并很快破坏。特定的压力值 P_{cr}是杆件由稳定状态到达失稳状

态的界限值，称为临界压力。临界压力由欧拉公式确定，即

$$P_{cr}=\frac{\pi^2 EI}{(\mu L)^2} \qquad (3—15)$$

式中 P_{cr}——临界压力(N)；

π ——圆周率；

E ——材料的弹性模量(N/mm^2)；

I ——杆件截面对形心轴的惯性矩(mm^4)，矩形 $I=\frac{1}{12}bh^3$(与中性轴有关)，钢管 $I=\frac{\pi}{64}(D^4-d^4)$，其中 D 为外径，d 为内径；

L ——杆件长度(mm)；

μ ——长度系数，与杆端支承情况有关，可由表 3-2 确定。

【例 3—12】 一受压杆，两端支承情况、长度及截面情况如图 3-38 所示。已知：$E=200$kPa，求此杆临界压力。

解：根据图上的支承情况，查表 3-2 得 $\mu=2$，截面惯性矩

$$I=\frac{1}{12}bh^3$$
$$=\frac{1}{12}\times 20\times 30^3$$
$$=4.50\times 10^4 mm^4$$

临界力

$$P_{cr}=\frac{\pi^2 EI}{(\mu L)^2}$$
$$=\frac{3.14^2\times 200\times 10^3\times 4.50\times 10^4}{(2\times 1000)^2}$$
$$=22180N$$
$$=22.18kN$$

二、临界应力公式

在临界压力作用下，压杆横截面上的平均应力叫临界应力，用 σ_{cr}表示。

表 3-2　长度系数表

支承情况	两端铰支	一端固定 一端自由
简　图		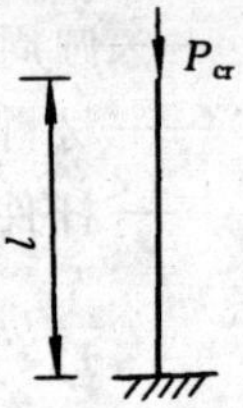
μ	1	2
支承情况	一端固定 一端铰支	两端固定
简　图	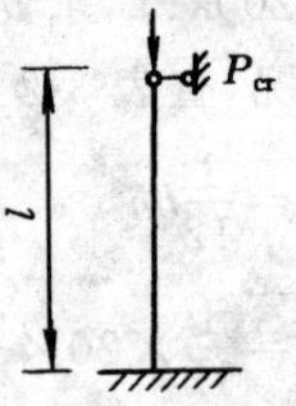	
μ	0.7	0.5

$$\sigma_{cr}=\frac{P_{cr}}{A}=\frac{\pi^2 EI}{(\mu L)^2 A} \tag{3—16}$$

式中　A——横截面面积(mm^2)；

令 $\frac{I}{A}=i^2$，i 称为惯性半径，则 $\sigma_{cr}=\frac{\pi^2 E}{(\frac{\mu L}{i})^2}$，

令 $\lambda=\frac{\mu L}{i}$，则 $\sigma_{cr}=\frac{\pi^2 E}{\lambda^2}$　　　(3—17)

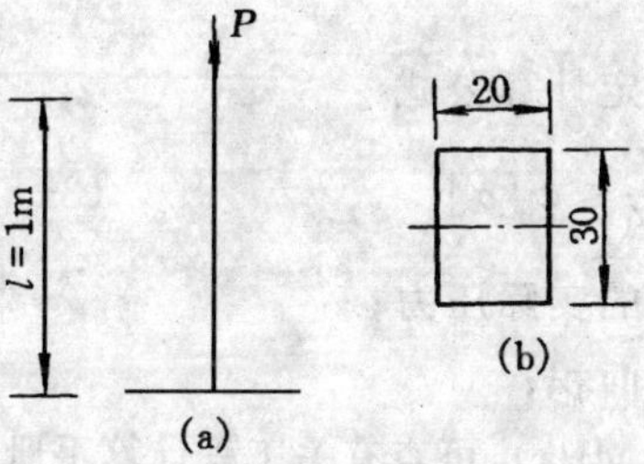

图 3-38 受压杆支承及截面特征、长度

(a)杆支承情况 (b)杆截面

式中 λ——称为压杆柔度或长细比，它综合反映了压杆长度、支承情况、截面形状与尺寸等因素对临界应力的影响。

【例 3—13】 一中心受压木柱，长 $L=8\text{m}$，截面为矩形 $b\times h=200\text{mm}\times 120\text{mm}$，柱两端固定，木材的弹性模量 $E=10\text{kPa}$，试求木柱在以与 b 平行的中性轴的平面内临界应力和临界压力。

解：计算惯性半径

$$i=\sqrt{\frac{I}{A}}=\sqrt{\frac{\frac{1}{12}bh^3}{bh}}$$

$$\sqrt{\frac{h^2}{12}}=\frac{h}{\sqrt{12}}=\frac{120}{\sqrt{12}}=34.6\text{mm}$$

柱子两端固定，查表 3-2，$\mu=0.5$

柔度 $\lambda=\dfrac{\mu L}{i}=\dfrac{0.5\times 8\times 10^3}{34.6}=115.6$

临界应力 $\sigma_{cr}=\dfrac{\pi^2 E}{\lambda^2}=\dfrac{3.14^2\times 10\times 10^3}{115.6^2}=7.38\text{MPa}$

临界压力 $P_{cr}=\sigma_{cr}\cdot A$

$=7.38\times 10^6\times 200\times 10^{-3}\times 120\times 10^{-3}$

$=177.1\times 10^3\text{N}=177.1\text{kN}$

三、压杆稳定计算

(一)计算公式　压杆稳定计算公式

$$\sigma=\frac{P}{A}\leqslant\varphi[\sigma] \qquad (3-18)$$

式中　P ——作用在压杆上的实际压力；

A ——压杆的横截面面积；

$[\sigma]$ ——强度许用应力(MPa)，可查有关工程计算手册；

φ ——与 λ 有关的折减系数，见表 3-3。

表 3-3　折减系数表

λ	φ值				
	A2、A3 钢	16Mn 钢	铸铁	木材	混凝土
0	1.000	1.000	1.00	1.000	1.00
20	0.981	0.973	0.91	0.932	0.96
40	0.927	0.895	0.69	0.822	0.83
60	0.842	0.776	0.44	0.658	0.70
70	0.789	0.705	0.34	0.575	0.63
80	0.731	0.627	0.26	0.460	0.57
90	0.669	0.546	0.20	0.371	0.46
100	0.604	0.462	0.16	0.300	
110	0.536	0.384		0.248	
120	0.466	0.325		0.209	
130	0.401	0.279		0.178	
140	0.349	0.242		0.153	
150	0.306	0.213		0.134	
160	0.272	0.188		0.117	
170	0.243	0.168		0.102	
180	0.218	0.151		0.093	
190	0.197	0.136		0.083	
200	0.180	0.124		0.075	

公式(3—18)可以理解为，压杆在强度破坏前即失稳，故由降低强度许用应力来保证杆的安全。

(二)计算方法　利用公式(3—18)可以进行以下三方面的计算：

1. 稳定校核：已知杆长 L，支承情况，材料特性(E、$[\sigma]$)、截面尺寸、所受荷载，可用式(3—18)验算压杆是否稳定。

2. 确定许用荷载：已知杆长、支承情况、材料特性、截面尺寸，可利用下式确定杆件所能承受的最大压力，即许用压力[P]。

$$[P]=\varphi[\sigma]A \tag{3—19}$$

3. 选择压杆的截面尺寸：已知杆所受的压力、材料特性、可利用下式选择截面尺寸。

$$A\geqslant\frac{P}{[\sigma]\varphi} \tag{3—20}$$

因 φ 与 A 有关，无法利用上式直接确定截面尺寸，实际计算时可以采用试算法。先假设 φ_1，求出 A_1，再根据 A_1 查出 φ_1'，相差不大时，可以采用 A_1；若 φ_1 和 φ_1' 相差太大，可重设 $\varphi_2=\frac{\varphi_1+\varphi_1'}{2}$，重复以上计算，直至满意为止。

【例 3—14】　一长 $L=2.2\text{m}$ 的钢管支柱，两端铰支，外径 $D=102\text{mm}$，内径 $d=86\text{mm}$，材料为 A3 钢，强度许用应力 $[\sigma]=160\text{MPa}$，已知柱承受轴向压力 $P=300\text{kN}$，试校核此柱的稳定性。

解：此柱两端铰支，查表 3-2 $\mu=1$，钢管截面惯性矩

$$I=\frac{\pi}{64}(D^4-d^4)=\frac{3.14}{64}(102^4-86^4)$$
$$=262\times10^4\text{mm}^4$$

截面面积 $A=\frac{\pi}{4}(D^2-d^2)=\frac{3.14}{4}(102^2-86^2)$

$=23.6\times10^2\text{mm}^2$

惯性半径 $i=\sqrt{\frac{I}{A}}=\sqrt{\frac{262\times10^4}{23.6\times10^2}}=33.3\text{mm}$

柔度 $\lambda=\frac{\mu L}{i}=\frac{1\times2200}{33.3}=66$

查表 3-3 得：

$\lambda=60$ 时　　$\varphi=0.842$

$\lambda=70$ 时　　$\varphi=0.789$

用直线插入法确定 $\lambda=66$ 时

$$\varphi=0.842-\frac{66-60}{70-60}(0.842-0.789)$$

$$=0.81$$

校核该杆的稳定性：

$$\sigma=\frac{P}{A}=\frac{300\times10^3}{23.6\times10^2}=127.1\text{N/mm}^2=127.1\text{MPa}$$

$$\varphi[\sigma]=0.81\times160=128\text{MPa}>\sigma=127.1\text{MPa}$$

故满足稳定条件。

【例 3—15】 一轴心受压钢柱两端铰支，柱高 $L=5.72\text{m}$，材料为 A3 钢，许用应力 $[\sigma]=160\text{MPa}$，已知柱截面如图 3-39 所示，$I_x=3824\text{cm}^4$，$I_y=2307\text{cm}^4$，$A=65.6\text{cm}^2$，求钢柱所能承受的轴向压力 $[P]$。

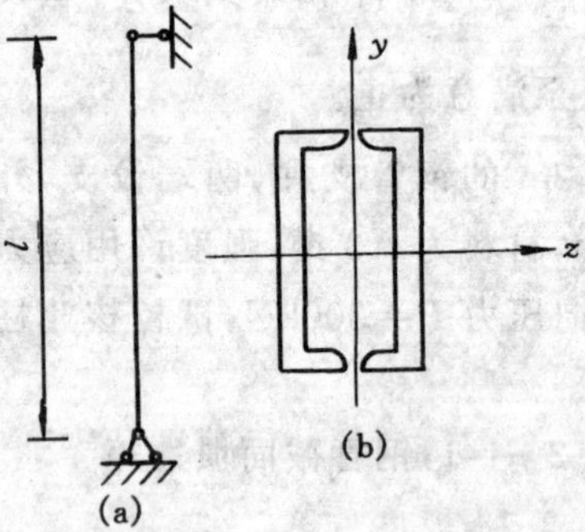

图 3-39　柱端支承和柱截面

解：钢柱截面惯性矩对两

个方向而言：

$$I_y < I_x$$

钢柱失稳将在以 y 轴为中性轴的方向发生。惯性半径

$$i_y = \sqrt{\frac{I_y}{A}} = \sqrt{\frac{2307 \times 10^4}{65.6 \times 10^2}} = 59.3\text{mm}$$

钢柱两端铰支，查表 3-2 得 $\mu = 1$

钢柱柔度 $\lambda = \frac{\mu L}{i_y} = \frac{1 \times 5.72 \times 10^3}{59.3} = 96.5$

查表 3-3 得：

$$\lambda = 90 \text{ 时}, \varphi = 0.669$$

$$\lambda = 100 \text{ 时}, \varphi = 0.604$$

用直线插入法求 $\lambda = 96.5$ 时的 φ 值：

$$\varphi = 0.669 - \frac{96.5 - 90}{100 - 90}(0.669 - 0.604)$$

$$= 0.627$$

所以许用压力

$$[P] = A[\sigma] \cdot \varphi$$

$$= 65.6 \times 10^{-4} \times 160 \times 10^6 \times 0.627$$

$$= 658 \times 10^3\text{N} = 658\text{kN}$$

第八节　结构的几何稳定分析

建筑结构以及搭设的各类脚手架都是由各种构件通过一定的连接方式组成的，但不是所有的结构都是安全稳定的。在荷载作用下其位置和形状保持不变的结构称为几何不变体系，而在荷载作用下其位置和几何形状易发生改变的结构称为几何可变体系。凡建筑结构或搭设的各类脚手架必须是几

何不变体系，而几何可变体系不能作为工程结构使用。图 3-40a 所示的脚手架为几何不变体系，而图 3-40b 所示的架子则为几何可变体系，不能作为工程架子使用。

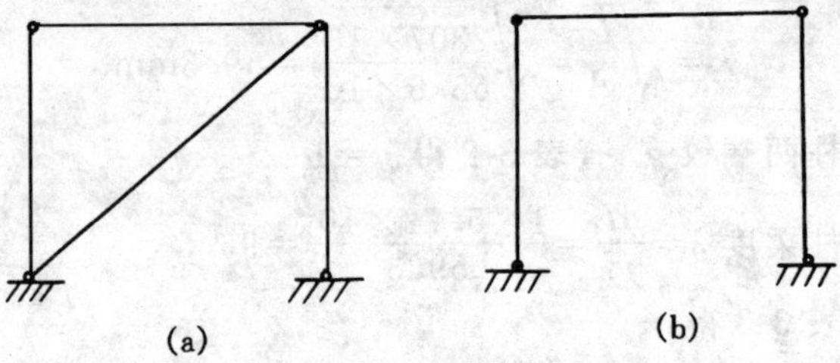

图 3-40　几何不变体系与几何可变体系

(a)几何不变体系　(b)几何可变体系

一、几何不变体系的基本判断规则

(一)规则一　二元体规则。一个点和一个刚片(在力作用下形状不变的构件或物体)用两根不共线的链杆相连，组成几何不变体系，这种几何不变体系称为二元体，如图 3-41a 所示。在体系上增加或减去二元体不影响该体系的几何性质。

(二)规则二　两刚片规则。两个刚片用一个铰链和一根链杆相连，且铰链和链杆不在同一直线上，组成几何不变体系，如图 3-41b 所示。

(三)规则三　三刚片规则。三个刚片用三个不共线的铰链两两相连，组成几何不变体系，如图 3-41c 所示。

刚片是指在外力作用下，内部各部分不发生相对位移的物体，单个构件或多个构件组成的几何不变体系均可视作刚片。施工现场的螺栓接头、焊接头、榫接头、绑扎接头均可视为铰接点，两端带铰接点的直杆(中间不受力)视为链杆。运用三个规则可对体系进行几何组成分析，进而判断体系是几何不

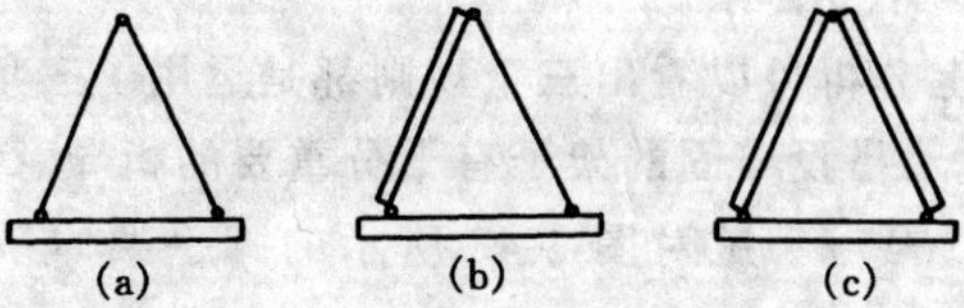

图 3-41 几何不变体系三个判定规则

(a)二元体规则 (b)两刚片规则 (c)三刚片规则

变体系还是几何可变体系。分析时可以灵活采用拆除的方式或组合的方式对体系进行几何组成分析。

二、几何组成分析示例

【例 3—16】 试对图 3-42 所示的钢屋架进行几何组成分析。

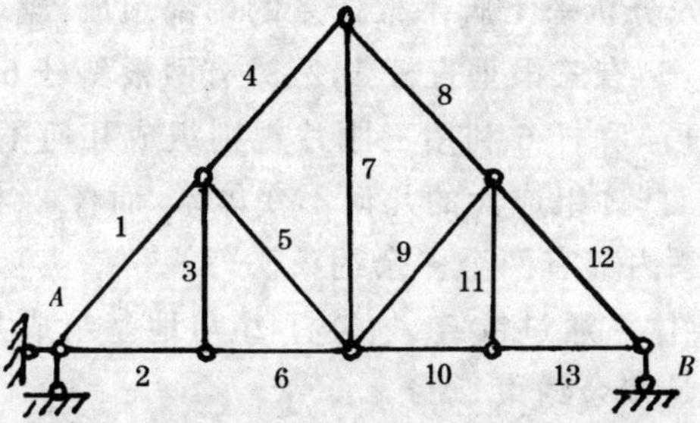

图 3-42 钢屋架组成

解:结构由屋架用铰链 A、链杆 B 与地基相连,符合两刚片规则,故不考虑屋架与地基的联系,仅分析体系内部。

链杆 1、2 将点 A 和体系内其它部分相连,符合二元体规则,故可拆除 1、2 杆,再分析余下的其它部分。依此类推,可以依次拆除二元体 3、6,4、5,7、8,9、10,所剩的三角形中 11,12,13 杆符合规则 3,也是几何不变体系,所以整个结构体系可以判定为几何不变体系。

从以上分析可以看出三个规则都是运用了三角形的几何不变性，这对搭设牢固的架子有十分重要的指导意义。

【例 3—17】 试对图 3-43 所示的脚手架体系进行几何组成分析。

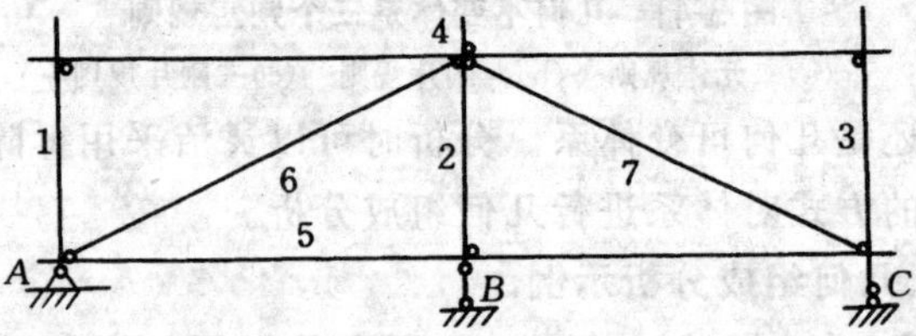

图 3-43 脚手架体系组成

解：首先分析一下脚手架体系的内部组成，整个体系有两根水平杆 4,5，有三根垂直杆 1,2,3，有两根斜杆 6,7。

杆 1、杆 4 和杆 6 利用三刚片规则组成几何不变体系，该系再与杆 7、杆 3 组成大的几何不变体系，而杆 2、杆 5 是多余约束，即体系内部有两个多余约束。

脚手架体系通过铰链 A、链杆 B 与地基组成几何不变体系，链杆 C 是多余约束。

在进行几何组成分析时，与判定规则完全相符的几何不变体系称为静定结构，这种结构的支座反力和杆件内力均可以用静力平衡方程求出。若几何不变体系中有多余约束，则不能仅用静力平衡方程求解支座反力和杆件内力，这种结构称为超静定结构。上述分析的脚手架体系内有多余约束，与地基的连接也有多余约束，所以整个结构是超静定结构。

第四章　架子工具及起重、吊装机具

第一节　工具、吊具和索具

一、常用工具

脚手架搭拆过程中常用的工具有以下几种：

（一）钎子　搭拆脚手架时拧紧铁丝用。在手柄上附带有槽孔和栓孔的钎子，还可以用来拔钉子及紧螺栓，如图4-1所示。

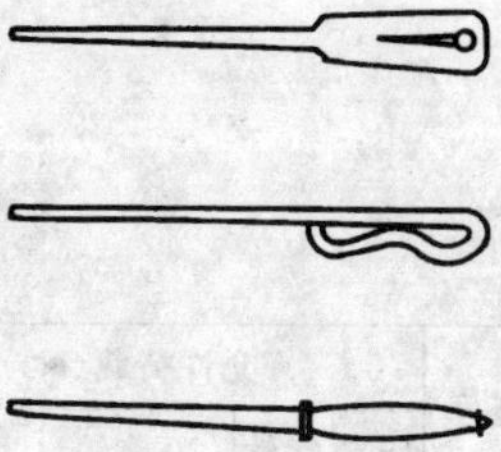

图4-1　钎子

（二）扳子　扳子有活扳子、棘轮扳子等，用于搭设扣件式钢管脚手架时紧螺栓。

（三）铁丝钳、铁丝剪、斩斧　用于断铁丝和火烧丝。

（四）篾刀　用于劈竹破篾。

（五）捅锹　挖脚手架立柱坑用。

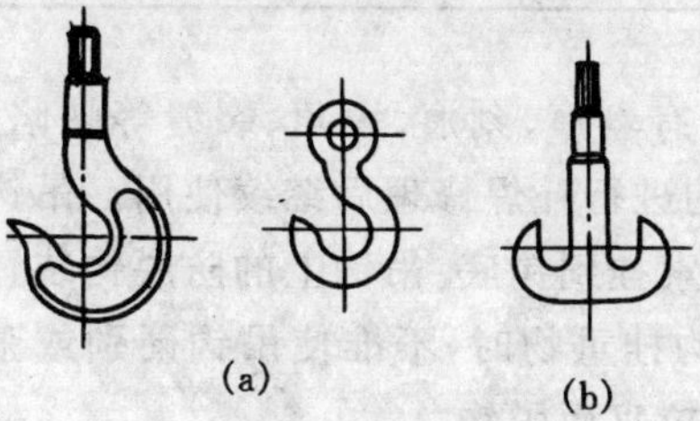

图4-2　吊钩

(a)单钩　(b)双钩

二、吊具

吊具包括吊钩、套环（三角圈）、卡环（卸甲）、钢丝绳夹头、横吊梁等，是吊装时的重要工具。

（一）吊钩　吊钩是起

重装置钩挂重物的吊具。吊钩有单钩、双钩两种形式，如图 4-2 所示。钩挂重物在 80t 以下时常使用单钩(图 4-2a)；钩挂 80t 以上重物时使用双钩(图 4-2b)。

用于吊装屋面板及其它轻型构件的吊钩的主要尺寸和允许荷载见表 4-1。

表 4-1 吊装屋面板及其它轻型构件的吊钩的主要尺寸和允许荷载

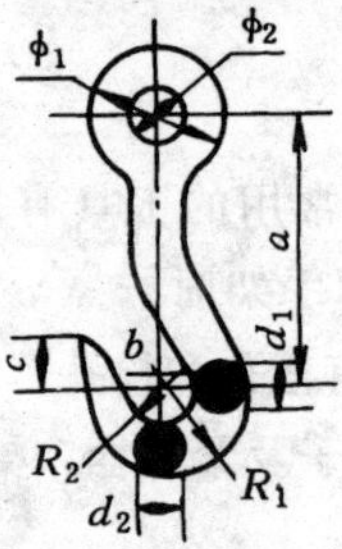

型号	允许荷载(N)			主 要 尺 寸 (mm)								
	18 铬锰钛	20 铬镍	20 钢	a	b	c	ϕ_1	ϕ_2	d_1	d_2	R_1	R_2
ϕ-1	7840	5880	2450	80	3	14	40	18	16	13	23	10
ϕ-2	12740	9800	3920	90	4	16	45	23	20	15	27	11
ϕ-3	20580	14700	5880	100	5	16	56	25	25	20	34	13

吊钩应表面光滑，不得有剥痕、刻痕、锐角、裂缝等缺陷，不准对磨损或有裂缝的吊钩进行补焊修理后继续使用。吊钩在钩挂吊索时，要注意将吊索挂到钩底。吊钩上的防脱钩装置应安全可靠。直接用吊钩钩挂重物时，不准使吊钩硬别或歪扭，以免吊钩产生变形或被拉直而脱钩。

(二)套环　套环装置在钢丝绳的端头，使钢丝绳在弯曲处呈弧形，不易折断，如图 4-3 所示。套环的规格见表 4-2。

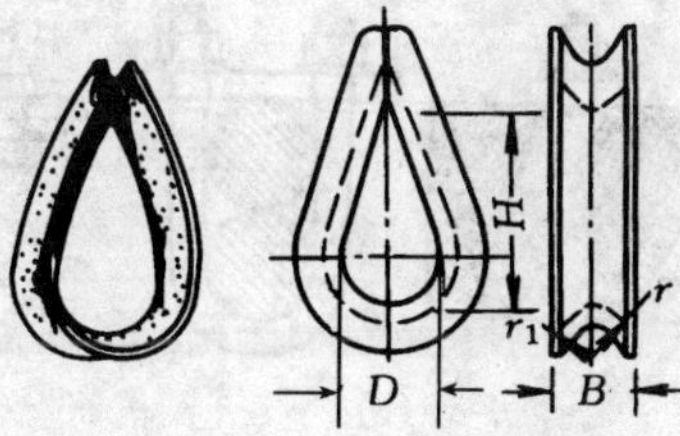

图 4-3 套环

表 4-2 套环规格

套环号码	允许荷载 (N)	适用最大钢丝绳直径 (mm)	主 要 尺 寸 (mm)		
			内圈宽 D	内圈高 H	套环宽 B
0.1	1000	6.5	15	26	9
0.2	2000	8.0	20	32	11
0.3	3000	9.5	25	40	13
0.4	4000	11.5	30	48	15
0.6	6000	13.0	35	56	18
0.8	8000	15.0	40	64	20
1.0	10000	17.0	45	72	23
1.3	13000	19.0	50	80	25
1.7	17000	21.5	55	88	27
1.9	19000	22.5	60	96	29
2.4	24000	28.0	70	112	34

（三）钢丝绳夹头　钢丝绳卡扣连接一般用钢丝绳夹头固定，连接方法有骑马式、压板式和拳握式三种（图 4-4），其中骑马式连接力最强，应用最广。

常用骑马式夹头的主要尺寸和规格见表 4-3。使用夹头数量和间距，见表 4-4。

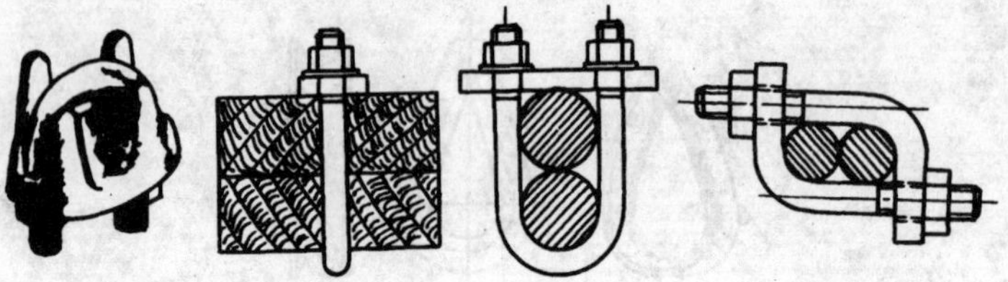

图 4-4 钢丝绳夹头

(a)骑马式 (b)压板式 (c)拳握式

表 4-3 常用骑马式夹头的规格

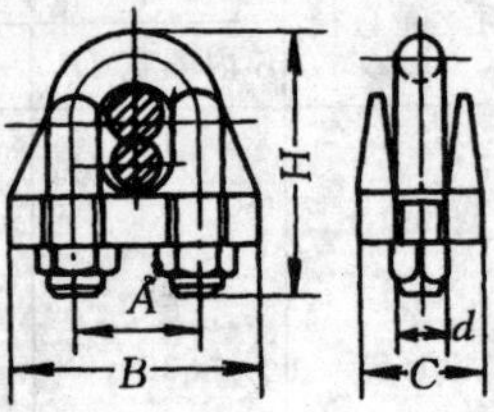

(mm)

型 号	常用钢丝绳直径	*A*	*B*	*C*	*d*	*H*
Y3-10	11	22	43	33	M10	55
Y4-12	13	28	53	40	M12	69
Y5-15	15,17.5	33	61	48	M14	83
Y6-20	20	39	71	55.5	M16	96
Y7-22	21.5,23.5	44	80	63	M18	108
Y8-25	26	49	87	70.5	M20	122
Y9-28	28.5,31	55	97	78.5	M22	137
Y10-32	32.5,34.5	60	105	85.5	M24	149
Y11-40	37,39.5	67	112	94	M24	164
Y12-45	43.5,47.5	78	128	107	M27	188
Y13-50	52	88	143	119	M30	210

注:1. 本体材料为 KTH330-8 可锻铸铁;

2. 螺杆、螺母为 A3 钢。

表 4-4 使用夹头数量和间距

钢丝绳直径（mm）	夹头个数		夹头间距（mm）	钢丝绳直径（mm）	夹头个数		夹头间距（mm）
	骑马式	压板式			骑马式	压板式	
13	3	3	120	28	4	5	200
15	3	3	120	32	5	6	250
18	3	4	150	35	5	6	250
21	4	4	150	39	5	7	300
24	4	5	200	42	6	7	300

（四）卡环（卸甲） 卡环是用来吊装构件时连接吊索的，由一个止动销和一个 U 形环组成，如图 4-5 所示。

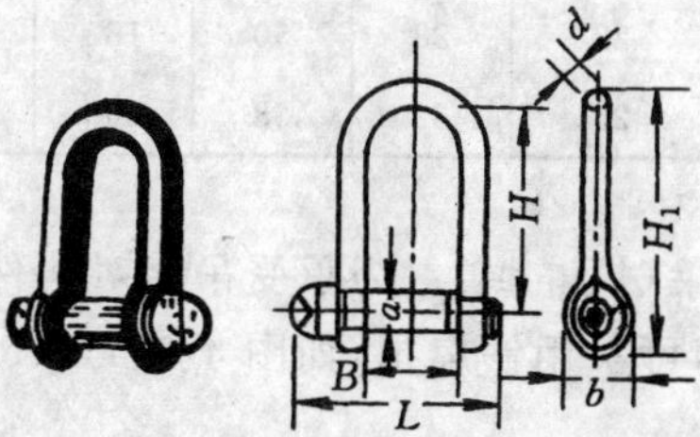

图 4-5 卡环

卡环是根据钢丝绳的直径选用的，其规格和主要技术性能如表 4-5 所示。

卡环在使用时不准超过额定荷载，并应使卡环销轴和环底受力，严禁钢丝绳在卡环两侧起重。在吊大模板、大灰斗、混凝土斗和预制墙板时，必须使用卡环。

表 4-5 卡环规格

卡环号码	允许荷载(N)	适用最大钢丝绳直径(mm)	主 要 尺 寸 (mm)				
			环直径 d	环净宽 B	环高 H_1	销直径 a	销长 L
0.2	2500	4.7	6	12	49	8	34
0.4	4000	6.5	8	16	63	10	45
0.6	6000	8.5	10	20	72	12	54
0.9	9000	9.5	12	24	87	16	66
1.2	12500	11.0	14	28	102	18	75
1.7	17500	13.0	16	32	116	20	86
2.1	21000	15.0	20	36	132	24	101
2.7	27500	17.5	22	40	147	28	113
3.5	35000	19.5	24	45	164	32	125
4.5	45000	22	28	50	182	36	140
6.0	60000	26	32	58	200	40	161

(五)横吊梁(铁扁担) 为承受吊索对构件的轴向压力和减少起吊高度,可采用铁扁担,如图 4-6(a)、(b)所示。

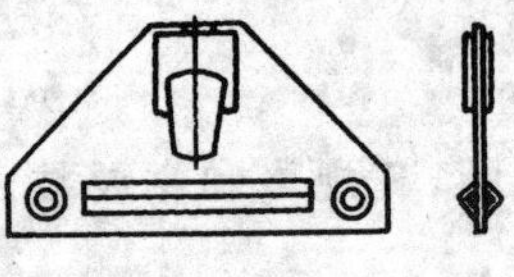
(a)

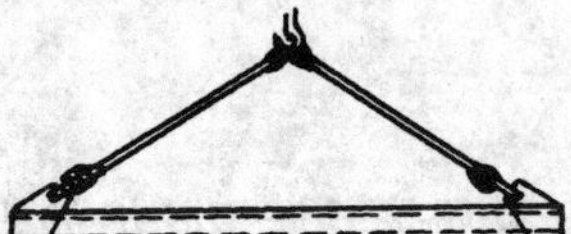
(b)

图 4-6 横吊梁

铁扁担的种类较多,使用前可根据构件特点和吊装方法,自行设计制造。设计时必须确保其强度、刚度和稳定性符合要求。制好后应通过试验,确定最大允许吊装重量。使用时不得超重，如发现开裂、变形等不正常现象应停止使用。

（六）花篮螺杆　花篮螺杆又称松紧螺丝或拉紧器，如图4-7所示。能拉紧和调节钢丝绳的松紧程度，用于捆绑运输中的构件，在安装构件中可利用花篮螺杆调整缆风绳的松紧。

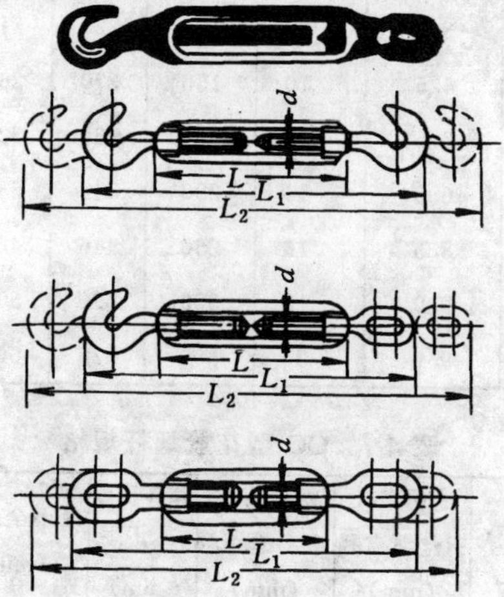

图 4-7　花篮螺杆

常见的花篮螺杆有单丝杠型和双丝杠型两种，根据两端是钩子或是环形又分为CC型、CO型和OO型。CC型用于经常拆卸处；OO型用于不经常拆卸处；CO型用于一端经常拆卸，另一端固定之处。CC型与CO型花篮螺杆规格见表4-6，OO型花篮螺杆规格见表4-7。

表 4-6　CC 型与 CO 型花篮螺杆规格

花篮螺杆号码	允许荷载 (N)	适用最大钢丝绳直径 (mm)	螺杆直径 d (mm)	本身长度 L (mm)	最小全长 L_1 (mm)		最大全长 L_2 (mm)	
					CC 型	CO 型	CC 型	CO 型
0.07	686	2.2	6	100	180	175	258	250
0.1	980	3.3	8	125	225	210	317	304
0.2	2450	4.5	10	150	270	260	380	370
0.3	3136	5.5	12	200	330	320	480	468
0.4	4312	6.5	14	200	344	330	490	498
0.6	6174	8.5	16	250	446	420	638	610
0.7	7546	9.0	18	300	520	500	748	720
0.9	9604	9.5	20	300	520	500	748	720

表 4-7　OO 型花篮螺杆规格

花篮螺杆号码	允许荷载 (N)	适用最大钢丝绳直径 (mm)	螺杆直径 d (mm)	本身长度 L (mm)	最小全长 L_1 (mm)	最大全长 L_2 (mm)
0.1	980	6.5	6	100	164	242
0.2	1960	8.0	8	125	199	291
0.3	2940	9.5	10	150	250	318
0.4	3920	11.5	12	200	310	416
0.6	5880	13.0	14	200	320	466
0.8	7840	15.0	16	250	390	582
1.0	9800	17.0	18	300	400	688
1.3	12740	19.0	20	300	470	690
1.7	16660	21.5	22	350	540	806
1.9	18620	22.5	24	400	610	922
2.4	23520	28.0	27	450	680	1035

三、索具

(一)白棕绳

1. 白棕绳的构造和种类。绳索在架子起重作业中,主要用来抬、拉、吊一些轻小构件。

白棕绳由植物纤维搓成线,再由线绕成股,最后由股拧成绳子。

白棕绳有 3 股、4 股和 9 股三种,又有浸油与不浸油之分。

浸油的白棕绳不易腐烂,不怕水浸蚀,但料质变硬,不易弯曲,且强度比不浸油时降低 10%~20%。

不浸油的白棕绳不易保管,易受潮腐烂,使用寿命短,使用前须认真检查,确认无问题时方可使用。

白棕绳的规格和性能见表 4-8。

表 4-8 白棕绳的规格和性能

直径 (mm)	圆周长 (mm)	每卷 (220m) 重量(kg)	破断拉力 (N)	良好绳的允许拉力 (N)		应用最小滑轮直径 (mm)
				旧绳 ($K=6$)	新绳 ($K=3$)	
6	19	6.5	1960	323	656	100
8	25	10.5	3185	529	1058	100
11	34	17	5635	940	1881	150
13	41	23.5	7840	1303	2900.8	150
14	44	32	9310	1548	3106	150
16	51	41	11270	1881	3753	200
19	59	52.5	12740	2126	4243	200
22	70	70	18130	3018	6064	220
25	76	90	23520	3920	7840	250

续表 4-8

直　径 (mm)	圆周长 (mm)	每卷 (220m) 重量 (kg)	破断拉力 (N)	良好绳的允许拉力 (N)		应用最小 滑轮直径 (mm)
				旧绳 ($K=6$)	新绳 ($K=3$)	
29	89	120	25480	4243	8496	290
33	101	165	28420	4733	9476	330
38	119	200	34300	5713	11436	380
41	127	250	36750	6125	12250	410
44	140	290	44100	7350	14700	440
51	160	330	58800	9800	19600	510
57	178	450	63700	10613	21236	570
63	190	500	68600	11426	22863	630

注:1. 本表为上海水产公司出品的旗鱼牌白棕绳的规格性能。

2. 破断拉力指在试验中把绳索拉断所要的拉力。

3. K 为安全系数。

2. 白棕绳计算:

(1)白棕绳的破断拉力和允许拉力计算。白棕绳的破断拉力和允许拉力可从表 4-8 中查出,也可以由下式近似计算:

$$允许拉力=破断拉力\div安全系数$$

$$破断拉力=允许拉力\times安全系数$$

(2)白棕绳的安全系数。当穿滑车组吊构件时,安全系数采用 5;当作缆风绳使用时,采用 6;当作吊索用时,不小于 6;使用在重要地方时,采用 10;旧绳的允许拉力取新绳的 40%～60%。

【例 4—1】 用直径 25mm 的国产旗鱼牌白棕绳吊运 200kg 重的构件时,是否安全?

解:白棕绳所受的拉力为 2000N,查表 4-8,直径 25mm

的白棕绳的破断拉力是23520N，吊索安全系数取10，则

$$允许拉力=\frac{破断拉力}{安全系数}=\frac{23520}{10}=2352N>2000N$$

通过验算可知，用直径为25mm的白棕绳吊运200kg的重物时，是安全可靠的。

（二）麻绳　麻绳是由大麻或亚麻的纤维搓成股，再将股拧成绳，其规格和性能见表4-9。

表4-9　麻绳的规格及性能

麻绳尺寸			允许极限载荷(N)				破断拉力(N)		每m绳重(kg)	
			捆绑用		起重用					
圆周(mm)	直径(mm)	断面积(mm^2)	亚麻绳	浸油亚麻绳	亚麻绳	浸油亚麻绳	亚麻绳	浸油亚麻绳	亚麻绳	浸油亚麻绳
30	9.6	72	353	314	706	628	5243	4949	0.07	0.083
35	11.1	97	471	422	951	853	5978	5635	0.087	0.103
40	12.7	127	618	559	1245	1118	7595	7203	0.117	0.138
50	15.9	199	980	882	1951	1755	10976	10437	0.174	0.205
60	19.1	287	1421	1274	2813	2529	15386	14602	0.248	0.293
75	23.9	449	2205	1960	4401	3960	23452	21815	0.395	0.466
90	28.7	647	3185	2842	6341	5704	33644	31586	0.572	0.675
100	31.8	794	3920	3528	7782	6998	39328	30917	0.700	0.826
125	39.8	1244	6125	5488	12192	10967	57085	54145	1.10	1.30
150	47.8	1795	8820	7938	17591	15827	82220	78008	1.56	1.84
175	55.7	2437	11956	10780	23883	21492	105252	99813	2.16	2.55
200	63.7	3187	15680	14210	31233	28107	135289	128282	2.80	3.30

麻绳的允许荷载可用下式近似计算：

$$F=\frac{\pi d^2}{4}\sigma$$

式中　F——允许荷载(N)；

d——麻绳直径(mm);

σ——麻绳的允许应力(N/mm^2)。

故麻绳的最小使用直径为:$d=\sqrt{\frac{4F}{\pi\sigma}}$

麻绳的允许应力见表 4-10。

【例 4—2】 有一预制构件,重为 380kg,将其吊起就位需用多粗的亚麻绳?

解:亚麻绳所受的拉力为 3800N,查表 4-10 得亚麻绳的允许应力为 9.8N/mm^2,则亚麻绳的最小使用直径为:

$$d=\sqrt{\frac{4F}{\pi\sigma}}=\sqrt{\frac{4\times3800}{3.14\times9.8}}=22.23mm$$

查表 4-9 应选 $d=23.9mm$ 的亚麻绳方可吊起这件重 380kg 的预制构件。

表 4-10 麻绳的允许应力 σ

规　　格	起重用麻绳 (N/mm^2)	捆绑用麻绳 (N/mm^2)
亚麻绳	9.8	4.9
浸油亚麻绳	8.82	4.41

(三)钢丝绳

1. 钢丝绳的构造、种类、规格和性能。结构吊装施工中常用的钢丝绳是由 6 束绳股和一根绳芯捻成,绳芯通常为麻芯,绳股是由许多根直径为 0.4～4mm,强度为 1400～2000 N/mm^2的高强度钢丝捻成。

钢丝绳按捻制方法的不同区分为右交互捻、左交互捻、右同向捻、左同向捻等 4 种,如图 4-8 所示。

同向捻钢丝绳表面平整、柔软、磨耗轻,但容易松散和产

图 4-8 钢丝绳捻制形式

(a)右交互捻 (b)左交互捻 (C)右同向捻 (d)左同向捻

生扭结卷曲,并在起重时容易使重物旋转,所以吊装时一般不用这种钢丝绳。交互捻钢丝绳比较硬,强度高,在吊重时不易扭结和旋转,因而常用在吊装作业中。

钢丝绳按绳股及每股中的钢丝数可区分为 6 股 7 丝、7 股 7 丝、6 股 19 丝、6 股 37 丝和 6 股 61 丝等几种。

钢丝绳的规格和性能见表 4-11、表 4-12 和表 4-13。

2. 钢丝绳的选用计算。为了保证吊装作业安全,必须保证钢丝绳的允许拉力大于被吊物体的重量。钢丝绳的允许拉力按下式计算:

$$允许拉力=\frac{破断拉力总和\times 换算系数}{安全系数}$$

钢丝绳的破断拉力总和可由表 4-11～表 4-13 查出,式中换算系数:6×19 钢丝绳,取 0.85;6×37 钢丝绳,取 0.82;6×61 钢丝绳,取 0.80。

表 4-11 6×19+1 钢丝绳的主要数据

直径		全部钢丝的截面积	参考重量	钢丝强度极限(N/mm²)				
钢丝绳	钢丝		(kg/	1372	1519	1666	1813	1960
(mm)		(mm²)	100m)	钢丝破断拉力总和(N)				
6.2	0.4	14.32	13.53	19600	21658	23814	25962	28028
7.7	0.5	22.37	21.14	30674	33908	37240	40474	43806
9.3	0.6	32.22	30.45	44198	48902	53606	58408	63112
11.0	0.7	43.85	41.44	60074	66542	73010	79478	85946
12.5	0.8	57.27	54.12	78498	86926	95354	103390	112210
14.0	0.9	72.49	68.50	98980	109760	120540	131320	141610
15.5	1.0	89.49	84.57	122500	135730	148960	162190	174930
17.0	1.1	108.28	102.30	148470	164150	180320	196000	212170
18.5	1.2	128.87	121.8	176400	195510	214620	233240	252350
20.0	1.3	151.24	142.9	207270	229320	251860	273910	295960
21.5	1.4	175.40	165.8	240590	266070	292040	317520	343490
23.0	1.5	201.35	190.3	275870	335450	335450	364560	394450
24.5	1.6	229.09	216.5	314090	347900	381220	415030	448840
26.0	1.7	259.63	244.4	354760	392490	430710	468440	506660
28.0	1.8	289.95	274.0	397390	440020	482650	525280	567910
31.0	2.0	357.96	338.3	490980	542430	596330	648760	701190
34.0	2.2	443.13	409.3	593880	657580	721280	784980	
37.0	2.4	515.46	487.1	707070	782530	858480	934430	
40.0	2.6	604.95	571.7	829570	918750	1004500	1092700	
43.0	2.8	701.90	663.0	962360	1063300	1162200	1269100	
46.0	3.0	805.41	761.1	1102500	1220100	1337700	1460200	

注:表中粗线左侧可供应光面或镀锌钢丝绳,右侧只供应光面钢丝绳。

表 4-12 6×37+1 钢丝绳的主要数据

直径		全部钢丝的截面积	参考重量	钢丝强度极限(N/mm²)				
钢丝绳	钢丝		(kg/	1372	1519	1666	1813	1960
(mm)		(mm²)	100m)	钢丝破断拉力总和(N)				
8.7	0.4	27.88	26.21	38220	42336	46354	50470	54586
11.0	0.5	43.57	40.96	59682	66150	72520	78988	85358
13.0	0.6	62.74	58.98	86044	95256	104370	113680	122500
15.0	0.7	85.39	80.57	117110	129360	142100	154350	167090
17.5	0.8	111.53	104.8	152880	169050	185710	201880	218540
19.5	0.9	141.16	132.7	193550	209230	234710	255780	276360
21.5	1.0	174.27	163.3	238630	264600	290080	315560	341530
24.0	1.1	210.87	198.2	289100	319970	350840	382200	413070
26.0	1.2	250.95	235.9	343980	380730	417970	454720	491470
28.0	1.3	294.52	276.8	403760	447370	490490	533610	577220
30.0	1.4	341.57	321.1	468440	518420	568890	618870	669340
32.5	1.5	392.11	368.6	537530	595350	653170	710500	768320
34.5	1.6	446.13	419.4	612010	677670	742840	808500	874160
36.5	1.7	503.64	473.4	690900	764890	838880	912890	984900
39.0	1.8	564.63	530.8	774200	857500	940310	1019200	1102500
43.0	2.0	697.08	655.3	955990	1058400	1161300	1259300	1362200
47.5	2.2	843.47	792.9	1156400	1278900	1401400	1528800	
52.0	2.4	1003.80	943.6	1376900	1523900	1670900	1817900	
56.0	2.6	1178.07	1107.4	1612100	1788500	1960000	2131500	
60.5	2.8	1366.28	1234.3	1871800	2072700	2273600	2474500	
65.0	3.0	1568.43	1474.3	2151100	2381400	2611700	2842000	

注：粗线意义同表 4-11。

表 4-13　6×61+1 钢丝绳的主要数据

直径 钢丝绳 (mm)	直径 钢丝 (mm)	全部钢丝的截面积 (mm^2)	参考重量 (kg/100m)	钢丝强度极限(N/mm^2) 1372	1519	1666	1813	1960
				钢丝破断拉力总和(N)				
11.0	0.4	45.97	43.21	63014	69776	76538	83300	89180
14.0	0.5	71.83	67.52	98490	108780	119560	129850	140630
16.5	0.6	103.43	97.22	141610	156800	171990	187180	202370
19.5	0.7	140.78	132.3	193060	213640	234220	254800	275870
22.0	0.8	183.88	172.8	251860	279300	306250	333200	360150
25.0	0.9	232.72	218.8	318990	353290	387590	421890	455700
27.5	1.0	287.31	270.1	393960	436100	478240	520870	563010
30.0	1.1	347.65	326.8	476770	527730	579180	630140	681100
33.0	1.2	413.73	388.9	567420	628180	688940	749700	810460
36.0	1.3	485.55	456.4	665910	737450	808500	880040	951580
38.5	1.4	563.13	529.3	772240	855050	937860	1019200	1102500
41.5	1.5	646.45	607.7	886900	980000	1073100	1171100	1264200
44.0	1.6	735.51	691.4	1004500	1117200	1225000	1332800	1440600
47.0	1.7	830.33	780.5	1136800	1259300	1381800	1504300	1626800
50.0	1.8	930.88	875.0	1274000	1411200	1548400	1685600	1822800
55.5	2.0	1149.24	1080.3	1572900	1744400	1911000	2082500	2249100
61.0	2.2	1390.58	1307.1	1906100	2111900	2312800	2518600	
66.5	2.4	1654.91	1555.6	2268700	2513700	2753800	2998800	
72.0	2.6	1942.22	1825.7	2660700	2949800	3234000	3518200	
77.5	2.8	2252.51	2117.4	3087000	3420200	3748500	4081700	

注：粗线意义同表 4-11。

钢丝绳的安全系数见表 4-14。

表 4-14 钢丝绳的安全系数

用　　途	安全系数	用　　途	安全系数
作缆风绳	3.5	作吊索(无弯曲时)	6～7
用于手动起重设备	4.5	作捆绑吊索	8～10
用于机动起重设备	5～6	用于载人的升降机	14

如果采用旧钢丝绳，应根据不同情况，将求出的允许拉力乘以表 4-15 所规定的降低系数。

【例 4—3】 用一根直径为 26mm、钢丝强度极限为 1519 N/mm^2的 6×37 钢丝绳作捆绑吊索，求此吊索的允许拉力。

表 4-15 钢丝绳允许拉力降低系数

类别	钢丝绳表面状况	系数	使用场所
甲	各股钢丝位置未动，磨损轻微，无绳股凸起现象，没有锈痕	100%	重要场所
乙	1. 各股钢丝已有变位、压扁及凸出现象，但未露出绳芯 2. 个别部分有轻微锈痕 3. 有断头钢丝，每米钢丝绳长度内断头数目不多于钢丝总数的 3%	75%	重要场所
丙	1. 每米钢丝长度内断头数目超过钢丝总数的 3%，但少于 10% 2. 有明显锈痕	50%	次要场所

续表 4-15

类别	钢丝绳表面状况	系数	使用场所
丁	1. 绳股有明显的扭曲、凸出现象 2. 钢丝绳全部均有锈痕，将锈痕刮出后钢丝上留有凹痕 3. 每米钢丝绳长度内断头数超过10%，但少于25%	40%	不重要场所或辅助工作

解：由表4-12查出此钢丝绳的破断拉力总和为380730N，由表4-14查出安全系数为8，降低系数取0.82，则

$$允许拉力=\frac{380730\times0.82}{8}=39024.8N$$

即此钢丝绳吊起的物重不能超过39024.8N。

(四)结绳方法、使用范围和注意事项

1. 结绳方法和使用范围。架子起重作业中，在抬、拉、吊一些轻小构件时，需要将绳索打各种绳结，绳结要求打结迅速，使用安全可靠，解开容易。根据用途不同分为以下若干种结绳方式(图4-9)。

(1)挂钩结。用于绳与吊钩连接。

(2)多级扒结(又称倒扒结)。这种结方便、牢靠，随时可以伸长或缩短，适用于立戗子的拖拉绳连接。

(3)组合结。用于两根绳子的连接，也可用于绳与绳圈的连接。

(4)吊桶结。用于绑扎圆形物体。

(5)鲁班结。拔杆顶缆风绳可用此结，绳两头受力后愈拉愈紧。

(6)倒背结。用于绑捆木杆和钢支撑，此扣愈拉愈紧，打结

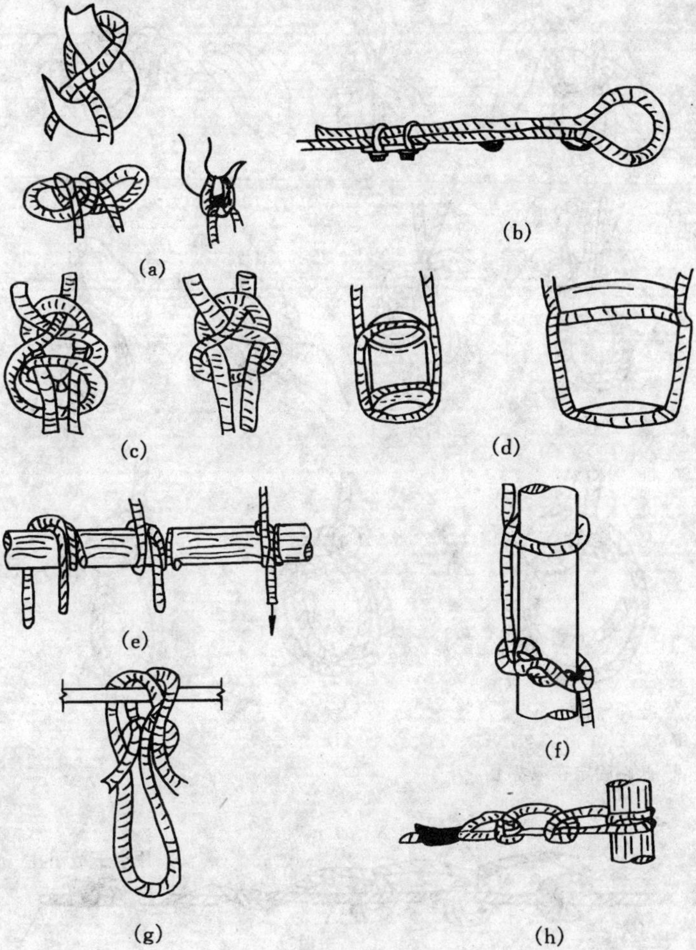

图 4-9 各种绳结方式(上)

(a)挂钩结 (b)多级扒结 (c)组合结 (d)吊桶结
(e)鲁班结 (f)倒背结 (g)杠棒结 (h)栓柱结

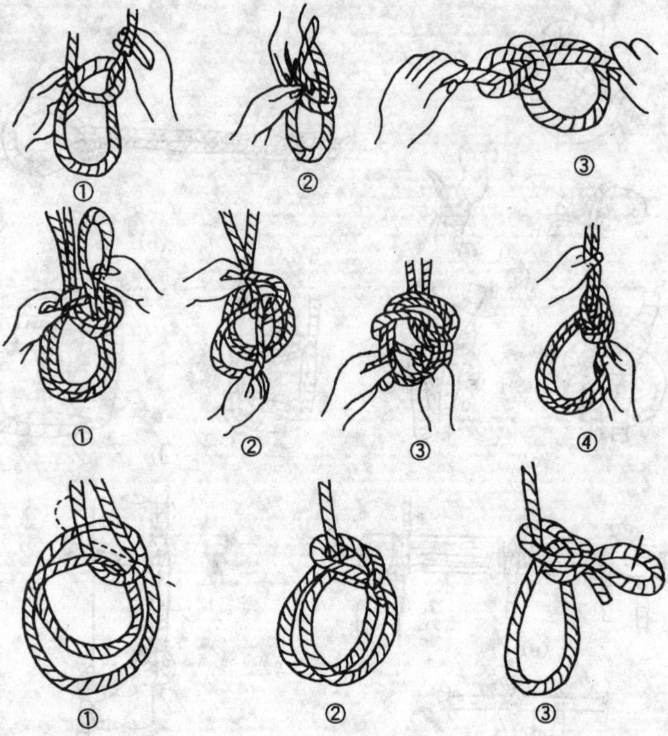

(i)

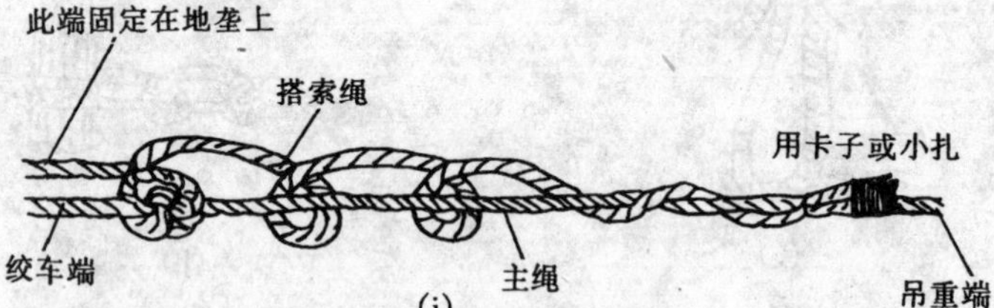

(j)

图 4-9 各种绳结方式(下)

(i) 琵琶扣 (j)搭索结

和解结方便快捷，垂直提升物体时常用此结。

(7)杠棒结(又称抬结)。用于轻小构件的抬运和吊运。

(8)栓柱结。用于缆风绳与地锚的连接。

(9)琵琶扣。这种绳结牢固可靠，打结迅速，解扣方便，图中第一排叫水手结或单环结，图中第二、三排叫双环结或双套扣。这种扣多用于绳头和其它物体的连接，如绳头与卡环、滑车吊环的连接。

(10)搭索结。绞车或绞磨卷筒上钢丝绳卷到筒边时，要用一根短钢丝绳或链条，将它的一端用搭索结拉住钢丝绳，另一端拴在地垄上，使卷筒上钢丝绳不受力，就可以倒动其位置，以便继续工作。

2. 绳头的扎结。麻绳、钢丝绳剁断后，其绳头必须扎结，以免松散。扎结方法有：

(1)普通绳头结(图 4-10)。先将细铁丝或细麻绳的一头

(a)

(b)

(c)

图 4-10　普通绳头结

顺着绳索构成一个圆圈(图 4-10a)，然后以另一头缠绕绳索 12～15 道，将圆圈盖住大部，再将剩下来的细绳头穿过该圈，拉紧细绳圈活头(图 4-10b)，割除余头即成(图 4-10c)。

(2)自遮绳头结(图 4-11)。首先将细铁丝或细麻绳的一

头安放在绳股的搓纹里，然后自后向绳头缠绕五六道，并将细绳的另一端顺绳索安放(图 4-11a)，再绕五六道，最后将细绳圈拉紧，割除余头即成(图 4-11b)。

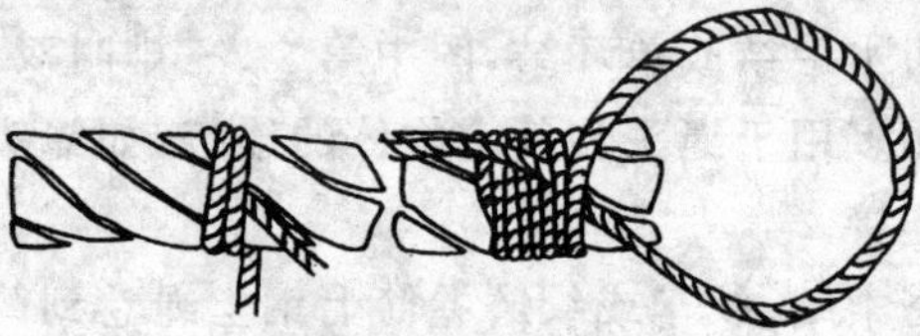

图 4-11　自遮绳头结

3. 绳的编结。绳的编结就是将绳头与绳头，或绳头与绳的中间部分编织在一起，使之成为一体。在绳子接长或制作千斤绳股头时，常需进行这种绳的编结工作。具体的编结方法如下：

(1)钢丝绳的编结。钢丝绳的编结有接长和“8”字股头的编结。其编结工具如图 4-12 所示。

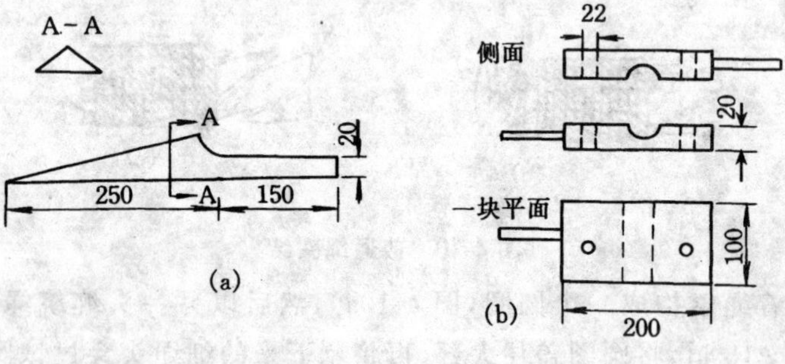

图 4-12　编结工具(单位：mm)

(a)锥子　(b)带把卡具

钢丝绳的接长有长接和短接之分。

①短接法的步骤如下：

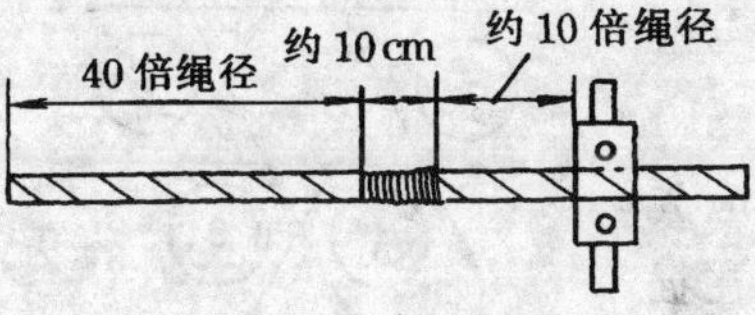

图 4-13 编结时绳头的处理

a. 在距绳头端部约为绳径 40 倍处，用细铁丝扎一个绳头结，长约 10cm，在绳头结后 10 倍绳径处，安上带把卡具，如图 4-13 所示。然后将绳头按股拆散，同时每股的头上，亦扎一个绳头结，两个绳头的处理相同。

b. 将两根麻芯在绳头附近剁断，然后将两绳的各股互相交叉地排列（图 4-14），拉紧各股，并用带把夹具使两绳对齐顶紧，解开绳头结以便插接。

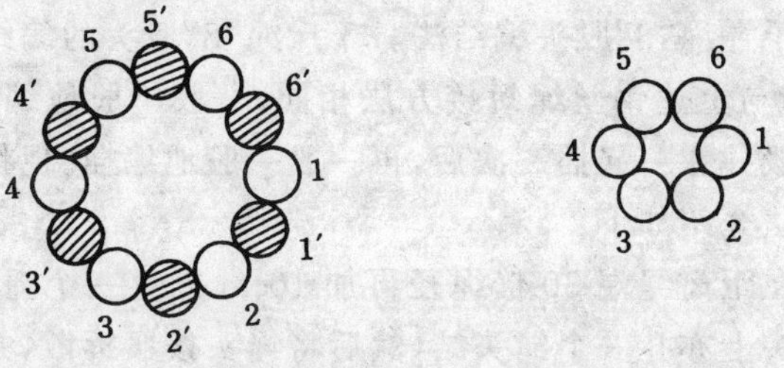

图 4-14 绳头排列

c. 插接是“以压一股插两股”的方法将绳股穿插到对方绳干（即未拆部分）的绳股中间去。其具体操作顺序是：如图 4-15 所示，将乙绳的 1′股逆着甲绳的捻绳方向，压过甲绳的 1 股，插进甲绳的 6、5 两股的下面，并穿出。穿插用锥子引渡，绳股应收紧，并用硬木棒敲击，使绳股平顺。依照上述的方法依次将乙绳的 2′,3′,4′,5′,6′绳股分别插入甲绳的 1,6,2,1,3,2,4,3,5,4 绳股之下,至此即完成一次穿插。以后的各次穿插与此相同。

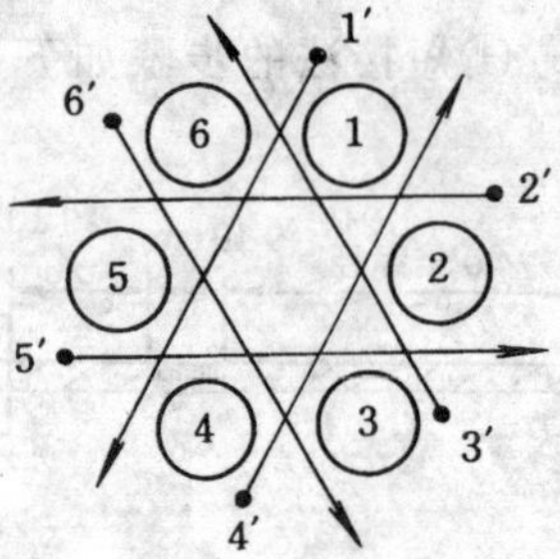

图 4-15　绳股压插方向

d. 插至倒数第二次时,应先将各股的钢丝剁断一半,而在插最后一次前,再将各股剩下的一半钢丝再剁断一半(即剩下 1/4),使接头尾部直径逐渐变细。也可以用剁绳股的方法逐渐缩小绳径。

e. 乙绳插完后,用同样的方法将甲绳插入乙绳内。

f. 两个绳头都插完后,再用硬木棒敲打平顺,并将多余的各股钢丝头剁去,最后用镀锌铁丝将接头尾部捆扎好。

②千斤绳“8”股头编结法。千斤绳“8”股头的编结方法很多,有的与上述钢丝绳短接方法相同,一股一股地编插;有的先用三股并在一起插一次后,再一股一股地编插。现将常用的一种方法介绍如下:

a. 在距离绳端 30 倍绳径再加 10cm 处扎一个绳头结,在每股绳头上亦扎一个绳头结,然后将绳头按股拆散,并将露出的绳芯剁断。

b. 逆着绳股捻绕方向,将第 1 股插在“一”、“二”、“三”绳股之下,将第 2 股插在“一”、“二”绳股之下,将第 3 股插在“一”绳股之下,收紧这三股绳股,如图 4-16a 所示。

c. 将绳环翻过来,将第 4 股插在“四”绳股之下,将第 5 股插在“五”绳股之下,如图 4-16b 所示。

d. 再将绳环翻过来把第 6 股插在“六”、“一”股之下,如图

4-16c 所示。

e. 拆除绳头结，将各股收紧，并用木槌敲打，使它平顺。

f. 以后的编插按照“压一股插二股”的方法，逆着绳干的捻绕方向，向前进行，每次编插都应收紧，并用木槌敲打平顺紧固。

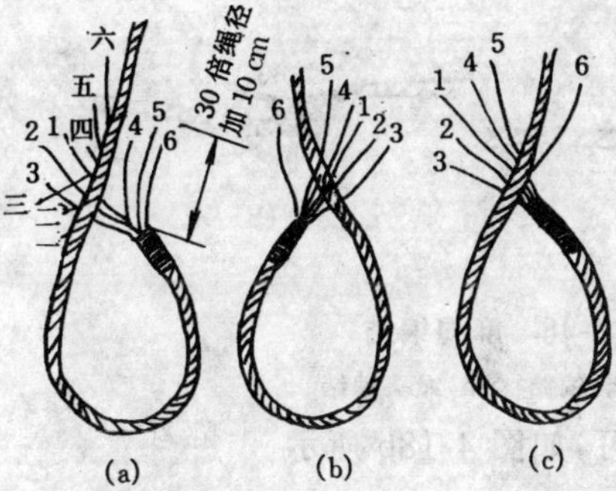

图 4-16　8 股头插法

g. 最后两次编插，应逐渐缩小绳头直径，并用镀锌铁丝捆扎好尾部，以免松散。

(2)麻绳的编结。麻绳的编结用穿针(图 4-17)进行。

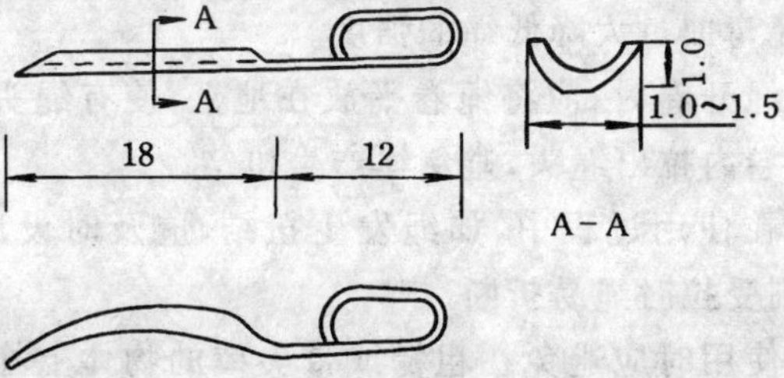

图 4-17　穿针　(单位:cm)

首先将一端的绳头拧松约 10 倍绳径的长度，每股头用细绳扎紧，然后用穿针插入绳的中间部分的绳股中，撑开缝隙，将绳股依次穿入不同的缝隙中(图 4-18a)，每根细绳股穿压三次以上，每次用钳子拉紧绳头，并将余下的绳头剁断。

两个绳头的编结方法相同，只要将两端头松开对在一起，

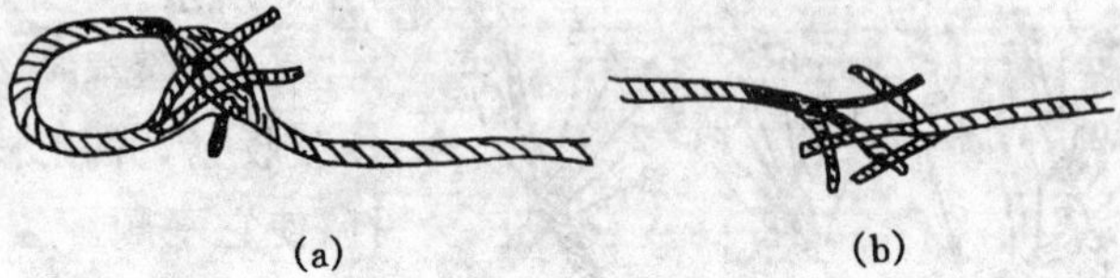

图 4-18　麻绳编结

(a)绳套编结　(b)绳头编结

各自按上述方法进行即可，如图 4-18b 所示。

4. 绳索的使用注意事项。

(1)白棕绳和麻绳的使用与保养：

①由于白棕绳和麻绳本身强度出入较大，使用前应做荷载试验，确定其实际强度。

②重要起重及机械操作不宜使用。

③用于滑轮起重时，滑轮直径应比绳子的直径大 10 倍以上，以免弯曲过大降低绳的强度。

④绳开卷时，应将绳卷平放在地上，使有绳头一面朝下，然后从卷内拉出绳头，避免绳产生扭结。

⑤在使用过程中，如绳发生扭结，应及时设法抖直再使用，否则受拉时绳易折断。

⑥使用时应避免在粗糙或带尖棱的物体上拖拉，以免损伤绳子。

⑦绳子使用完后，应存放在干燥通风的地方，以免腐烂；使用和存放时不能与酸、碱、油和油漆等化学物品接触，以防腐蚀。

(2)钢丝绳的使用与保养：

①新绳在使用前应做外观检查，并以计算容许荷载的两倍做拉力试验 15min，确认无断丝和其它不利变化，方可使

用。

②钢丝绳的开卷应采用图 4-19 所示的方法，不得采用图 4-20 所示的错误开卷方法。

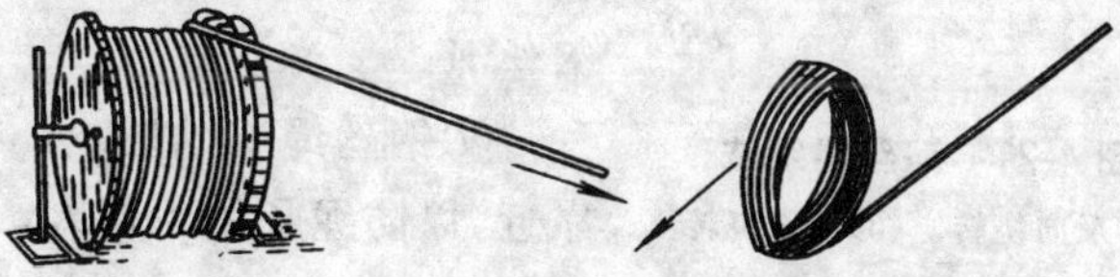

图 4-19　正确的开卷方法

图 4-20　错误的开卷方法

③为提高钢丝绳的使用寿命，穿过滑车或卷筒时，滑轮或卷筒直径应为钢丝绳直径的 18～20 倍，钢丝绳穿滑车组的绕法应尽量同向绕转，避免反向绕转（图 4-21）。此外，滑轮槽宽度应比钢丝绳直径大 1～2.5 倍。轮槽太小会挤扁钢丝绳。

④绞车滚筒上缠绕钢丝绳的圈数不应少于 4 圈，并且要一圈紧靠一圈成一平整层，以免绞车停车时绳圈松开，再绞时产生错叠而压伤绳子。此外，钢丝绳应从绞车底部引出，以降低受力点，利于工作稳定。

卷筒开动或停止时，速度应慢慢增加或减小，不应突然加速或突然制动，更不允许超载工作。

⑤工作中要防止钢丝绳碰地或与其它硬物碰挂，如无法

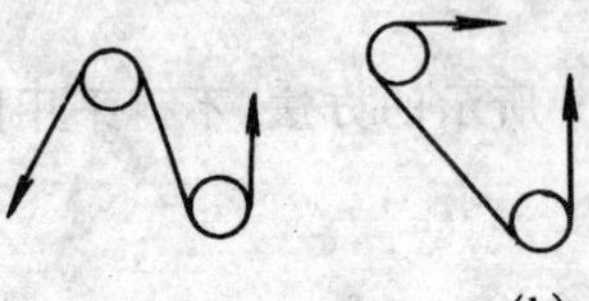

图 4-21　钢丝绳绕法

(a)反向绕转　(b)同向绕转

避免,应加滚轮或垫木块。

⑥使用过程中,如发现钢丝绳出油,说明绳受力过大,出现较大的变形,应及时更换较粗的钢丝绳。

⑦钢丝绳吃劲时,人员不应靠近,以防绳子绷断伤人。

⑧钢丝绳至少每 4 个月涂一次油。涂油前应清洗绳的表面,晒干再涂油。

油料分油膏和润滑油两种,不含酸性,其配制成分为:

a.油膏。柏油 68%,沥青 10%,松香 10%,凡士林 7%,石墨 3%,矿蜡 2%。

b.润滑油。黄油 90%,沥青 10%。用油量约每毫米直径、长度 1m 的钢丝绳为 0.003kg。

冬天用油膏应加热到 60℃。

涂油后,按照开卷的方法将钢丝绳卷好,存放在干燥的库房内,勿使受潮生锈。存放时应成卷排列,不可重叠堆放。

第二节　简单起重机具

常用简单起重机具主要有千斤顶、链条葫芦(又称捯链)、滑车和滑车组、绞磨和绞车、手动起重器等。

一、千斤顶

千斤顶用很小的力,能顶起很重的机械设备,还能校正设备安装的偏差和构件的变形等,它的顶升高度一般为 100～400mm,最大起重能力可达 500t,是应用很广的起重机械。

千斤顶按其构造的不同可分为齿条式千斤顶、螺旋式千斤顶和液压式千斤顶三种。

(一)齿条式千斤顶　齿条式千斤顶的构造如图 4-22 所

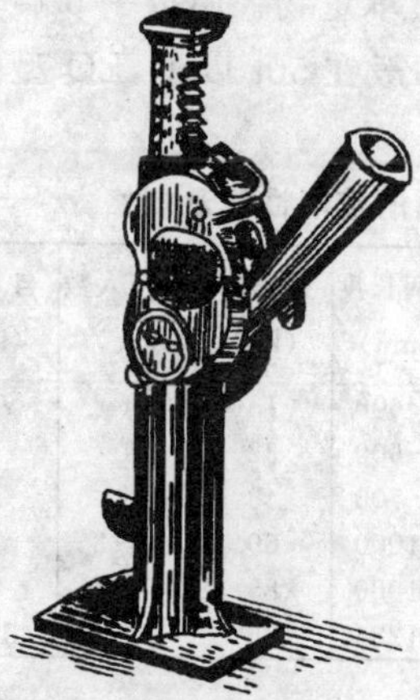

图 4-22　齿条式千斤顶

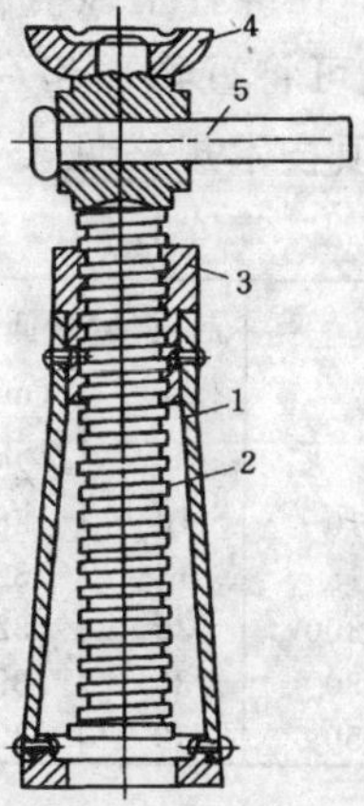

图 4-23　螺旋式千斤顶

示。它由金属外壳和装在金属外壳内的齿条和齿轮组成,具有导杆顶和顶钩两个能顶升重物的装置,其技术规格见表 4-16。

表 4-16　齿条式千斤顶技术规格

规格名称		单位 \ 型号	Y63-01	TY63-02
起重能力	静负荷	t	15	15
	动负荷	t	10	10
最大起重高度		mm	280	330
每次起重高度		mm	12.7	15
钩面最低高度		mm	55	55
机座尺寸		mm	166×260	160×260
外形尺寸		mm	370×166×525	414×166×550
总重量		kg	26	25

（二）螺旋式千斤顶　最简单的螺旋式千斤顶的构造如图4-23所示，由铸铁外壳1和固定在外壳上的螺母3及螺杆2组成。在螺杆上装有托盘4，用来支承重物。用扳手5旋动螺杆，就可将重物顶起。其起重能力一般在50t以下，LQ型螺旋千斤顶技术规格见表4-17。

表4-17　LQ型螺旋式千斤顶的技术性能及规格

型　号	起重量（t）	最低高度（mm）	起升高度（mm）	手柄长度（mm）	操作力（kg）	操作人数（人）	自重量（kg）
LQ-5	5	250	130	600	13	1	7.5
LQ-10	10	280	150	600	32	1	11
LQ-15	15	320	180	700	43	1	15
LQ-300	30	320	180	1000	60	1～2	20
LQ-30	30	395	200	1000	85	2	27
LQ-50	50	700	400	1385	126	3	109

（三）液压千斤顶　液压千斤顶具有起重量大，操作省力，上升平稳，安全可靠等优点，但是它的上升速度比齿条式、螺旋式千斤顶慢，一般不能在水平方向操作使用。

液压千斤顶有手动和机动两种。两者工作原理相同，起重量一般为5～320t，最大的可达500t，起重高度为100～200mm。

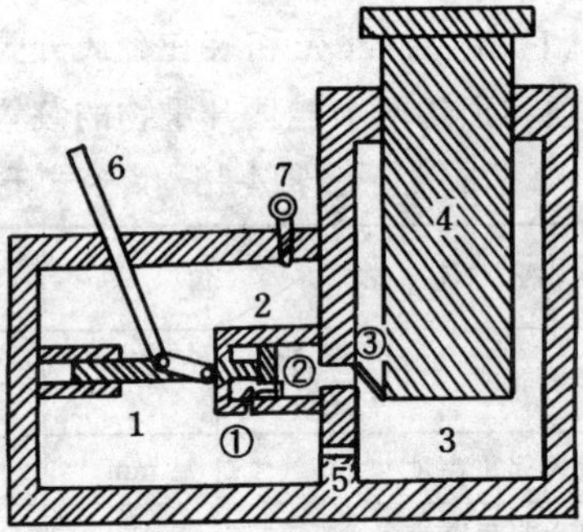

图4-24　液压千斤顶工作原理图

1. 第一油室　2. 油泵　3. 第二油室　4. 起重活塞　5. 放油门　6. 摇把　7. 注油门（①、②、③）

液压千斤顶的工作原理见图4-24。当摇把6往回拉时，油泵活塞向前，油门①打开，油门②关闭，这时第一油室的油液进入油泵内；当摇把向前推时，油泵活塞向后，油门①、③关闭，油门②则因油泵内的油压力被推开，使油进入活塞前端；待摇把再往回拉时，油泵活塞又回到前端，推开油门③，将油液体压入第二油室，使起重活塞上升。如此往复进行，就能使重物逐渐上升。要使重物下降时，只要将放油门打开，第二油室的油，就被压力压回第一油室，重物就逐渐下降。下降速度可以用油门开放的大小来控制，开大下降快，开小则下降慢。

各种液压千斤顶的技术性能见表4-18。

表4-18 液压式千斤顶的技术性能及规格

型 号	起重量(t)	最低高度(mm)	起升高度(mm)	手柄长度(mm)	操作力(kg)	操作人数(人)	贮油量(L)	自重量(kg)
YQ-5A	5	235	190	620	32	1	0.25	5.5
YQ-8	8	240	160	620	36.5	1	0.3	7
YQ-12.5	12.5	245	160	850	29.5	1	0.35	9.1～10
YQ-16	16	250	160	850	28	1	0.4	13.8
YQ-20	20	285	180	1000	28	1	0.6	20
YQ-30	30	290	180	1000	34.6	1	0.9	30
YQ-32	32	290	180	1000	31	1	1	29
YQ-50	50	300	180	1000	31	1	1.4	43
YQ-100	100	360	200	1000	40	2	3.5	123
YQ-200	200	400	200	1000	40	2	7	227
YQ-320	320	450	200	1000	40	2	11	435

（四）千斤顶的使用和保养

1. 千斤顶要放在干燥无尘土的地方，不得曝晒和雨淋。

2. 千斤顶使用前应检查各部件是否齐全完好，工作状态是否良好。

3. 使用时，千斤顶应放在平整坚实的地面上。地面松软时，应加铺垫板，以加大承压面积，防止发生歪斜、倾倒事故。

4. 千斤顶的顶部与重物接触处，应加小垫板，以防滑移和顶坏物体。

5. 千斤顶不得超载使用，顶升高度不得超过套筒或活塞上的标志线。

6. 重物顶起后，应随起随垫，其脱空距离应保持在 5cm 以下，以防千斤顶倾倒。

7. 多台千斤顶同时作业，要统一指挥和喊号，不同类型的千斤顶应避免放在一处混用。

二、链条葫芦（捯链）

链条葫芦适用于小型设备和重物的短距离吊装，起重量一般不超过 10t，最大的可达 20t。它有结构紧凑、手拉力小、使用稳当、较其它起重机械易于操作等特点，是常用的起重机械。

链条葫芦由链轮、手拉轮、传动机械、起重链及上下吊钩等几部分组成，如图 4-25 所示。

图 4-25a 是齿轮式链条葫芦，它由轮轴 1、2、3、4 和动滑车 5 组成。轴 2 和 3 做成齿轮状互相衔接，轮 1、轮 4 和动滑车 5 的周缘都有适合链条的凹槽，链条能够密贴地嵌入，不会在表面滑动，用手拉轮 1 上的链条 6，带动链轮转动，重物就升起。

图 4-25b 是蜗轮式链条葫芦，它由蜗轮、蜗杆、轴和起重滑车组成。图 4-25b 中 1 是手动链轮，用手拉动链条 5，带动蜗

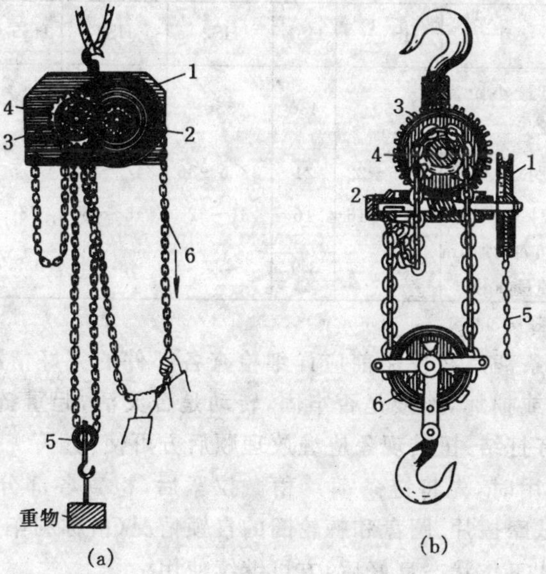

图 4-25 链条葫芦

杆 2 旋转，蜗轮 3 也随着旋转，使蜗轮轴 4 上的链条上卷，动滑车 6 也就上升，这种滑车的效率比齿轮式低。

HS 型齿轮式链条葫芦的技术性能和规格见表 4-19。

表 4-19 HS 型链条葫芦技术性能和规格

型　　号	HS $\frac{1}{2}$	HS1	HS2	HS3	HS5	HS10
起重量(t)	0.5	1	2	3	5	10
起升高度(m)	2.5	2.5	3	3	3	5
试验载荷(t)	0.625	1.25	2.5	3.75	6.25	12.5

续表 4-19

型　号	HS $\frac{1}{2}$	HS1	HS2	HS3	HS5	HS10
两钩间最小距离(mm)	250	430	550	610	840	1000
满载时手拉力(kgf)	19.5～22	21	32.5～36	34.5～36	37.5	38.5
自重量(kg)	11.5～16	16	31～32	45～46	73	170
起重高度每增加1m所增加自重量(kg)	2	3.1	4.7	6.7	9.8	18.6

注：1kgf＝9.8N

链条葫芦在使用前应详细检查各部件的完好情况，是否有变形或损坏，连接是否牢固，转动是否灵活，起重链是否打结，如有打结、扭结现象应缠放理顺后方可使用。

使用时，先将链条葫芦稍微拉紧后，检查各部分有无变化，再试摩擦片、圆盘和棘轮圈的自锁情况（俗称刹车）是否完好，确认工作状态良好后，方可继续使用。

在起重时不能超载使用，在任何方向使用时，拉链方向均应与链轮方向相同，注意防止手拉链脱槽，拉链子的力应均匀，不能过快或过猛。

使用时，应根据链条葫芦的起重能力确定拉链人数。如手拉链拉不动时，应检查原因，切忌盲目增加人数猛拉，以免发生事故。已吊起的重物在中途停留的时间过长时，要将手拉链拴在起重链上，以防止时间过长而刹车失灵。

转动部分应经常上油润滑，减少磨耗。切忌将润滑油渗进摩擦胶木片内，以防止自锁失灵。

三、滑车和滑车组

（一）滑车的种类和允许荷载　滑车是一种省力的机械，它还可以改变力的方向，是起重机和土拔杆中的主要组成部分。

滑车的种类很多，按制作的材料可分为木滑车和钢滑车两种；按滑轮的多少可分为单门（一个滑轮）、双门（两个滑轮）和多门滑车；按连接件的结构型式不同可分为吊钩型、链环型、吊环型、吊梁型等；按滑车的夹板是否可以打开可分为开口滑车和闭口滑车等，如图 4-26 所示。

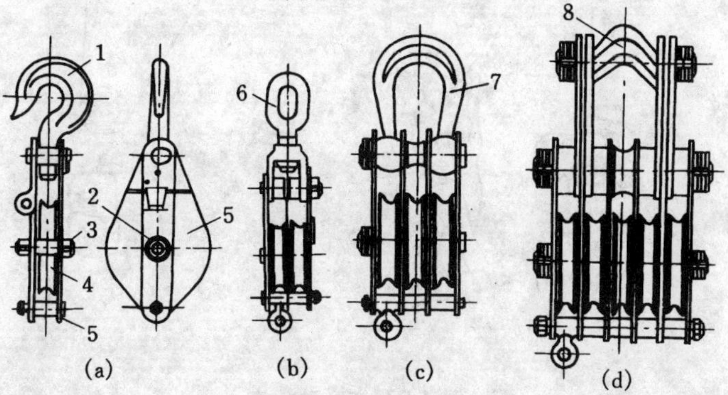

图 4-26　滑车示意图

(a)单门开口吊钩型　(b)双门闭口链环型

(c)三门闭口吊环型　(d)五门吊梁型

1. 吊钩　2. 拉杆　3. 轴　4. 滑轮　5. 夹板　6. 全链环　7. 吊环　8. 吊梁

滑车按使用方式不同，又可以分为定滑车和动滑车两种。定滑车在使用中是固定的，可以改变力的方向，但不省力，如图 4-27a 所示。动滑车在使用中随着重物的移动而移动，它可以省力，但不能改变力的方向，如图 4-27b 所示。

滑车的允许荷载，根据滑轮和轴的直径确定，一般滑车的标牌上有标志，不能超载使用。

常用钢滑车的允许荷载见表 4-20。从表中可以看出，双门滑车的允许荷载是同直径单门滑车的允许荷载的两倍，余

图 4-27　定、动滑车

(a)定滑车　(b)动滑车

类推，多门滑车的允许荷载是它的各滑轮允许荷载的总和，但只有当所有滑车全工作时这个结论才成立，如果多门滑车中只有其中若干滑轮工作，而不是全部滑轮同时工作，则此时的允许荷载仅是工作的那些滑轮允许荷载的总和。

表 4-20　常用钢滑车的允许荷载

滑轮直径(mm)	允许荷载(kN)								使用钢丝绳直径(mm)	
	单轮	双轮	三轮	四轮	五轮	六轮	七轮	八轮	适用	最大
70	5	10	—	—	—	—	—	—	5.7	7.7
85	10	20	30	—	—	—	—	—	7.7	11

续表 4-20

滑轮直径 (mm)	允许荷载(kN)								使用钢丝绳直径 (mm)	
	单轮	双轮	三轮	四轮	五轮	六轮	七轮	八轮	适用	最大
115	20	30	50	80	—	—	—	—	11	14
135	30	50	80	100	—	—	—	—	12.5	15.5
165	50	80	100	160	200	—	—	—	15.5	18.5
185	—	100	160	200	—	320	—	—	17	20
210	80	—	200	—	320	—	—	—	20	23.5
245	100	160	—	320	—	500	—	—	23.5	25
280	—	200	—	—	500	—	800	—	26.5	28
320	160	—	—	500	—	800	—	1000	30.5	32.5
360	200	—	—	—	800	1000	—	1400	32.5	35

（二）滑车组的绳索穿法和计算　滑车组由一定数量的定滑轮和动滑轮及绕过它们的绳索组成，是既能省力又能改变力的方向的简单起重机械。

1. 滑车组的种类。滑车组的种类根据跑头（引出绳头）、引出的方向不同，可以分为：

(1)跑头自动滑车绕出（图 4-28a），此时用力方向与重物的移动方向一致。

(2)跑头自定滑车绕出（图 4-28b），此时用力方向与重物的移动方向相反。

(3)双联滑车组（图 4-28c），此时滑车组有两个跑头，可用两台卷扬机同时牵引，速度快一倍，工作均衡。

2. 滑车组绳索的穿法。滑车组绳索的穿法，有普通穿法和花穿法两种，如图 4-29 所示。

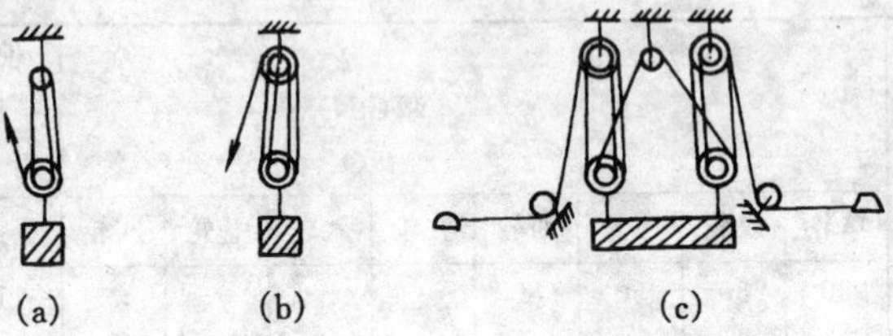

图 4-28 滑车组的种类

(a)跑头自动滑车绕出 (b)跑头自定滑车绕出 (c)双联滑车组

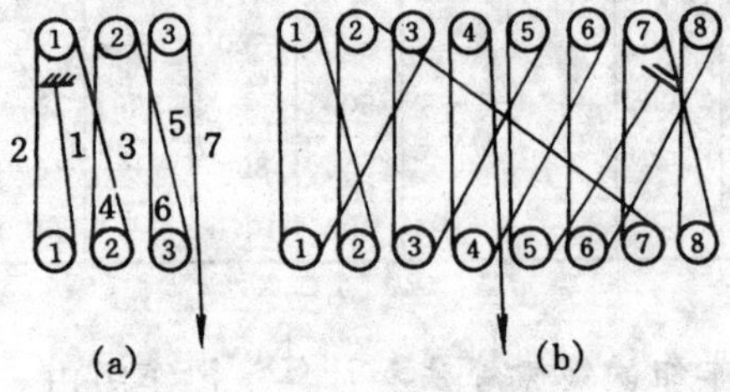

图 4-29 滑车组的绳索穿法

(a)普通穿法 (b)花穿法

普通穿法是将绳索自一侧滑轮开始,依同一转向顺序穿过中间滑轮,最后从另一侧的滑轮引出。这种穿法由于滑轮存在阻力而导致各根钢丝绳受力不均匀,如图 4-29a 中,绳 7 的拉力最大,绳 6 次之,绳 1 受力最小,所以工作不平稳,在用“三三”(由三个定滑轮和三个动滑轮组成的滑车组)以上的滑车组时,最好用花穿法。

花穿法的具体穿绳方法如图 4-29b 所示。滑车组中动滑轮上穿绕绳子的根数称“走几”,如动滑车上穿绕 3 根绳子就叫“走 3”,穿绕 4 根绳子就叫“走 4”,其余类推。

几种滑车组的绳索穿法见表 4-21。

表 4-21　几种滑车的绳索穿法

动滑车上绳的根数（走几）		走 1	走 2	走 3	走 4	走 5	走 6	走 7	走 8
示意图 跑头自定滑车绕出									
需用滑车数量（门）	动滑车	0	1	1	2	2	3	3	4
	定滑车	1	1	2	2	3	3	4	4
示意图 跑头自动滑车绕出			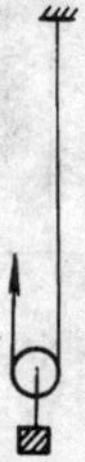					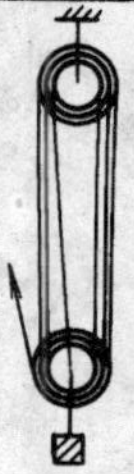	
需用滑车数量（门）	动滑车		1	1	2	2	3	3	4
	定滑车		0	1	1	2	2	3	3

3. 滑车组的计算。滑车组中动滑轮穿绕绳子的根数愈多愈省力。在不考虑滑轮中的阻力时，每根绳子所受的力都是相等的，但实际上滑车中是存在阻力的，滑车组的实际跑头拉力按下式计算：

$$S=\frac{f-1}{f^{n}-1}\times f^{m}Q$$

式中 S——滑车组的跑头拉力；

Q——计算荷载；

m——滑轮数目；

n——工作线数；

f——滑轮阻力系数。滚动轴承，$f=1.02$；青铜衬套轴承，$f=1.04$；无青铜衬套轴承，$f=1.06$。为使用方便，将 f 的乘方值列于表 4-22 中。并将青铜衬套轴承，且将跑头从定滑轮绕出的滑车组的跑头拉力列于表 4-23 中。

表 4-22 滑轮阻力系数的乘方值

阻力系数 f 的乘方次数	轴承类型		
	滚动轴承 ($f=1.02$)	青铜衬套轴承 ($f=1.04$)	无青铜衬套轴承 ($f=1.06$)
f^1	1.020	1.040	1.060
f^2	1.040	1.082	1.124
f^3	1.061	1.125	1.191
f^4	1.082	1.170	1.262
f^5	1.104	1.217	1.338
f^6	1.126	1.265	1.418
f^7	1.149	1.316	1.504
f^8	1.172	1.368	1.594
f^9	1.195	1.423	1.689

续表 4-22

阻力系数 f 的乘方次数	轴承类型		
	滚动轴承 ($f=1.02$)	青铜衬套轴承 ($f=1.04$)	无青铜衬套轴承 ($f=1.06$)
f^{10}	1.219	1.480	1.791
f^{11}	1.243	1.539	—
f^{12}	1.268	1.601	—
f^{13}	1.294	1.665	—
f^{14}	1.319	1.732	—
f^{15}	1.345	1.800	—
f^{16}	1.370	1.860	—
f^{17}	1.395	1.948	—
f^{18}	1.420	2.000	—

表 4-23 滑车组的跑头拉力

走几	走 1	走 2	走 3	走 4	走 5	走 6	走 7	走 8	走 9	走 10
示意图	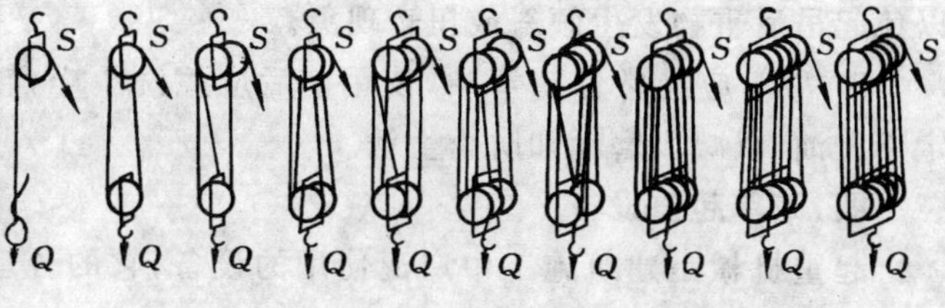									
效率	0.96	0.94	0.92	0.90	0.88	0.87	0.86	0.85	0.83	0.82
跑头拉力 S	1.04Q	0.53Q	0.36Q	0.28Q	0.23Q	0.19Q	0.17Q	0.15Q	0.13Q	0.12Q

注：1. 表中数值是按滑动轴承计算的结果。

2. Q 为所吊物体的荷载。

从滑车组引出绳到卷扬机之间，一般还要绕过几个导向滑轮，所以，在计算卷扬机的牵引力时，还需要将滑车组的跑头拉力 S 乘以 1.04^{K}（K 为导向滑轮数目）。

【例 4—4】 有一构件重 200kN，用“走 7”滑车组起吊。已知滑轮为青铜衬套轴承，滑车组引出绳至卷扬机之间绕过两个导向滑轮，求卷扬机的牵引力 S'。

解：由表 4-23 查出 $S=0.17Q$。又知导向滑轮数 K＝2，并据表 4-22 取阻力系数的乘方值为 1.1，则

$$S'=1.04^{2}\times0.17\times200\times1.1=40.45\text{kN}$$

（三）使用滑车和滑车组时的注意事项

1. 滑车和滑车组使用前应检查各部件有无裂缝、损伤和转动不灵活之处，发现问题经处理合格以后方可使用。

2. 应查明滑车和滑车组的允许荷载，不准超载使用。

3. 滑车穿好后，要慢慢地加力，等绳索收紧后，再检查一下各部件的工作是否良好，有无卡绳之处。如有不妥，应立即纠正，切忌勉强工作，以确保安全。

4. 滑车的吊钩中心，应与重物的重心在同一铅垂线上，以免起吊后重物发生倾斜或扭转现象。

5. 滑车应经常保持清洁，使用前后应擦洗干净，轮轴应定期上油，以减小磨耗和防止生锈。

四、简单起重设备

起重机械是建筑施工中广泛使用的设备，它的合理使用与选择，对于减轻劳动强度、提高劳动生产率、加快工程进度、降低工程造价，有十分重要的作用。

与架子工相关的简单起重设备有独脚拔杆、人字拔杆、悬臂拔杆和牵绳式桅杆起重机等。

（一）独脚拔杆 独脚拔杆的构造如图 4-30a 所示，由拔

杆、起重滑轮组、卷扬机、缆风绳和锚碇等组成。可用木料和金属制造拔杆，适用于预制柱、梁和屋架等构件的吊装。

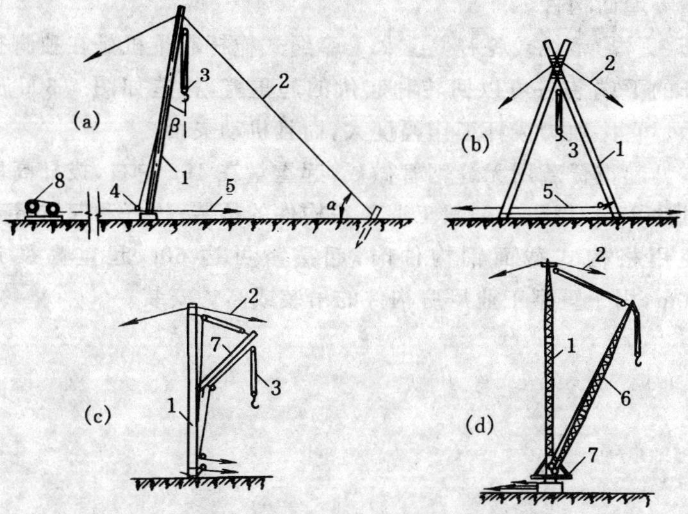

图 4-30 简单起重机

(a)独脚拔杆 (b)人字拔杆

(c)悬臂拔杆 (d)牵绳式桅杆起重机

1. 拔杆 2. 缆风绳 3. 起重滑轮组 4. 导向装置 5. 拉索

6. 起重臂 7. 回转盘 8. 卷扬机

（二）人字拔杆 人字拔杆由两根圆木或两根钢管，或两根格构式截面的拔杆组成，以钢丝绳绑扎或铁件铰接，如图 4-30b 所示。

人字拔杆起重量大，侧向稳定性好，但构件起吊后的移动范围小，可用于吊装较重的柱等构件。

（三）悬臂拔杆 在独脚拔杆的中部或 2/3 高处，装上一根起重杆，即成图 4-30c 所示的悬臂拔杆。

悬臂拔杆有较大的起重高度和工作幅度，悬臂起重杆能上下和左右摆动（120°～270°），适用于吊装较轻的屋面板、檩条等屋面构件。

（四）牵绳式桅杆起重机　牵绳式桅杆起重机是在独脚拔杆的下端装一可以回转和起伏的起重臂，构造如图 4-30d 所示。它比独脚拔杆工作幅度大，而且机动灵活。

起重臂若用无缝钢管做成，起重量在 10t 左右，拔杆高度可达 25m，可用于一般工业厂房构件的吊装；拔杆和起重臂若使用格构式截面钢构件时，起重量可达 60t，起重高度达 60m，用于重型工业厂房构件的吊装或高炉安装。

第五章 架子的基本材料和质量标准

第一节 木脚手架的基本材料和质量标准

一、基本构件和质量标准

(一)基本构件 木脚手架的基本构件有:

1. 立杆。又称立柱、竖杆等,是竖向承重构件。

2. 大横杆。又称纵向水平杆、顺水、牵杠等,是连系立杆平行于墙面的水平杆件,起连系和纵向承重作用。

3. 小横杆。又称横向水平杆、排木、六尺杆等,是垂直于墙面的水平杆,与立杆、大横杆相交,并支承脚手板。

4. 斜撑。设在立杆和大横杆外侧平面上,并与地面成45°角的斜杆,上下连续设置,可加强脚手架的平面稳定性。

5. 剪刀撑。又称十字撑、十字盖,与地面呈45°或60°角,十字交叉地绑扎在脚手架的外侧,可加强脚手架的纵向整体刚度。

6. 抛撑。设在脚手架底层外侧,与地面成60°角,横向撑住脚手架的斜杆,防止脚手板外倾。

7. 连墙杆。与墙体连接的横向水平杆,防止脚手架的横向移动,加强架子的空间稳定。

(二)质量标准

1. 立杆、大横杆、小横杆应符合表5-1的原木材质标准。

表 5-1 承重结构原木材质标准

项　次	缺　陷　名　称	容许程度
1	腐朽	不容许
2	木节 (1)在构件任何 150mm 长度上沿周长所有木节总和,不得大于所测部位原木周长的 (2)每个木节的最大尺寸,不得大于所测部位原木周长的	1/3 1/6
3	扭纹 小头 1m 材长上倾斜高度不得大于	120mm
4	髓心	不限
5	虫蛀	容许有表面虫沟,不得有虫眼

注:(1)对于死节(包括松软节和腐朽节),除一般木节测量外,必要时尚应按缺孔验算,若死节有腐朽迹象,则应经局部防腐处理后使用。

(2)木节尺寸按垂直于构件长度方向测量,直径小于 10mm 的活节不量。

(3)对于原木的裂缝,可通过调整其方位(使裂缝尽量垂直于构件的受剪面)予以使用。

2. 受力杆件的规格尺寸应符合下列规定:

(1)立杆。小头直径不小于 70mm,大头直径不大于 180mm,长度不小于 6m。

(2)大横杆。小头直径不小于 80mm,长度不小于 6m。

(3)小横杆。杉杆小头直径不小于 90mm,硬木(柞木、水曲柳等)小头直径不小于 70mm,长度 2.1～2.3m。

(4)斜撑、剪刀撑和抛撑。小头直径不小于 70mm,长度不小于 6m。

二、脚手板的质量标准

脚手板铺设在小横杆上,形成工作平台,它必须满足强度和刚度的要求。

脚手板一般采用木脚手板，板厚不小于 50mm，板宽为 200～250mm，板长 3～6m，在板端往内 80mm 处，用 10 号铁丝加两道紧箍，防止板端劈裂。木脚手板的材质应符合表 5-2 的要求。

表 5-2 木脚手板的材质标准

项次	缺陷名称	容许程度
1	腐朽	不容许
2	木节 在构件任一面任何 150mm 长度上所有木节尺寸总和不得大于所在面宽的	1/3
3	斜纹 任何 1m 材长上平均倾斜高度，不得大于	80mm
4	髓心	不容许
5	裂缝 在连接部位的受剪面及其附近	不容许
6	虫蛀	容许有表面虫沟，不得有虫眼

注：(1)对于死节(包括松软节和腐朽节)，除按一般木节测量外，必要时尚应按缺孔验算。若死节有腐朽迹象，则应经局部防腐处理后使用。

(2)木节尺寸按垂直于构件长度方向测量。木条表现为条状时，在条状的一面不量，直径小于 100mm 的活节不量。

脚手板除采用木脚手板之外，还可以采用竹串片脚手板、钢木混合脚手板、薄钢板脚手板等，使用这些脚手板时，其质量应遵守相关的质量标准。

三、绑扎材料和质量要求

木脚手架的各种杆件一般使用绑扎材料加以连接，常用的绑扎材料有镀锌铁丝和钢丝两种。

镀锌铁丝又称铁丝，抗拉强度高，不易锈蚀，是用得最多的绑扎材料，常用8号和10号镀锌铁丝。8号镀锌铁丝直径4mm，抗拉强度为900N/mm²；10号镀锌铁丝直径为3.5mm，抗拉强度为1000N/mm²。镀锌铁丝使用时不准用火烧，次品和腐蚀严重的产品不得使用。

钢丝常采用8号回火冷拔钢丝，使用前要经过退火处理(又称火烧丝)。腐蚀严重、表面有裂纹的钢丝不得使用。

第二节 竹脚手架的基本材料和质量标准

一、基本构件和质量标准

选用生长期3年以上的毛竹或楠竹的竹杆为主要杆件，采用竹篾、铁丝、塑料篾绑扎而成的脚手架，称为竹脚手架。广泛用于南方地区搭设高度不超过25m的砌筑脚手架和装饰脚手架，搭设高度为25～35m时，20m以下部分应设双立杆。

(一)基本杆件　竹脚手架的基本杆件与木脚手架大体相同，分为立杆(竖向承重杆)、大横杆(纵向水平连系杆)、小横杆(横向水平连系杆)、斜杆、剪刀撑、抛撑、连墙杆和顶杆等，各种杆件的作用与木脚手架相同。

(二)质量标准

1. 竹杆应选用生长期3年以上的毛竹或楠竹。要求竹杆挺直，质地坚韧。不得使用弯曲不直、青嫩、枯脆、腐朽、虫蛀以及裂缝连通二节以上的竹杆。

2. 竹杆有效部分小头直径，立杆、大横杆、顶撑、斜撑、剪刀撑、抛撑等不得小于75mm；小横杆不得小于90mm；搁栅、栏杆不得小于60mm。

3. 承重杆件应选用生长期3年以上的冬竹(农历白露以后至次年谷雨前采伐的竹材),这种竹材质地坚硬,不易虫蛀、腐朽。

二、脚手板

竹脚手板的型式较多,常用的有以下几种:

(一)竹串片脚手板　它是采用螺栓穿过并列的竹片拧紧而成。螺栓直径8～10mm,间距500～600mm,竹片宽50mm,竹串片脚手板长2～3m,宽0.25～0.3m,如图5-1所示。

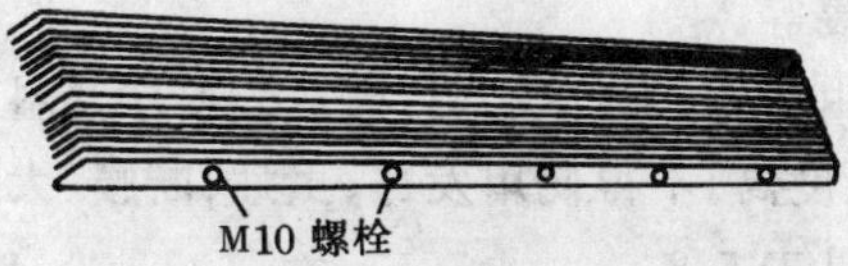

图5-1　竹片侧叠的脚手板

(二)竹笆板　这种脚手板用竹筋作横挡,穿编竹片,竹片与竹筋相交处用铁丝扎牢,竹笆板长1.5～2.5m,宽0.8～1.2m,如图5-2所示。

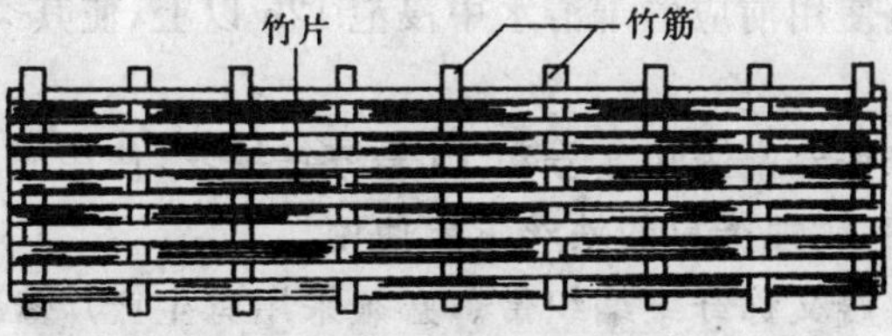

图5-2　竹片穿编的脚手板(竹笆板)

(三)钢竹脚手板　这种脚手板用钢管作直挡,钢筋作横挡,焊成爬梯式,在横挡间穿编竹片,如图5-3所示。

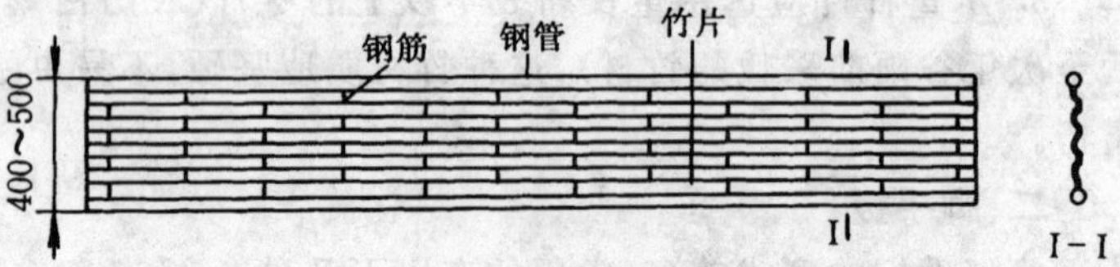

图 5-3 钢竹脚手板

三、绑扎材料和质量要求

竹脚手架各种杆件之间的绑扎连接可以采用竹篾、镀锌铁丝和塑料篾等。

竹篾是由毛竹、水竹或慈竹破成。要求篾料质地新鲜，韧性强，抗拉强度高。不得使用发霉、虫蛀、断腰、大节疤等竹篾。竹篾的规格见表 5-3。

表 5-3 竹篾规格

名　　称	长　度 (m)	宽　度 (mm)	厚　度 (mm)
毛竹篾	3.5～4.0	20	0.8～1.0
水竹、慈片篾	＞2.5	5～45	0.6～0.8

竹篾使用前应置于清水中浸泡 12h 以上，使其柔软，不易折断。

镀锌铁丝常采用 8 号和 10 号镀锌铁丝，使用时不准用火烧，次品和腐蚀严重的铁丝不能使用。

塑料篾又称纤维编织带。必须采用有生产厂家合格证书和力学性能试验合格数据的产品。

竹脚手架中所有的绑扎材料均不得重复使用。

第三节　钢脚手架的基本材料和质量标准

一、基本构件及其质量标准

钢脚手架的种类繁多，其杆件、配件、加固件和连墙件的种类也很多，本节以钢管扣件式钢管脚手架为例，介绍钢脚手架的基本构件及其质量要求。

钢管扣件式脚手架的构造如图 5-4 所示。

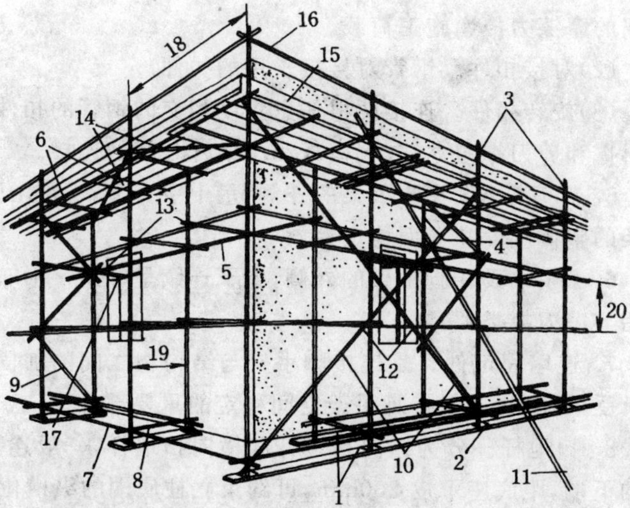

图 5-4　钢管扣件式脚手架构造

1. 垫板　2. 底座　3. 外立柱　4. 内立柱　5. 纵向水平杆　6. 横向水平杆　7. 纵向扫地杆　8. 横向扫地杆　9. 横向斜撑　10. 剪刀撑　11. 抛撑　12. 旋转扣件　13. 直角扣件　14. 水平斜撑　15. 挡脚板　16. 防护栏杆　17. 连墙固定件　18. 柱距　19. 排距　20. 步距

(一)基本构件

1. 立柱。平行于建筑物并垂直地面的杆件,是承受自重和施工荷载的主要受力杆件。

2. 纵向水平杆。平行于建筑物,在纵向连接各立柱的水平杆,是承受并传递施工荷载给立柱的主要受力杆件。

3. 横向水平杆。垂直于建筑物,横向连接内、外排立柱的水平杆件,是承受并传递施工荷载给立柱的主要受力杆件。

4. 扣件。是连接各杆件的连接件,可分为:

(1)直角扣件。连接两根垂直相交的杆件,靠扣件和钢管之间的摩擦力传递施工荷载。

(2)对接扣件。钢管对接接长用的扣件。

(3)旋转扣件。连接两根任意角度相交的钢管的扣件,用于斜撑和剪刀撑与立柱、大横杆和小横杆之间的连接。

5. 剪刀撑。设在脚手架的外侧,呈十字交叉状,可增强脚手架的整体刚度和平面稳定性。

6. 斜撑。设在脚手架的外侧,上下连续呈“之”字形布置,作用与剪刀撑类似。

7. 连墙固定件。是连接脚手架与结构物之间的加固件,是承受风荷载,并保持脚手架空间稳定的重要部件。

8. 扫地杆。分为纵向扫地杆和横向扫地杆,一般连接立柱的下端,距底座下皮 200mm,可约束立柱底端的纵横位移。

(二)构件的质量标准

1. 钢管。钢管一般采用 ϕ48mm,厚 3.5mm 的电焊钢管。用于立柱、纵向水平杆和各支撑杆(斜撑、剪刀撑、抛撑等)的钢管长宜为 4～6.5m,用于横向水平撑的钢管长以 2.5m 为宜。钢管应无裂纹,两端面应平整,严禁打孔。

钢管质量检验要求见表 5-4。钢管的允许偏差见表 5-5。

2. 扣件。扣件形式如图 5-5 所示。目前我国有锻造构件与钢板压制扣件两种，前者质量可靠应优先采用。

表 5-4 钢管质量检验要求

项	次	检查项目	验 收 要 求
新管	1	产品质量合格证	必须具备
	2	钢管材质检验报告	
	3	表面质量	表面应平直光滑，不应有裂纹、分层、压痕、划痕和硬弯，上述缺陷不应大于表 5-5 规定
	4	外径、壁厚	允许偏差不超过表 5-5 规定
	5	端面	应平整，偏差不超过表 5-5 规定
	6	防锈处理	必须作防锈处理，镀锌或涂防锈漆
旧管	7	钢管锈蚀程度（应每年检查一次）	锈蚀深度应符合表 5-5 规定，锈蚀严重部位应将钢管截断进行检查
	8	其它项目	同新管项次 3,4,5

表 5-5 钢管的允许偏差

项 次	项 目	允许偏差(mm)
1	钢管尺寸的偏差： a. 低压焊接管 外径 48mm 壁厚 3.5mm b. 电焊钢管 外径 48mm 壁厚 3.5mm	 −0.50 −0.50 −0.50 −0.35
2	钢管两端端面切斜的偏差	1.70
3	钢管内外表面锈蚀的深度	≤0.50

续表 5-5

项　次	项　　目	允许偏差(mm)
4	钢管弯曲的偏差： a. 各种杆件的顶部弯曲 b. 立柱钢管弯曲 3m<l≤4m(l 为管长) 4m<l≤6.5m c. 栏杆、支撑体系钢管的弯曲(l≤6.5m)	 ≤5 ≤12 ≤20 ≤30

扣件应符合以下技术要求：

(1)铸件不得有裂纹、气孔，不宜有疏松、砂眼或其它影响使用的缺陷，机械性能不低于 KTH330-8 的可锻铸铁要求。

(2)保证扣件与钢管的接触面严格吻合。

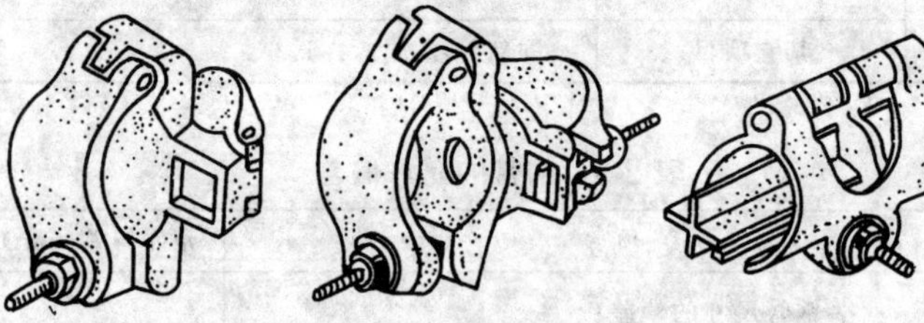

(a)　(b)　(c)

图 5-5　扣件形式图

(a)直角扣件　(b)旋转扣件　(c)对接扣件

(3)旋转扣件应转动灵活，两旋转面的间距应小于 1mm。

(4)当扣件夹紧钢管时，开口处的最小距离应小于 5mm。

(5)扣件表面应做防锈处理。

(6)扣件螺栓的拧紧力矩达 70N・m 时，扣件不得破坏。

二、脚手板

（一）脚手板的类型　钢管脚手架的脚手板可为施工提供操作条件，保护施工人员的安全，并将施工荷载传递给纵、横水平杆。常用的类型有冲压式钢脚手板、木脚手板、竹串片及竹笆板等，可根据施工地区的材源就地取材使用。

（二）脚手板的质量标准

1. 冲压钢脚手板的钢材应符合国家现行标准《碳素结构钢》GB700—89 中 Q235A 的规定。冲压钢脚手板的外形如图 5-6 所示。

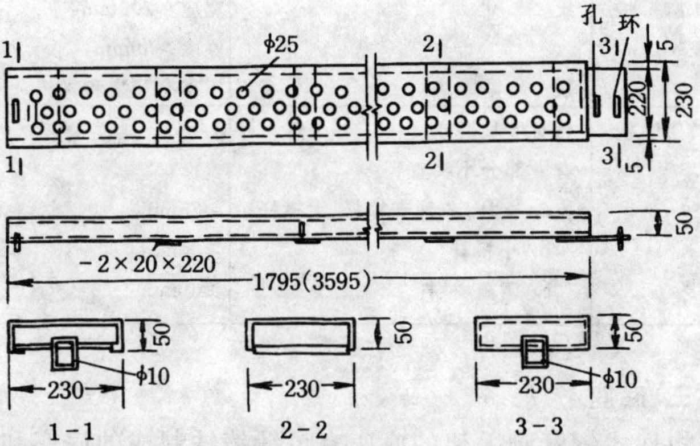

图 5-6　冲压钢脚手板

2. 木脚手板的质量标准应符合本章第一节中脚手板的有关规定。

3. 竹脚手板宜采用毛竹或楠竹制作，其质量标准应符合本章第二节中有关竹脚手板的规定。

4. 无论哪种脚手板，每块重量均不宜大于 30kg，以方便工人操作。

5. 各种脚手板的质量按表 5-6 要求进行检验。

表 5-6　脚手板质量检验要求

项　次	项　　　目	要　　　求
1. 钢脚手板	产品质量合格证	必须具备
	尺寸偏差：	
	a. 板面挠曲	
	$l \leqslant 4$m（l 为脚手板长度）	≤12mm
	$l > 4$m	≤16mm
	b. 板面扭曲（任一角翘起）	≤5mm
2. 木脚手板	尺　　寸	宽应≥200mm
		厚度>50mm
	缺　　陷	不得有开裂和腐朽
3. 竹脚手板	竹材生长期	3 年以上
	有效部分小头直径：	
	a. 立柱、各种支撑杆、大横杆	≥75mm
	b. 小横杆	≥90mm
	c. 搁栅、栏杆	≥60mm

三、底座

扣件式钢管脚手架的底座有可锻铸铁制成的底座和焊接底座两种，可根据具体情况选用。

可锻铸铁制成的底座是标准底座。现场常用焊接底座（图 5-7）。

可锻铸铁底座的材质要求与扣件相同。

焊接底座应采用 Q235A 钢，焊条应采用 E43 型，几何尺寸应符合图 5-7 的要求。

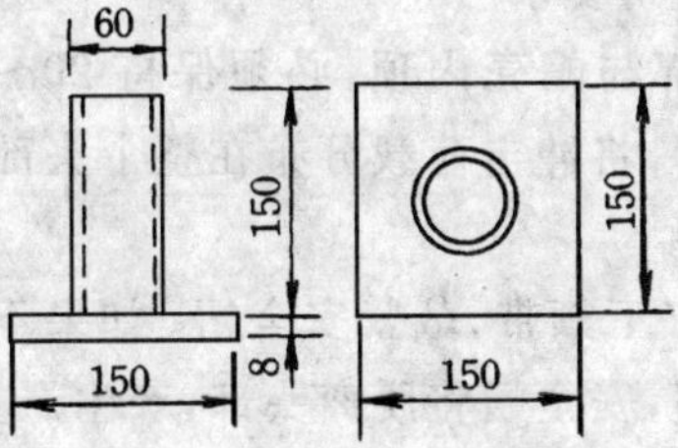

图 5-7 底座

第四节 安全防护用品

一、安全帽

安全帽是建筑施工人员头部的重要防护用品，凡进入施工现场的人员必须戴安全帽。

（一）主要性能要求 安全帽由帽壳、帽衬、下颏带三部分组成，其主要性能要求是：

1. 佩戴时，帽衬顶端与帽壳内顶面的垂直距离应在 20～25mm 之间。

2. 佩戴时，帽箍与帽壳内每一侧面的水平距离应在 5～20mm 之间。

3. 在戴帽情况下，帽箍底边至头模顶端的垂直距离应在 80～90mm 之间。

4. 冲击吸收性能：将经 4h 浸水处理的安全帽戴在头模上，用 5kg 钢锤自 1m 高度落下做冲击试验，头模所受冲击力的最大值不应超过 5kN。

5. 耐穿透性能：将经 4h 浸水处理的安全帽，用 3kg 钢锥从 1m 高度自由平稳下落冲击安全帽顶中心范围的薄弱部分，穿透后不应接触头模。

(二)正确使用要求

1. 帽衬顶部与帽壳内顶,必须保持 20～25mm 的空间,以吸收冲击能量,将冲击荷载分布在整个头部面积上,减轻对头部的伤害。

2. 必须系好下颏带,戴紧安全帽。如果不系带,一旦发生重物坠落在头部,安全帽将脱离头部,产生严重后果。

3. 安全帽必须戴正。如果戴歪了,一旦头部受到打击,就不能减轻对头部的伤害。

4. 安全帽在使用过程中会逐渐损坏,所以应经常检查,发生开裂、下凹、严重磨损等情况就不能使用。

二、安全带

安全带是架子工预防高处坠落伤亡的防护用品,由带子、绳子和金属配件组成(图 5-8)。

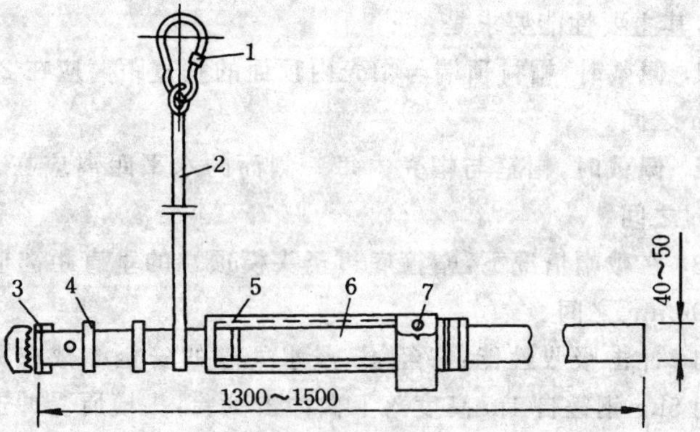

图 5-8　安全带

1. 金属钩　2. 安全绳　3. 腰带卡子　4. 箍　5. 护腰带　6. 腰带　7. 袋

带子和绳子必须用锦纶、维纶、蚕丝料制成，金属配件用普通碳素钢或铝合金制成。

安全带的主要性能要求是：

1. 腰带必须是一整根，宽 40～50mm，长 1300～1500mm，破断负荷指标为 14.709kN。

2. 护腰带。宽度≥80mm，长度 600～700mm，破断负荷指标为 9.807kN。

3. 安全绳。直径≥13mm，绳头要编成 3～4 道加捻加股插花，绳股不准有松紧，破断负荷指标为 14.709kN。

4. 吊绳。直径≥16mm，绳头要求同安全绳，破断负荷指标为 23.534kN。

5. 金属钩。自锁钩的卡齿用在钢丝绳上时，硬度为 HRC60，金属钩舌弹簧有效复原次数不少于 2 万次，钩体和钩舌的咬口必须平整，不得偏斜。小金属钩的破断负荷指标为 11.767kN，大金属钩和自锁钩的破断负荷指标为 9.806kN。

6. 其它金属配件。金属配件圆环、半圆环、三角环、8 字环等不许焊接，表面呈圆弧形，光洁，不得有麻点和裂纹。破断负荷指标为 11.767kN。

三、安全网

安全网是用来防止人、物坠落，或用来避免、减轻坠落及物体打击伤害的网具。

安全网一般有平网和立网两种：平网为水平安装的网，用于承接坠落的人或物；立网为垂直安装的网，用于阻止人和物的闪出坠落。

安全网的构造如图 5-9 所示。

安全网由网体、边绳、系绳和筋绳构成。其主要技术要求如下：

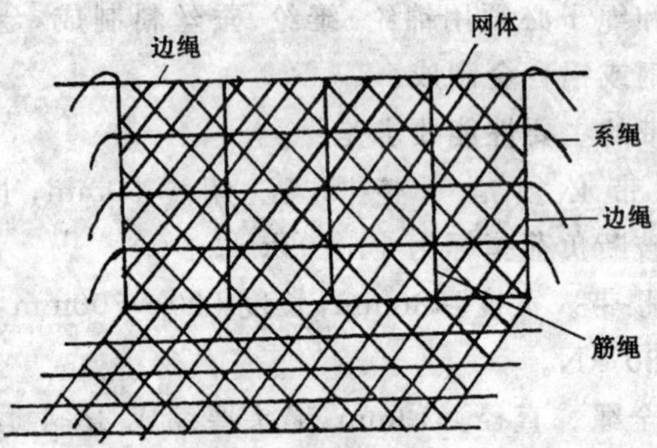

图 5-9 安全网结构

1. 绳(线)材料。同一张安全网的所有绳(线)应采用同一种材料。

2. 绳(线)的湿干强力比不小于 75%。

3. 平网的宽度不得小于 3m,立网的高度不得小于 1.2m。

4. 每张网的重量不应超过 15kg。

5. 网目(即相邻两个绳结的距离)边长不得大于 10cm。

6. 网目线与边线的关系。菱形网目的对角线与对应的网边平行,方形网目的对角线或边与对应的网边平行。

7. 边绳与系绳的直径应不小于 2 倍网绳直径,且不小于 7mm。

8. 边绳与系绳的断裂强力。平网不小于 7354.5N,立网不小于 2941.8N。

9. 网绳断裂强力一般宜为 1470.9～1961.2N。

10. 相邻筋绳距离不小于 30cm。其断裂强力不小于 2941.8N。

11. 试验绳的材料与网绳相同,数量每张网上不少于 8

根，长度不小于1.5m。

12. 安全网承受100kg、底面积为$2800cm^2$的模拟人形砂包冲击后，网绳、边绳和系绳均不得断裂。冲击试验的负载高度，平网为10m，立网为2m。

13. 平网应有缓冲性能，在吸收了5883.6J能量后，网上的最大负荷不得超过8825.4N，最大的延伸量不超过1.5m。

14. 安全网的有效负载高度一般为6m，最大不超过10m。

15. 安全网必须放在通风、遮光、隔热的库房内，并避免与化学物品接触，以防腐蚀。

安全网搬运时禁止使用钩子。

第六章　木脚手架的搭设与拆除

第一节　施工准备和施工顺序

一、施工准备

木脚手架在搭设前应做好以下准备工作：

1. 清理施工现场的障碍物，并夯实搭设脚手架范围内的回填土。

2. 根据脚手架的构造要求和用料规格等进行用料的合理选择分类，并运至现场分类堆放，以便顺利施工。

3. 根据建筑物的平面几何形状和高度，确定脚手架的形式和位置。

4. 根据已计算好的工程量，领取 8 号铁丝，并按照绑扎方法和要求，切断铁丝并弯制成型，运到工地待用。

二、施工顺序

各类木脚手架的一般施工顺序为：根据预定的搭设方案放立杆位置线→挖立杆坑→竖立杆→绑大横杆→绑小横杆→绑抛撑→绑斜撑或剪刀撑→铺脚手板→搭设安全网。

各道工序的主要要求为：

(一)放立杆线　根据预定的搭设方案放出立杆的具体位置点，构造要求立杆的纵向间距为 1.5m，里排立杆离墙面 50～60cm，外排立杆距墙面 2～2.5m。

(二)挖立杆坑　坑深度要求不小于 50cm，坑的直径大于立杆直径 10cm 左右，这样有利于调整和固定立杆的位置。

（三）竖立杆　先竖里排脚手架两头的立杆，再竖中间的立杆，外排立杆按里排立杆的竖立顺序竖立，立杆纵横方向校正垂直在底部加绑扫地杆以后，将杆坑填平、夯实。

（四）绑大横杆　绑扎第一步架的大横杆前，应先检查立柱是否埋正、埋牢，绑大横杆时同一步架大横杆的大头朝向应一致，上下相邻两步架的大头朝向要相反，以增强脚手架的稳定性。

（五）绑小横杆　小横杆绑在大横杆上，相邻两根小横杆的大头朝向应相反，上下两排小横杆应绑在立柱的不同侧面，小横杆伸出立柱部分长度不得小于 300mm。

（六）绑抛撑　脚手架搭设至三步架以上时，应及时绑抛撑。在此以前脚手架要用临时支撑加以固定，以免脚手架外倾或倒塌。抛撑每 7 根立柱设一道，与地面夹角为 45°，其底脚埋入土内的深度不得小于 30cm。

（七）绑斜撑或剪刀撑　木脚手架绑扎到三步架时必须绑斜撑或剪刀撑。剪刀撑的间距不得超过 7 根立柱的间距，第一道剪刀撑的下端要落地。

脚手架高度超过 7m 时，应随搭设设置连墙点，将脚手架与结构连成整体，整体脚手架向里倾斜度为 1%，全高倾斜不得大于 150mm，严禁向外倾斜。

（八）铺脚手板　脚手板必须满铺，对头铺设的脚手板，其接头下边应设两根小横杆，脚手板悬空部分不得大于 100mm，严禁铺探头板。搭接铺放的脚手板，接头必须在小横杆上，搭设长度为 200～300mm。脚手架两端的脚手板和靠墙的脚手板必须用 8 号铁丝绑牢。

（九）搭设安全网　按照《建筑施工安全网搭设安全技术

规范》进行。

三、杆件的连接和绑扎方法

(一)绑扎铁丝的弯制　铁丝的断料长度应根据绑扎杆件的粗细和部位确定,一般断料长度为1.4～1.6m,并将断料从中间弯折成图6-1所示的形状,其中间鼻孔的直径一般为1.5cm左右。

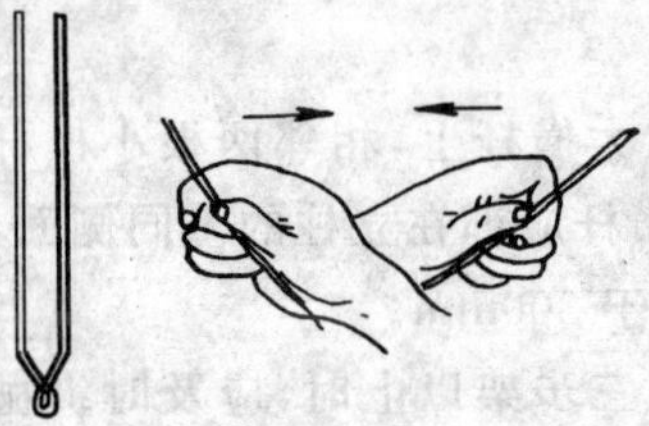

图6-1　铁丝的弯制

(二)木杆的连接和绑扎方法　木脚手架一般有三种绑扎方法:平插法、斜插法和顺扣绑扎法。应对木杆不同的连接方式采取相应的绑扎方法。

1.直交。木杆垂直相交,立杆与大横杆、立杆与小横杆相交即属此种连接,这种连接可以采用平插法或斜插法绑扎。

(1)平插绑扎法。如图6-2所示,先将大横杆用铁丝卡住,从立杆的右边穿过去,绕过立杆的背后,再从立杆的左边拉过来,同时用钎子插进鼻孔,用左手拉紧铁丝,使其压在鼻孔下,右手用力将钎子拧扭一圈半,即可绑牢。

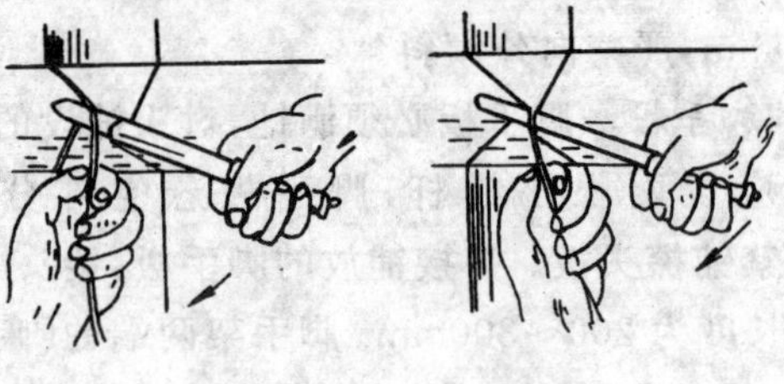

图6-2　平插法绑扎

(2)斜插绑扎法。如图 6-3 所示,将铁丝卡住大横杆,从立柱与大横杆交角处斜插过去,绕过立柱的背后,分别从立柱的右边和左边拉过来,同时把钎子插进鼻孔,用左手拉紧铁丝,并使铁丝压到鼻孔下,右手用力拧扭一圈半,即可绑牢。

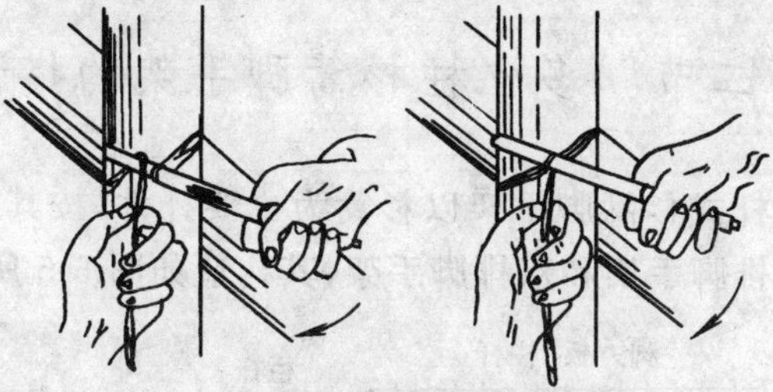

图 6-3 斜插法绑扎

2. 斜交。木杆倾斜相交,如立杆与斜撑和剪刀撑相交即属这种类型。

木杆斜交处应采用斜插绑扎法和顺扣绑扎法绑扎。

斜插绑扎法如前述。

顺扣绑扎法如图 6-4 所示,将铁丝兜绕杆件相交处一圈后,随即将钎子插进铁丝鼻孔内,左手拉紧铁丝并使其压在鼻孔下,右手用力拧扭一圈半即可绑牢。

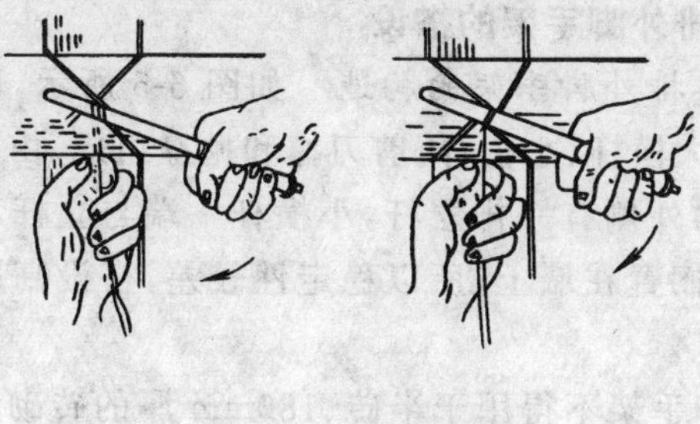

图 6-4 顺扣绑扎

3. 木杆接长。木杆接长一般采用顺扣绑扎法绑扎，接头长度不少于1.5m，绑扣不少于3个，两端及中间各绑一个扣，扣的间距不大于0.75m，接长处必须防止弯折及松动，以免影响架子的整体稳定。

第二节　多立柱杉篙脚手架的搭设

多立杆式杉篙脚手架以杉篙为主要杆件，按其搭设形式可分为单排脚手架和双排脚手架，其构造如图6-5所示。

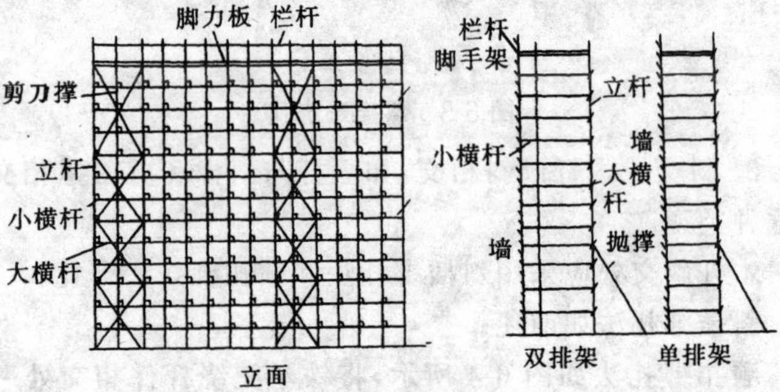

图6-5　杉篙脚手架

一、单排外脚手架的搭设

(一)单排外脚手架的构造　如图6-5所示，单排外脚手架由立杆、大横杆、小横杆、剪刀撑和抛撑组成。由于这种脚手架仅在结构外侧有一排立杆，小横杆一端与立杆和大横杆相连，另一端搁置在墙上，所以稳定性较差，搭设高度不得超过20m。

单排脚手架不得用于半砖、180mm厚的砖砌墙体，土坯、轻质空心砖砌墙体，砌筑砂浆强度低于M1的砌体。为了搁置小横杆，墙上必须留脚手眼，从而削弱了墙体的强度。为确保墙的整体强度，在下列部位不允许留置脚手眼：

1. 砖过梁上与梁成 60°角的三角形范围内。

2. 砖柱或宽度小于 740mm 的窗间墙。

3. 梁及梁垫下及其左右各 370mm 的范围内。

4. 门窗洞口两侧 240mm 和转角处 420mm 范围内，以及设计图纸上规定不允许留脚手眼的部位。

单排外脚手架的构造参数见表 6-1。

表 6-1 单排外脚手架构造参数 (m)

用途	立杆间距		操作层小横杆间距	大横杆竖向步距
	横向	纵向		
砌筑架	≤1.2	≤1.5	≤0.75	1.2～1.5
装饰架	≤1.2	≤1.8	≤1.0	≤1.8

(二)单排外脚手架的搭设要点及质量要求　单排外脚手架的施工顺序如前所述，其搭设要点和质量要求如下：

1. 竖立杆。按线挖好立杆坑以后，开始竖立杆。立杆应大头朝下，上下垂直，垂直偏差不大于架高的 1/1000，且不得大于 100mm。应先竖两侧立杆，将立杆纵横方向校垂直以后将杆坑填平夯实，然后再竖中间立杆，校正后将杆坑填平夯实。竖其它杆时，以这三根立杆为标准，做到横平竖直。

立杆的接长位置应错开一步架，搭接长度应跨两根大横杆，且不得小于 1.5m，搭接部位绑扎不小于三道，相邻两根立杆的搭接位置应错开，见图 6-6 所示。

2. 绑扎大横杆。大横杆绑扎在立杆的内侧，沿纵向平放。

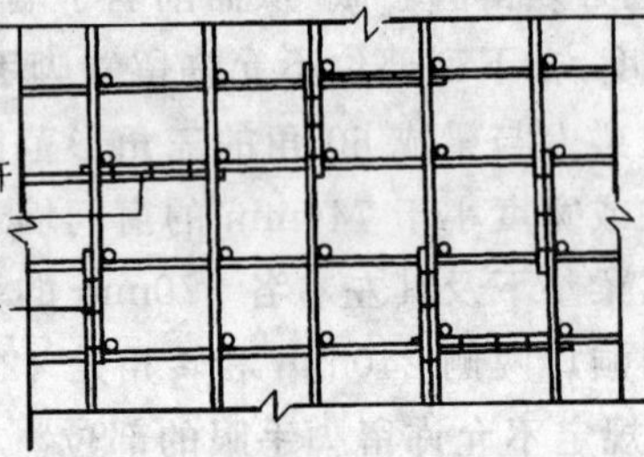

图 6-6 立杆和大横杆的搭接

绑第一道大横杆时，要注意保持立杆的横平竖直，操作人员要听从找平人的指挥，绑扎时切忌拉铁丝用力过猛，以免将立杆拉歪。绑扎第二道大横杆时要注意动作轻巧，上下呼应，找平人发出绑扎信号后，马上绑扎，其它大横杆依次用上述方法绑扎。

大横杆的接长应位于立杆处，大头伸出立杆 200～300mm，并使小头压在大头上，搭接长度不小于 1.5m，上下大横杆的搭接位置应错开，如图 6-6 所示。

3. 绑扎小横杆。在第一步架绑扎大横杆的同时，应绑扎一定数量的小横杆，使脚手架有一定的稳定性和整体性。绑扎到 2～3 步架内，应全面绑扎小横杆，以增强脚手架的整体性。

小横杆绑扎在大横杆上，大头朝里。小横杆搁置在墙上的长度不得小于 240mm，伸出大横杆的长度不得小于 200mm。

小横杆绑扎好以后，根据施工需要和脚手板的数量可以铺放 1～2 步架的脚手板，脚手板应交替使用。

4. 绑扎抛撑和剪刀撑。脚手架绑扎到三步架时，必须绑扎抛撑和剪刀撑。

抛撑设在脚手架外侧拐角处，中部抛撑设在剪刀撑的中部，间距为7根立杆的距离绑扎一道抛撑。抛撑与地面呈45°角，底端埋入土中200～300mm，以保证脚手架不向外倾斜或发生塌架事故。

剪刀撑设置在脚手架的外侧，是与地面成45°～60°角的十字交叉杆件。由下至上与脚手架同步搭设，绑扎牢固。第一步剪刀撑要着地，上下两对剪刀撑不能对头相接，应互相搭接，搭接位置应位于立杆处，剪刀撑要占两个立杆宽，其间距不超过7根立杆的间距。

剪刀撑本身，以及剪刀撑与立杆、大横杆相交处均应绑牢。

脚手架纵向长度小于15m或架高小于10m时，可设置斜撑代替剪刀撑，从下向上连续呈“之”字形设置。

5. 连墙点的设置。脚手架的搭设高度大于7m时，必须设连墙点，使脚手架与结构连接牢固。连墙点设在立杆与横杆交点附近，沿墙面呈梅花状布置，两排连墙点的垂直距离为2～3步架高，水平距离不大于4倍的立杆纵距。单排脚手架应在两端端部沿竖向每步架设置一个连墙点。

连墙点应既能承受拉力又能承受压力，在混凝土结构墙、柱、过梁等处可以预埋ϕ6～ϕ8的钢筋环或打胀管螺栓，用双股8号铁丝与立杆绑牢承受拉力，并配合小横杆顶住墙面承受压力。砖砌墙体可将小横杆穿过连墙点，然后在墙的里、外两侧用短杆加固。

6. 护栏和挡脚板的设置。脚手架搭设到两步架以上时，操作层必须设置高1.2m的防护栏杆和高度不小于0.18m的挡脚板，也可以加设一道0.2～0.4m高的低护栏代替挡脚板，以防止人、物的闪出和坠落。

7. 特殊部位的处理。脚手架搭设遇到门洞通道时，为了施工方便和不影响通行与运输，应设置八字撑，如图6-7所示。

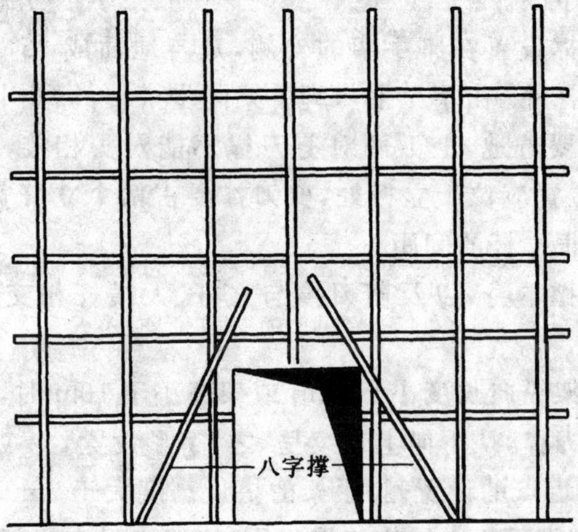

图6-7 通道处八字撑布置

八字撑设置的方法是在门洞或过道处拔空1～2根立杆，并将悬空的立杆用斜杆逐根连接到两侧立杆上并绑牢，形成八字撑。斜撑与地面成45°～60°角，上部相交于洞口上部2～3步大横杆上，下部埋入土中不少于300mm。洞口处大横杆断开，绑扎拔空立杆的第二步架的大横杆小头直径不得小于120mm。

二、双排外脚手架的搭设

双排外脚手架是在结构外侧设双排立柱，稳定性比单排外脚手架好，搭设高度一般不超过30m。

（一）双排外脚手架的构造　如图6-5所示，双排外脚手架由立杆、大横杆、小横杆、斜撑、剪刀撑、抛撑等组成，其构造参数见表 6-2。

表 6-2　双排外脚手架构造参数　(m)

用　途	内立杆轴线至墙面距离	立杆间距		操作层小横杆间距	大横杆竖向步距	小横杆朝墙方向的悬臂长
		横向	纵向			
砌筑架	0.5	≤1.5	≤1.5	≤0.75	1.2～1.5	0.35～0.45
装饰架	0.5	≤1.5	≤1.8	≤1.0	≤1.8	0.35～0.45

(二)双排外脚手架的搭设要点和质量要求　双排外脚手架的搭设要点和质量要求基本上与单排外脚手架的搭设要点和质量要求相同，但强调以下要求：

1. 立杆。立杆应大头朝下，上下垂直，里外两排立杆杆距相等，立杆搭至建筑物顶部时，里排立杆应低于檐口 400～500mm；外排立杆应高出檐口：平屋顶 1～1.2m，坡屋顶不小于 1.5m。立杆顶端应齐平，高出的立杆可以向下错动，进行封顶。

立杆的接长除应遵守单排外脚手架的规定外，尚应注意内外排立柱的搭接接头必须错开一步架以上。

2. 大横杆和小横杆的绑扎。大横杆绑扎在立杆的内侧，沿纵向平放，小横杆绑扎在大横杆上，大头朝外。

大横杆的接长接头应位于立杆处，大头伸出立杆 200～300mm，并将小头压在大头之上，搭接长度不小于 1.5m，搭接范围至少绑三道扣，扣间距为 600～750mm。接头位置上下、里外错开一倍立杆纵距以上。

小横杆距墙面保持 50～150mm 的距离，应等距离布置。

门窗洞口有吊杆处，操作层下一步架与立杆绑扎的小横杆不得抽拆。

3. 斜撑和抛撑的布置。斜撑设置在脚手架的拐角处，与地面成45°倾角，其底端埋入土中200～300mm，底脚距立杆纵距为700mm。脚手架纵向长度小于15m或架高小于10m时，可用斜撑代替剪刀撑，由下而上呈“之”字形设置。

抛撑与地面成45°角，当脚手架搭到3步架高，全高不大于7m时，且墙体暂时无法设置连墙点时，应设置抛撑，以加强脚手架的空间稳定性。抛撑每隔7根立杆设置一根，一般布置在两组剪刀撑的中部，其底端应埋入土中200～300mm。

4. 剪刀撑的绑扎。脚手架的端头、转角处和中间每隔15m左右的净距应在四根立杆的范围内设置剪刀撑。剪刀撑的底端必须埋入土中200～300mm，底脚距立杆的纵距为700mm。剪刀撑的布置形式见图6-5。

5. 连墙点的设置。脚手架高度超过7m时，应设连墙点，使脚手架与结构连成一个整体，增加脚手架的稳定性。连墙点在墙面一般呈梅花状排列，两排连墙点的垂直距离为2～3步架高，水平距离不大于4倍的立杆纵距。

连墙点可以采用以下几种形式(图6-8)：

(1)在混凝土结构墙体、梁、柱等部位，可以预埋ϕ8钢筋环或打胀管螺栓，然后用8号铁丝双股与立杆拉结，与此同时用短木杆顶住墙面，使连墙点既能承受拉力，又能承受压力，如图6-8a所示。

(2)砖砌墙体可以将连墙杆的一端穿过墙，并在墙的里外用加固件紧固在墙体上，如图6-8b所示。

(3)在窗洞口处，可用另外两根短杆将连墙杆夹住窗间墙，如图6-8c所示。

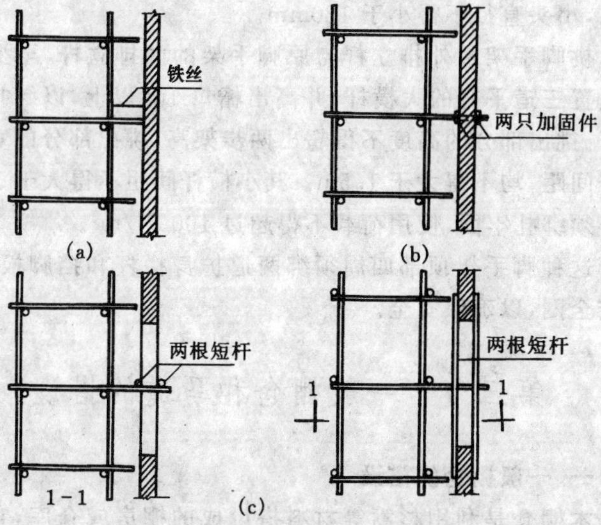

图 6-8 连墙杆与墙的拉结

(a)用铁丝拉住 (b)用加固件夹墙 (c)窗洞处用两根短杆夹墙

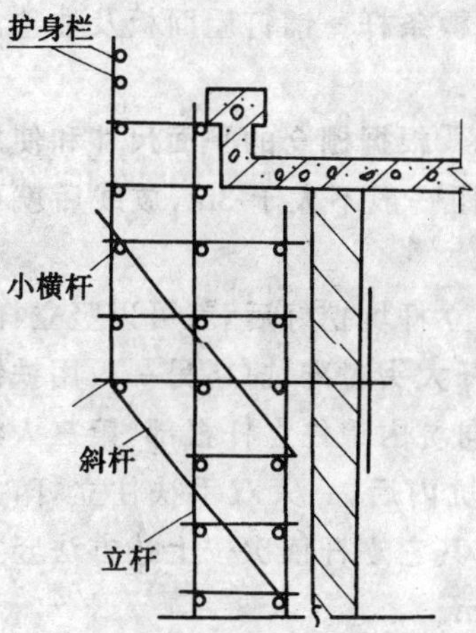

图 6-9 挑檐处脚手架的处理

6. 特殊部位的处理。门窗洞口的处理与单排外脚手架相同，可以设置八字撑。在挑檐和其它凸出部位，采用斜杆将脚手架挑出，形成挑脚手架，如图6-9所示。

斜杆应在每跨立杆上挑出，与水平面夹角不得小于60°，两端均应交于立杆与大横杆、立杆与小横杆的结点处。斜杆大头应朝下，小头直径不得小于120mm。

挑脚手架最外排立杆与原脚手架的两排立杆，至少应连续设置三道平行的大横杆，并高出檐口1m以上，以绑扎防护栏杆。挑出部分的高度不得超出两步架高，挑出部分的宽度和斜杆间距，均不得大于1.5m。其小横杆间距不得大于1m，两端必须绑扎牢固，使用荷载不得超过1000N/m²。

这种脚手架顶部四周须绑两道护身栏杆和挡脚板，或立挂安全网，以确保安全。

第三节　一般棚仓和马道的搭设

一、一般棚仓的搭设

木棚仓是利用杉篙等材料搭设成的棚房或仓库，它的搭设顺序为放立杆线→挖立杆坑→竖立杆→绑大横杆→绑临时支撑→绑下弦杆→绑上弦杆(人字架)→绑上弦杆的纵向加固杆→绑脊杆及水平拉杆→绑扎檩条杆→铺钉屋面板及油毡。

一般棚仓搭设工艺要点为:

(一)放立杆线和挖立杆坑　根据棚仓的平面尺寸和使用要求放出立杆线位，立杆的间距一般不大于3m，放线后就可以挖立杆坑，坑深不小于50cm。

(二)竖立杆和绑大横杆　立杆坑挖好后，就可以竖立杆。最好三人同时操作，一人将立杆大头对准坑口，另一人用铁锹挡住立杆根部，并用右脚用力向坑内蹬住立杆根部，第三人将杉篙抬起扛在肩上，将杆竖立坑内后，一人双手扶住立杆，并穿看校正垂直，两人回填夯实。其它立杆依次按上述方法竖立即可。立柱直径不得小于12cm。

大横杆至少应绑扎两道，最上一道大横杆应绑扎双扣，檐口离地面最高不得超过 2.5m，大横杆绑扎完后，将棚仓四周的扫地杆绑扎牢固。

(三)绑下弦杆和上弦杆　在绑下弦杆和上弦杆以前，应检查一下四周和中间的临时支撑是否加固好，应使棚仓具有一定的空间稳定性，再绑扎下弦杆和上弦杆。

下弦杆杉篙的小头直径不得小于 10cm，上弦杆的跨度不得大于 8m，坡度不得大于 1∶2.5，出檐为 40cm。绑扎时，先将下弦杆绑扎牢固，然后绑上弦杆，再绑一道大横杆，在大横杆下绑顶桩杆。为使棚仓牢固还应在上弦杆两坡中间绑扎一道以上的马梁连接，马梁两头与立杆下端用反八字撑连接，下弦杆两头应绑扎落地撑。

其它各榀上、下弦杆的绑扎顺序和绑扎方法同上。

二、马道的搭设

马道又称斜道、盘道，为附设在外脚手架旁，供施工人员上下脚手架或兼作运输通道用的架子。因此人行马道宽度不得小于 1m，坡度应为 1∶3.5(高∶长)。运料马道的宽度不小于 1.5m，坡度为 1∶6(高∶长)。马道的拐弯平台面积不应小于 $6m^2$，宽度不小于 1.5m。马道两侧及拐弯平台的外围，均应设高度不低于 1m 的护身柱和 18cm 高的挡脚板。

马道的形式有“一”字形和“之”字形两种，脚手架高度在三步架以下时，可搭成一字形；超过三步架的应搭成之字形，并在拐弯处设平台。

马道的主要构造如图 6-10 所示。

马道搭设工艺要点为：

(一)竖立杆和绑大横杆　竖立杆的方法与多立柱式杉篙脚手架相同，马道的立杆和大横杆的间距与结构脚手架相适应，独立马道的立杆和大横杆间距不大于 1.5m，立杆埋深不

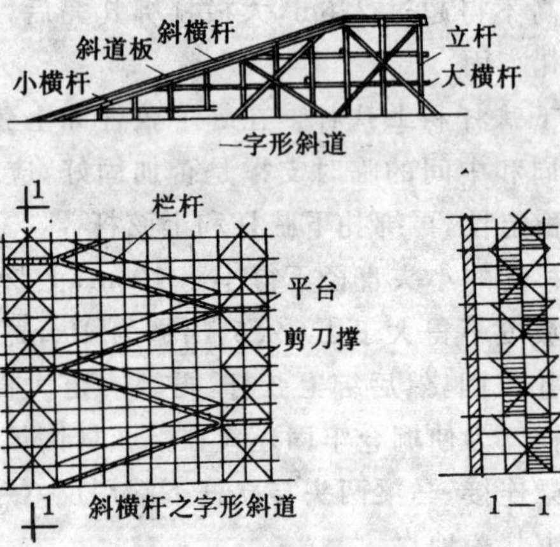

图6-10 马 道

小于50cm,小横杆间距不大于1m。如果马道的宽度大于2m时,应在小横杆中间加绑吊杆,并每隔一根立杆在吊杆下加绑托杆和八字撑,其绑扎顺序和绑扎方法与杉篙脚手架基本相同。

(二)铺脚手板　脚手板应铺牢铺平,对头搭接时板端部分应用双根小横杆;交叉搭接时,搭接长度不小于40cm,并在交叉搭设处,用钉子和小横木将上、下板钉牢,用三角木填平搭接错台。为了防止滑动,应在脚手板上加钉2～3cm厚的防滑条。

(三)设剪刀撑　为了保证马道的结构稳定,在马道的两侧、平台外围和端部应设剪刀撑。

第四节　吊、挂、挑架子的搭设

一、吊脚手架的搭设

吊脚手架是通过特定的支承点，利用吊索悬吊吊架或吊篮进行砌筑施工或装饰施工的脚手架。

(一)吊脚手架的组成　如图 6-11 所示，吊脚手架由吊架或吊篮、挑梁和挑架、吊索、升降装置等组成。

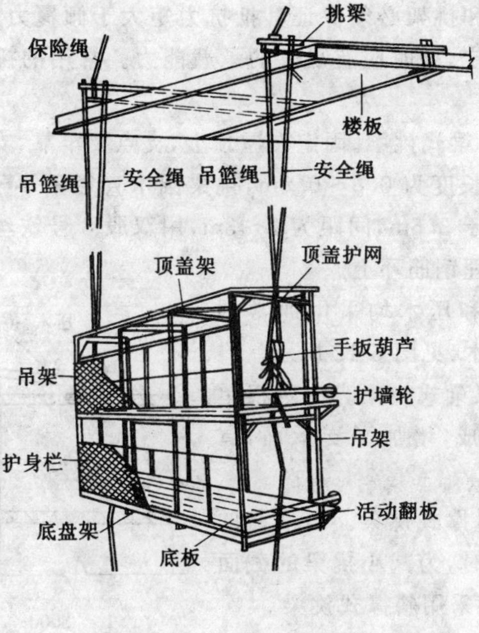

图 6-11　提升式吊篮架

(二)吊脚手架的搭设和质量标准

1. 吊架和吊篮。桁架式工作台用于工业建筑或钢筋混凝土框架结构的砌筑围护墙施工,小型吊篮用于外装饰施工。

提升式吊篮的基本部件为底盘架、吊架、底板、顶盖架、顶盖护网、护身栏、护墙轮、活动翻板等。小型吊篮长3～4m,宽0.8～1m,高2m。吊架的绑扎方法同杉篙脚手架。

2. 挑梁和挑架。作为外架使用时,一般在屋顶设挑梁和挑架。在厂房内部进行装饰施工时,可将吊篮悬吊在屋架或梁的下面。

挑梁和挑架必须保证其抵抗力矩大于倾覆力矩的3倍,以确保稳定,同时应有足够的承载能力。常用的挑架和挑梁有:

(1)单梁式挑梁。固定在屋顶上,支点要牢靠,支点到悬臂点的悬臂长度为0.6～0.8m,挑梁圆木直径不小于160mm,长不得小于3.5m,间距为2～3m,用双股8号铁丝绑扎在屋面板的预埋钢筋环上。

垫木和压木均采用通常的木杆或方木,见图6-12所示。

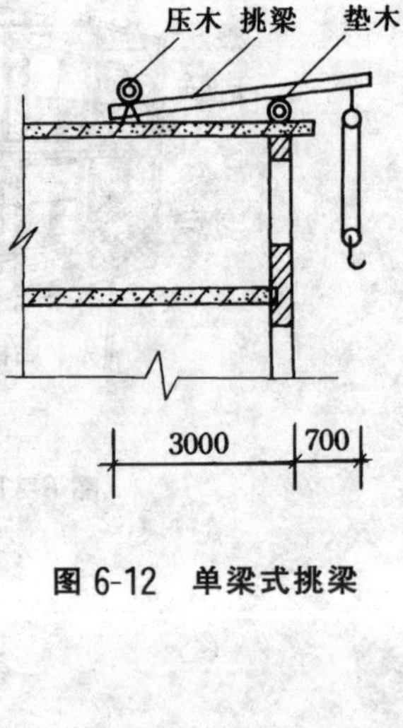

图6-12 单梁式挑梁

(2)双梁式挑梁。由两根单梁组合而成,增加了支承面,有利于安全。

(3)斜撑式挑梁。当吊篮的荷载较大时,为减小挑梁的截面尺寸,可以采用斜撑式挑梁。

斜撑采用100mm×100mm的方木,挑梁在斜撑杆支点外悬挑长度不得超过1m。

3. 吊索。吊脚手架的吊索一般采用钢丝绳，其使用应符合第四章的有关规定。

4. 升降装置。吊脚手架的升降方法及装置，见表 6-3。

表 6-3　吊脚手架的升降方法及装置

升　降　方　法	吊　　索	升　降　装　置
手动葫芦连续升降	钢丝绳	8～15kN 手动葫芦
电动机械升降	钢丝绳	电动卷扬机

二、挂脚手架的搭设

挂脚手架是在墙体上预埋挂钩，将脚手架挂在挂钩上的脚手架，也可以在结构构件上预留孔洞，将脚手架用螺栓固定在构件上。挂脚手架主要用于高层建筑外装饰施工。

(一)挂脚手架的组成　如图 6-13 所示，挂脚手架主要由挂置点、挂架、工作台、脚手板等组成。

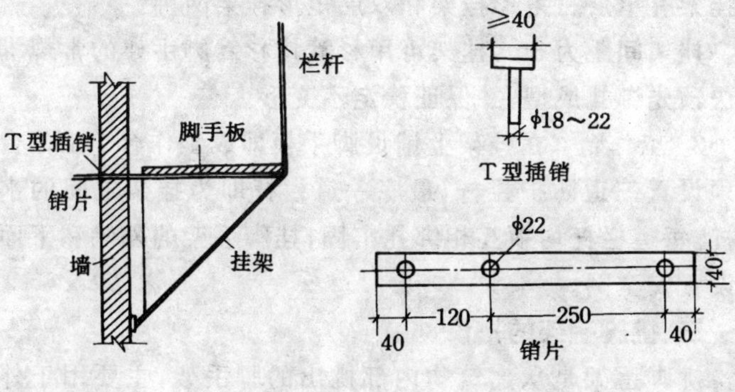

图 6-13　挂架子附墙方法

(二)挂脚手架的搭设和质量标准

1. 挂置点的设置。挂置点由 8mm 厚的钢板做成预埋销片，砌墙时将销片平放在水平灰缝内，也可将销片立放在竖直灰缝内。此销片的两端均钻有圆孔，以便在墙外挂设脚手架，墙内用T形插销插入圆孔内拴牢，在370mm和240mm厚的墙体内设置的销片，中部尚须加一圆孔。

挂置点关系到挂脚手架的施工安全与否，施工时应注意：

(1)挂置点上部要有1m以上的墙体压住销片。

(2)墙体砂浆强度不低于设计强度等级的70%，并不小于$1.8N/mm^2$时，方可挂设轻脚手架。

(3)在窗口两侧小于240mm的墙体内，宽度小于490mm的窗间墙内，半砖墙、180mm墙、空斗墙、土坯墙、轻质空心砖墙等墙体内，均不得设置挂脚手架的销片。

(4)安放销片的预留孔要随拆随填充。

(5)严格控制使用荷载，并严禁冲击。

2. 挂架。砌筑用的挂架多采用单层三角形挂架；装饰用的挂架有单层三角形挂架和双层矩形挂架两种。

挂架间距为3m，挂架可用杉篙按杉篙脚手架的常规绑扎方法预先绑扎成型，并保证稳定不变形。

3. 工作台。在挂架上铺设脚手板即成工作台。工作台上必须设置三道防护栏杆，最底一道栏杆即为挂架之间的水平连杆。每道栏杆均须互相绑扎牢固，挂脚手架的外侧和下面均应设置安全网。

三、挑脚手架的搭设

挑脚手架是从建筑物内部挑出的脚手架，主要用于外墙装饰施工。

(一)挑脚手架的组成　如图6-14所示，杉篙挑脚手架主要由立杆、大横杆、小横杆、斜杆及护身栏杆等组成。它只能挑出一步架，使用施工荷载不大于$1000\ N/m^2$。斜杆与横杆在同

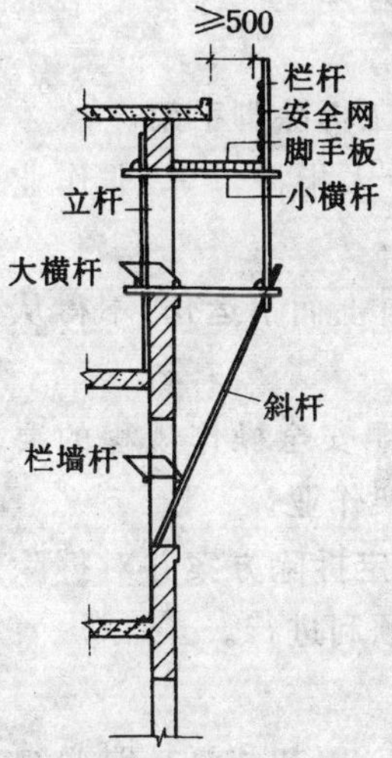

图 6-14 挑架子

一层洞口挑出墙外宽度不大于 1m，斜杆与墙面夹角不大于 30°，斜杆纵向间距不大于 1.2m。

斜杆在下一层洞口、脚手眼或预埋钢筋环上挑出墙外宽度不大于 1.2m，斜杆纵向间距为 1.2～1.5m。斜杆与墙面的夹角不大于 30°。

(二)挑脚手架的搭设和质量标准 挑脚手架的斜杆下端撑紧在窗台上，通过连墙杆与墙体拉结牢固。斜杆的上端与立杆绑扎牢固，并与大横杆绑扎好，无窗口则应预先在墙体上留孔洞或预埋钢筋环。

上、下两排小横杆外侧用立杆相连，并形成工作台，外立杆应高出工作台 1.2m，小横杆的内侧用立杆将小横杆固定在墙体上，小横杆的纵向用大横杆绑扎牢固。

在挑出的小横杆上铺脚手板形成工作台，工作台外侧应绑三道栏杆或立挂安全网。

第五节 木脚手架的拆除

一、木脚手架的拆除顺序

拆除木脚手架的原则是：先绑扎的后拆除，后绑扎的先拆除。拆除的顺序是：拆除顶部立挂的安全网→拆除护身栏杆→拆除挡脚板→拆除脚手板→拆除小横杆→拆除剪刀撑→拆除连墙杆→拆除大横杆→拆除立杆→拆除斜杆。

二、拆除木脚手架的要求与注意事项

（一）拆除要求

1. 架子使用完毕后，由专业架子工拆除脚手架。

2. 拆除区域应设警戒标志，派专人指挥，严禁非作业人员进入警戒区域。

3. 拆除的杆件应用滑轮或绳索自上而下运送，不得从架子上直接向下随意抛落杆件。

4. 参加拆除工作的人员必须按照安全操作规程的要求做好各种安全防护工作，方可上脚手架作业。

5. 特殊搭设的脚手架，应单独制定拆除方案并对拆除人员作技术交底，以保证拆除工作安全顺利进行。

（二）拆除注意事项

1. 拆除时至少 4 人互相配合工作，解扣和落杆时必须思想集中，上下呼应，互相配合，以免发生安全事故。

各种杆件的拆除应注意以下事项：

(1)立杆。先戗住立杆，再解开最后两个绑扎扣。

(2)大横杆、剪刀撑、斜撑。先拆中间绑扎扣，托住中间再解开两头的绑扎扣。

(3)抛撑。先用临时支撑加固后，才允许拆除抛撑。

(4)剪刀撑、斜撑以及连墙点只允许分层依次拆除，不得一次全面拆除。

2. 拆下来的杆件，特别是立杆和大横杆，不得往下乱扔，必须由中间 1 人顺杆滑落，待下面的人接住后才能松手，以防杆件弹崩伤人。

3. 整片脚手架拆除后的斜道、上料平台架等，必须在脚手架拆除前进行加固，以保证其整体稳定和安全。

4. 拆下来的杆件和铁丝不得乱扔，应派人及时清理和搬运，将杉篙搬运到指定地点，按规格、用途的不同分类堆放整齐。

第六节　木脚手架安全施工的注意事项

一、安全技术要求

1. 必须按照规范规定和施工方案的要求，制定脚手架施工安全技术措施。

2. 必须由有合格证书的专业架子工人操作，施工时必须按规定配戴安全帽、安全带，穿防滑鞋。

3. 脚手架与高压线之间的水平和垂直安全间距为：35kV以上不得小于6m；10～35kV不得小于5m；10kV以下不得小于3m。

4. 六级风以上的大风天气，以及大雾、大雨、大雪天气，不得从事脚手架作业。雨雪后作业必须采取防滑安全措施。

5. 吊、挂、挑脚手架必须按规定严格控制使用荷载，严禁超载，同时必须设置安全绳，挂、吊脚手架须经荷载试验合格后方准使用。

二、安全措施

1. 高度超过4m的脚手架必须按规定设置安全网。

2. 高度超过三步架的脚手架必须设置防护栏杆和挡脚板。斜道（马道）、休息平台应设扶手。

3. 脚手架的搭设进度应与结构工程施工进度相配合，不宜一次搭设过高，以免影响架子稳定，并给其它工序带来麻烦。

4. 脚手架内侧与墙面之间的间隙不应超过150mm，必须离开墙面设置时，应采取向内挑扩架面措施。

5. 杆件相交挑出的端头应大于150mm，杆件搭接绑扎点以外的余梢应绑扎固定。

6. 高层建筑脚手架和特种工程脚手架，使用前必须进行严格的详细检查，合格后方可使用。

第七章　竹脚手架的搭设与拆除

选用生长期 3 年以上的毛竹或楠竹的竹材为主要杆件，采用竹篾、铁丝、塑料篾绑扎而成的脚手架，称为竹脚手架。

竹脚手架也可以分为多立杆脚手架、马道、满堂红、挑脚手架等形式。竹脚手架在南方使用比较普遍，因为南方的竹材资源比较丰富，而且气候潮湿，适应竹材的性能，而在气候干燥和寒冷的北方地区就不适用。

第一节　多立杆竹脚手架的搭设

一、双排外脚手架的构造

双排外脚手架由立杆、大横杆、小横杆、剪刀撑、抛撑等杆件组成，其构造如图 7-1 所示。

双排外脚手架的搭设高度不超过 25m，可采用单立杆；搭设高度 25～35m 时，则应采用双立杆。双排外脚手架的搭设高度超过 35m 时，应采取卸载措施，即将脚手架的荷载向结构分流。

双排外脚手架的构造参数见表 7-1。

表 7-1　双排外脚手架的构造参数　(m)

用　途	立杆至墙面距离	立杆间距		大横杆步　距	小横杆挑向墙面的悬臂	搁栅间距	操作层小横杆间距
		横向	纵向				
砌筑	0.45～0.5	0.8～1.0	≤1.2	1.2	0.4	≤0.25	≤0.75
装饰	0.45～0.5	1.0～1.2	≤1.5	1.5～1.8	0.35～0.4	≤0.25	≤1.0

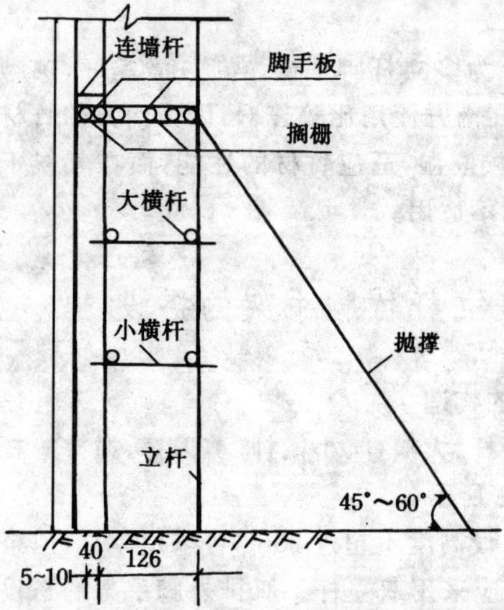

图 7-1　双排外脚手架构造

二、双排外脚手架的搭设和质量标准

(一)搭设顺序

双排竹脚手架的搭设顺序为:确定立杆位置→挖立杆坑→竖立杆→绑大横杆→绑顶撑→绑小横杆→铺脚手板→绑栏杆→绑抛撑、斜撑、剪刀撑等→设置连墙点→搭设安全网。

(二)搭设要点和质量要求

1. 挖立杆坑。坑深300～500mm,坑口直径较杆的直径大100mm,坑口的自然土尽量少破坏,以便将立杆正确就位,挤紧埋牢。

2. 竖立杆。操作方法同杉篙脚手架,先竖端头的立杆,再立中间立杆,依次竖立完毕。立杆如有弯曲,应将弯曲顺向纵向方向，既不能朝墙面也不能背向墙面。

立杆的接长应采用平扣绑扎，搭设长度不得小于1.5m，绑扎不少于五道绑扣，相邻立杆的接头应上下错开一个步距。

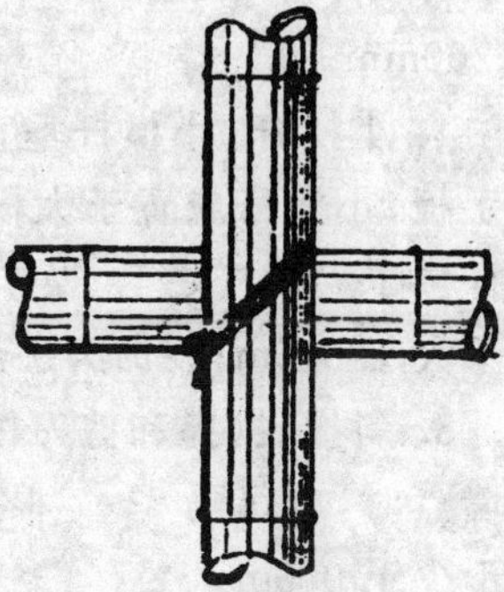

图7-2 竹篾绑扎方法

杆件的绑扎可以采用直交或斜交的绑扎方法，每道绑扣必须用双篾缠绕4～6圈，每缠绕2圈应收紧一次，端头拧成辫结，插入杆件相交处的缝隙中，并用力拉紧。使用的竹篾必须一黄一青两根并在一起绑扎，如图7-2所示。

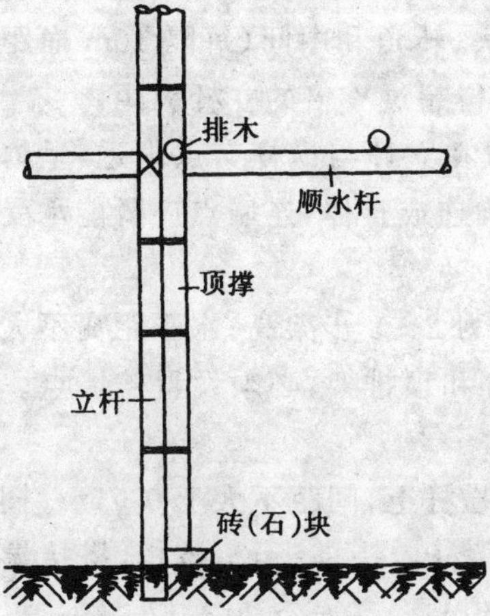

图7-3 竹脚手架顶撑设置

三根杆件相交的地点，应先绑扎好两根，再绑扎第三根，不允许将三根杆一起绑扎。否则绑不紧，影响架子的稳定。

立杆的垂直偏差：脚手架顶端向内倾斜不得大于架高的1/250，且不大于100mm，不得向外倾斜。立杆旁加绑小顶撑顶住小横杆，如图7-3所示。

3. 大横杆。大横杆绑扎在立杆的内侧，沿纵向水平布设，其接长以及接头位置的错开距离与杉篙脚手架相同。同一排大横杆的水平偏差不得大于脚手架总长度的1/300，并且不大于 200mm。

4. 小横杆。小横杆垂直于墙面，绑扎在立杆上。采用竹笆脚手板，小横杆应置于大横杆下；采用纵向支承的脚手板，小横杆位于大横杆之上。操作层的小横杆应加密，砌筑脚手架间距不大于 0.5m；装饰脚手架不大于 0.75m。

5. 斜撑、抛撑和剪刀撑。架子搭到三步架高，暂时不能设连墙点时，应每隔 5～7 根立杆设抛撑一道，抛撑底埋入土中应不少于 0.5m。

脚手架纵向长度小于 15m 或架高小于 10m 时，可设置斜撑，上下连续呈“之”字形设置。

脚手架纵向长度超过 15m 或架高大于 10m 时，应设置剪刀撑，一般设在脚手架的端头、转角和中间(每隔 10m 净距设一道)，剪刀撑的最大跨度不得超过 4 倍的立杆纵距。

6. 连墙点。连墙点设置在立杆与横杆交点附近，呈梅花状交替排列，将脚手架与结构连成整体，连墙点应既能承受拉力又能承受压力。

两排连墙点的垂直距离为 2～3 步架高；水平距离不大于 4 倍立杆间距，转角两排立杆和顶排架，必须设置连墙点。连墙点的构造如图 7-4 所示。

7. 搁栅。搁栅应设在小横杆上，间距不大于 0.25m。搁栅绑扎在小横杆上，搭接处的竹杆应头搭头，梢搭梢，搭接端应在小横杆上，伸出 200～300mm。

8. 脚手板、护栏和挡脚板。操作层的脚手板应满铺在搁栅、小横杆上，用铁丝与搁栅绑牢。搭接必须在小横杆处，脚手板伸出小横杆长度为 100～150mm，靠墙面一侧的脚手板离开墙面 120～150mm。

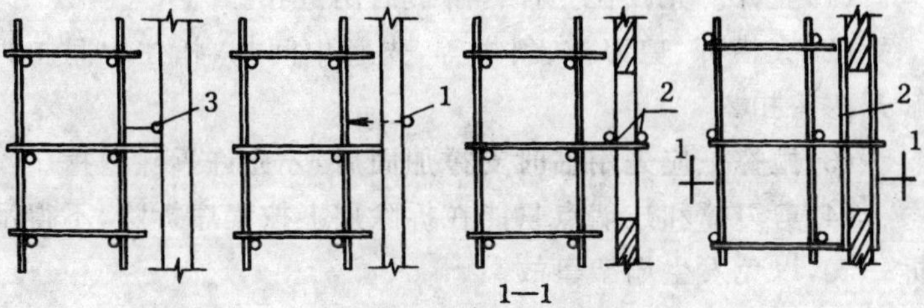

图 7-4 连墙点的构造

1. 镀锌铁丝和短竹杆 2. 两根竹杆 3. 镀锌铁丝和钢筋环

脚手架搭到三步架高时，操作层必须设防护栏杆和挡脚板，护栏高 1.2m，挡脚板高不小于 0.18m。

第二节 多立杆竹脚手架的拆除

一、多立杆竹脚手架的拆除顺序

竹脚手架拆除必须自上而下按下列顺序拆除：拆除顶部安全网→拆除护身栏杆→拆除挡脚板→拆除脚手板→拆除小横杆→拆除剪刀撑→拆除连墙点→拆除大横杆→拆除立杆→拆除斜撑→拆除抛撑和扫地杆。严禁上下同时进行作业，严禁采用推倒或拉倒的方法进行拆除。

二、竹脚手架的拆除要求和注意事项

竹脚手架的拆除要求和注意事项与杉篙脚手架基本相同，但要特别注意以下几点：

1. 竹杆较轻，拆除也比较容易，所以容易掉以轻心，甚至不挂安全带。竹杆虽轻但光滑，一不小心容易滑落，因而必须带好安全带，按操作要求由上而下依次拆除。

2. 拆除各种杆件时应注意：

(1)立杆。先戗住立杆再解最后两道扣。

(2)大横杆、剪刀撑、斜撑等,先解中间扣,托住中间扣再解开两头扣。

(3)抛撑。应先用临时支撑加固后,才允许拆除抛撑。

(4)剪刀撑和连墙点只能在拆除层上按程序拆除,不得乱拆一气,以免发生塌架事故。

第八章　扣件式钢管脚手架的搭设与拆除

扣件式钢管脚手架由钢管和扣件组成。它具有承载力大，搭设灵活，拆卸方便，坚固耐用等优点，被广泛用在建筑工程和其它土建工程中，是很有发展前途的架子形式。

本章重点介绍扣件式钢管井字架和多立杆扣件钢管外脚手架的搭设与拆除。

第一节　扣件式钢管井字架的搭设与拆除

在砖混结构施工中，为了解决垂直运输问题，在缺乏塔式起重机的地方，一般采用井字架配备卷扬机来解决，结构施工完成后，在结构装修阶段，井字架仍能解决施工用料的垂直运输问题。因此，在现阶段，井字架是不可缺少的垂直运输架。

一、钢管井字架的构造

扣件式钢管井字架的主要杆件有底座、立杆、大横杆、小横杆、剪刀撑等，各种杆件和扣件的材料要求与第五章第三节所述相同。

钢管井字架的基本构造如图 8-1 所示。

（一）井架的基本要求　井架的平面尺寸要根据吊运构件的最大尺寸而定，一般井架的平面尺寸为(1.9～2.4m)×(1.9～2.4m)，起重量为 0.5～1.5t。井架的四个侧面都应设剪刀撑，每三步架高设一对。当井架的平面尺寸较小，且高度

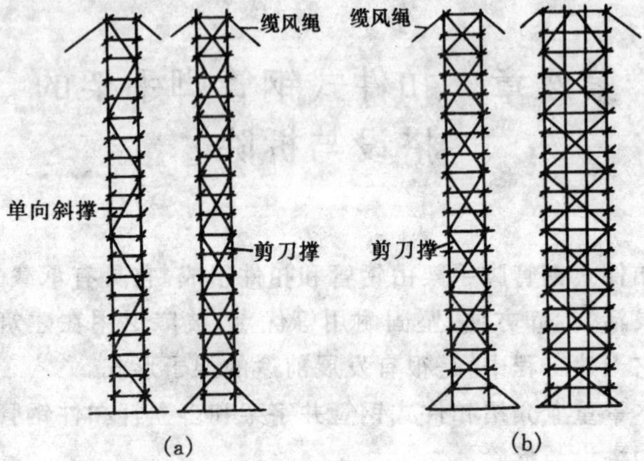

图 8-1　扣件式钢管井架

(a)小井架　(b)大井架

不大时，可在其两个窄面设单向斜撑，但在进料口及出料口应设剪刀撑。

井架应高出房屋 3～6m，以利于吊盘升出屋面处供料。

井架高度在 10～15m，要在顶部拉缆风绳一道，超过此高度应随高而增设。缆风绳下端固定在专用地锚上，并用花篮螺丝调节松紧。严禁将缆风绳随意捆绑在树木、电杆等处。缆风绳可用直径 6～8mm 的钢筋或直径不小于 9.5mm 的钢丝绳。

井字架的搭设高度一般为 20～30m。

(二)井架的起重装置

1. 天梁。在井字架的顶部设有天梁，天梁上装有天滑轮，以提升吊盘。当起重量较小时，天梁可以用一根截面边长为 14～16cm 的方木搁在横杆上，在天梁下悬挂两只天滑轮，钢丝绳一头固定在天梁上，另一头绕过吊盘滑轮，再通过天滑轮和地滑轮(固定在地下的滑轮),最后绕在卷扬机的滚筒上,如图 8-2 所示。

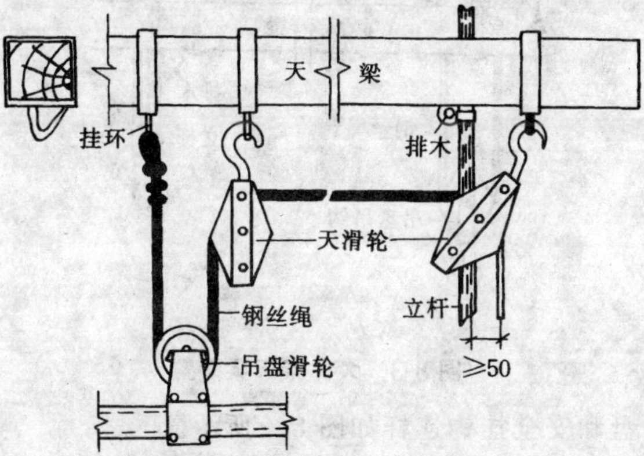

图 8-2　小井架天梁装置

当起重量较大时,天梁改用 15cm×16cm 的方木或两根 14 号槽钢。天滑轮可以夹装在其间,将其中一个天滑轮安装在天梁的中部,另一个天滑轮安装在天梁的端部附近,使钢丝绳在天梁的外侧通过。天梁与大横杆的间距不小于 5cm,如图 8-3 所示。

2. 吊盘。井字架内供运料的吊盘可用木料、角钢或槽钢制成。

吊盘的侧面设有滑轮,使吊盘沿井字架的导轨运行,并在运行过程中不致晃动。

吊盘的下部设有吊盘定位装置,常用的有两种型式:一种是安全挂钩连杆;另一种是双管伸缩安全装置。它们的共同作用是防止吊盘在高空装卸料时卷扬机制动失灵而产生跌落事故。

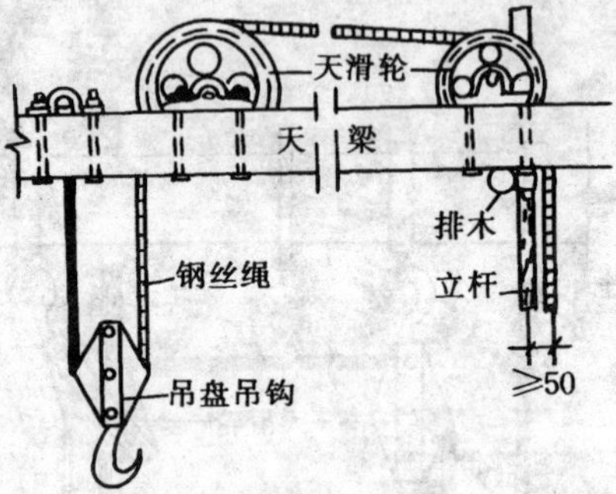

图 8-3 大井架天梁装置

吊盘和安全挂钩连杆如图 8-4 所示。

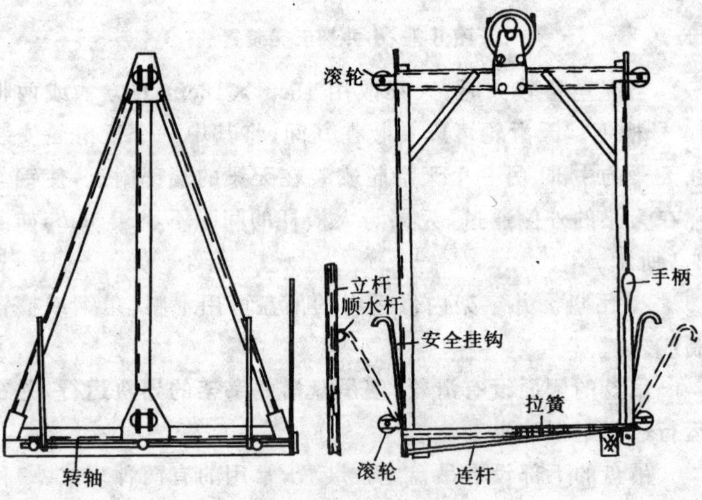

图 8-4 吊盘及安全挂钩连杆

3. 导轨。导轨是井字架垂直运输不可缺少的一个组成部分，形式很多，常见的有钢管和工字钢，导轨安装时应严格控制其垂直度和相邻间距。

4. 地锚。地锚用以固定卷扬机、缆风绳、地滑轮等，是架子工程和吊装工程中不可缺少的设备。

施工中常用的地锚有埋桩地锚（图 8-5）、打桩地锚（图 8-6）和捆龙地锚（图 8-7）。

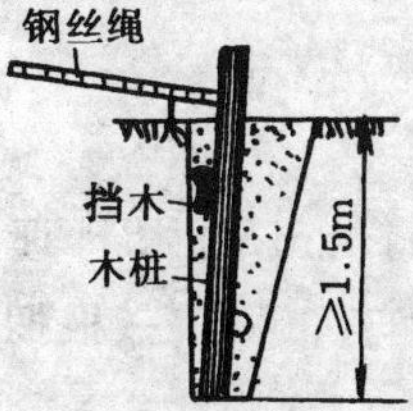

图 8-5 埋桩地锚

埋桩地锚是用桩径为 20～26cm、长度为 2m 的木桩竖斜向埋深 1.6m，再在木桩的前后用挡木卡住，然后回填夯实形成地锚，这种地锚的承受拉力可达 20kN。如果将多根桩木捆在一起，挡木也增加 1～2 根的话，承载能力还可以提高一倍。

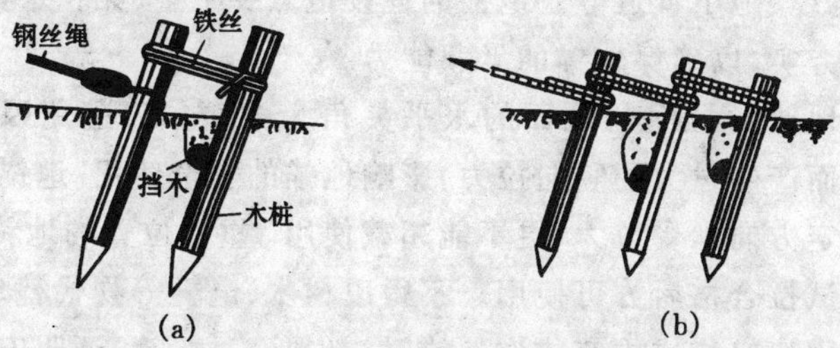

图 8-6 打桩地锚

(a)双木桩 (b)三木桩

打桩地锚是用直径为 18～22cm，桩长为 1.5～2m，打入土内深度为 1.2m 的斜桩形成的地锚。这种地锚在地面以下 0.4m 处尚须埋一根 1m 长的挡木，以增加土的抵抗力。这种地锚能承受拉力 10～20kN，也可以多根桩串列在一起，承载能力可达 30～50kN。

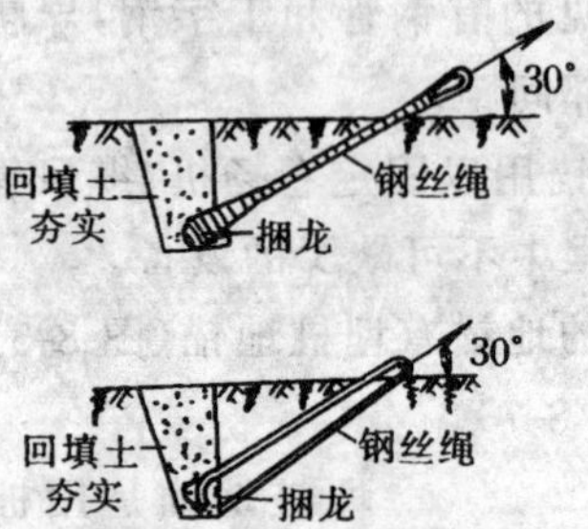

图 8-7 捆龙地锚

捆龙地锚是用直径为 25cm、长为 1.2m 的木料埋深 1.7m 而形成的。单根捆龙能承受拉力大于 30kN，三根捆龙形成的地锚的承载能力可达 50kN。

地锚的埋设位置，在坑深约 2.5 倍的范围内，不得有地沟、电缆、地下管道等。地锚的埋设地点要平整、无积水，严格回填夯实，以确保地锚的承载能力。

地锚的拉绳与地面的水平夹角为 30°左右，避免因角度过大而产生过大的竖向拉力，影响地锚的安全使用。地锚只准在规定方向承受拉力，更不能超载使用。重要位置的地锚。应经过试拉合格后方可使用。不得以树木、电杆等物代替地锚。当使用建筑物或构筑物作地锚时，必须经过验算，证明安全可靠时方可使用。

5. 卷扬机。卷扬机是驱动卷筒卷绕绳索完成牵引工作的机械，用于垂直提升重物或沿倾斜（水平）面牵移重物。卷扬机的结构紧凑，操作和移动方便，是广泛用于建筑施工现场的起重设备。

卷扬机的种类较多，在建筑工程中，常用以电动机为动力的单卷筒和双卷筒卷扬机。

卷扬机必须安装在平整坚实、视野良好的地点。卷扬机的底座应用道木垫高，操作处应搭设防砸、防雨的专用工作棚。

安装后的卷扬筒导向滑轮应垂直对正，两者之间的垂直距离不得小于卷筒长度 20 倍，此段钢丝绳应加以遮掩保护，不得与其它物品接触摩擦。

卷扬机的导向滑轮严禁固定在脚手架上，主机应按规定设地锚固定，不得以木橛、铁橛代替地锚。卷扬机固定后，不得有滑动或倾斜现象。

卷扬机应有良好的制动装置，不得使用有接头的钢丝绳，钢丝绳在卷筒上的排列应整齐有序，不得咬绳或互相绞压，不得从卷筒上方卷入。

卷扬机严禁超负载使用，操作人员必须持证上岗。

二、钢管井字架的搭设要点

（一）搭设顺序　钢管井字架的搭设顺序一般为：平整夯实井字架场地→铺立杆垫板→按立杆位置安放立杆底座→竖立杆和安装大横杆→安装小横杆→四角绑剪刀撑→四角拉缆风绳→安装天梁和天滑轮→按料口层次铺设平台板→挖深吊盘底坑→安装吊盘的轨道→安装吊盘和穿钢丝绳→试吊、检查和修整→安装护身栏杆和挡脚板→检查验收。

（二）搭设要点

1. 平整场地、夯实、铺立杆垫板。井架必须安装在坚硬的地面上。地基应先平整夯实，上浇 C 10～C 15混凝土 10～20cm，地基应高出地面，保证排水良好，放出立杆位置线以后，按线铺放立杆垫板。

2. 安放立杆底座。按照井架的平面尺寸套方尺，确定四角立杆位置，然后按确定位置安放立杆底座。

3. 竖立杆和绑大横杆、小横杆及剪刀撑。扣件式钢管井字架一般由4人配合操作，首先将四角的立杆竖立，紧接着在底部四周绑好扫地杆，然后按不大于1.4m的间距将中部的立杆竖起来，第一步大横杆距地面1.7～1.8m，第二步以上的大横杆间距为1.3m。

立杆的接长应采用对接接头，立杆接头应错开一步架，垂直偏差不大于架高的1/1000。井字架四角的立杆及封顶大横杆应采用双杆，除出料口一面之外，其余三面均应绑剪刀撑，并且互相衔接绑到顶，斜杆与地面的夹角不得大于60°，立杆应垂直方正，两对角线长度相等。

井架的各种杆件不得钢木混用。各种扣件螺栓应适度拧紧，不能过紧或过松，过紧易产生崩裂，过松则会使杆件滑落。

小横杆的间距不大于1m，平台下面落空处应打八字戗。高度在10～15m处应设一组缆风绳，每增高10m再加设一组，每组4～6根。缆风绳应用直径为12.5mm的钢丝绳，用松紧螺栓与地锚连接调节松紧，钩口封死，不得用钢筋代替。

4. 安装天梁和天滑轮。天梁应安设双根，并加顶桩管或绑八字撑。天梁必须水平，吊钩垂下来必须在吊盘的中心线上，吊绳与天梁要垂直。安装外侧天滑轮时，要超出大横杆5cm以上，使大横杆与钢丝绳不发生摩擦。地轮(导向滑轮)必须单独设锚固定，不得捆绑在脚手架上。

5. 铺放平台板、安护身栏杆和挡脚板。平台板必须铺平、铺严、绑牢，每层平台及全部马道应加绑两道护身栏杆，并绑18cm高的挡脚板，平台出料口必须加防护门。

6. 安装吊盘轨道。吊盘的轨道必须垂直，大小尺寸准确，表面平整。导轨的垂直度及间距尺寸偏差均不得大于±10mm，必须保证吊盘运行时任何一点不发生脱轨现象。严禁使用木质、钢筋等代替导轨。

7. 安装吊盘和穿钢丝绳。吊盘的安全装置必须齐全有效，定滑轮和导向滑轮必须安装牢固。否则，工作时钢丝绳易崩脱，造成不安全事故。

8. 其它要求：

(1)缆风绳与输电线的安全距离应符合以下规定：电压＜1kV 时，安全距离为＞1.5m；电压为 1～35kV 时，安全距离为＞3m；电压为 35～110kV 时，安全距离为＞5m。

(2)井架如高出四周的避雷设施，必须安装避雷设备。避雷针应高出井架最高点 3m，接地电阻不得大于 4Ω。

(3)地锚应按规定埋设，卷扬机、缆风绳不得捆绑在树木、电杆上，严禁用木橛或铁橛代替地锚。

(4)井架的高度应超出使用面 6m，在距顶部 2m 处的导轨上必须安装超高限位装置，并保证使用灵活有效，以杜绝吊盘升空滑落事故。

(5)井架使用过程中，严禁工作人员乘坐吊盘上下。

三、钢管井字架的拆除要点

扣件式钢管井字架的拆除顺序与搭设顺序相反，先搭的后拆，后搭的先拆。拆除方法及要求与杉篙脚手架基本相同，但在拆除过程中应注意以下几个问题：

1. 天滑轮和天梁拆除以后，不得随意往下扔，必须用绳子往下送，防止损坏滑轮。

2. 拆除缆风绳和斜撑时，必须选好适当的部位将井架临时加固后，方可拆除缆风绳。缆风绳应自上而下逐层选方向逐步拆除，否则极易产生倒塌事故。

3. 井字架下面必须有专人负责指挥，上架人员必须是专业人员，上架前应详细交待拆除方法和安全事项，不准非拆除人员进入拆除现场。

4. 拆下来的各种杆件和扣件要用绳子顺下来，不准乱扔，以免杆件或扣件弹飞伤人。

现场应随拆随清理，并将清理的物品运至堆放区，分类堆放整齐。

第二节　多立杆扣件式钢管外脚手架的搭设与拆除

一、基本构造

多立杆扣件式钢管脚手架有双排和单排两种搭设形式，其构造与木脚手架的构造基本相同，由立杆、大横杆、小横杆、十字撑、抛撑等组成，如图 8-8 所示。

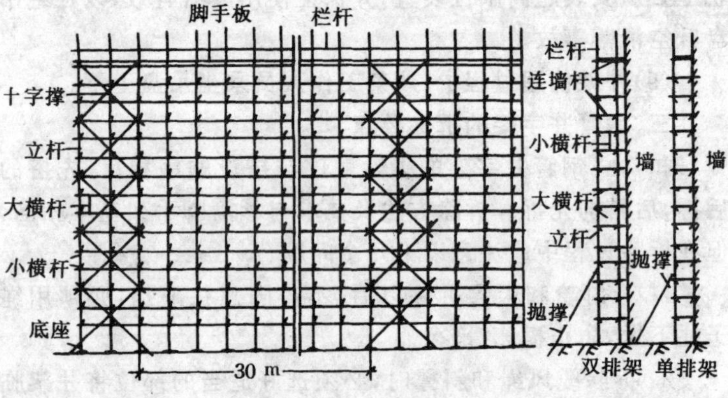

图 8-8　扣件式钢管脚手架

单排扣件式钢管脚手架的小横杆支搭在建筑物的外墙上，外墙需要具有一定的宽度和强度。因为单排架的整体刚度较差，承载能力较低，因而在墙厚≤180mm 的墙体、空斗墙、加气块墙、砌筑砂浆≤M 10的砖墙和建筑物高度超过 24m 时不应使用单排架。双排架被广泛用于建筑工程上，它有里、外两排立杆，设步距为 h、柱距为 l、排距为 l_b、连墙杆的竖向间距（H_1）和水平间距（L_1）、脚手架的搭设高度为 H，表 8-1 列出了扣件式脚手架常用几何尺寸。

表 8-1 扣件式钢管脚手架常用几何尺寸 (m)

脚手架类型	排距（宽度）l_b	步距 h	柱距 l	连墙杆间距	
				H_1	L_1
单排架	1.20 1.45（砌筑）	1.20 1.35 1.50 1.80 2.00	1.20 1.50 1.80 2.00	3.0～6.0	4.0～7.0
双排架	0.90～1.05（高层） 1.30 1.55（砌筑）				

（一）立杆的构造要求　立杆一般用单根，当脚手架很高，负荷较重时可以采用双根立杆。立杆应符合以下构造要求：

1. 单管立杆接头除在顶层可采用搭接外，其余接头应采用对接扣件连接。立杆上的对接扣件应交错布置，在高度方向错开的距离不应小于 500mm，各接头中心距主节点的距离不应大于步距的 1/3。

立杆的搭接长度不应小于 1m，不少于两个旋转扣件固定，端部扣件盖板的边缘至杆端距离不应小于 100mm。

2. 双管立杆的副立杆（图 8-9）高度不应低于三步，钢管长度不应小于 6m。双管立杆与单管立杆的连接可采用图 8-9 所示的方式。主立杆与副立杆采用旋转扣件连接，扣件数量不应少于两个。

3. 每根立杆下应设底座或加垫块、垫木。立杆的顶端应高出建筑物檐口上皮 1.5m。

4. 立杆应设置纵横方向的扫地杆，并用直角扣件固定在立杆上，扣件距底座下皮不大于200mm。

（二）大横杆的构造要求

大横杆是在纵向连接立杆的通长水平杆，是承受施工荷载并传递给立杆的主要杆件，其构造应满足以下要求：

1. 采用钢、木脚手板时，大横杆应安放在立杆的内侧，置于小横杆之下，采用直角扣件与立杆连接。

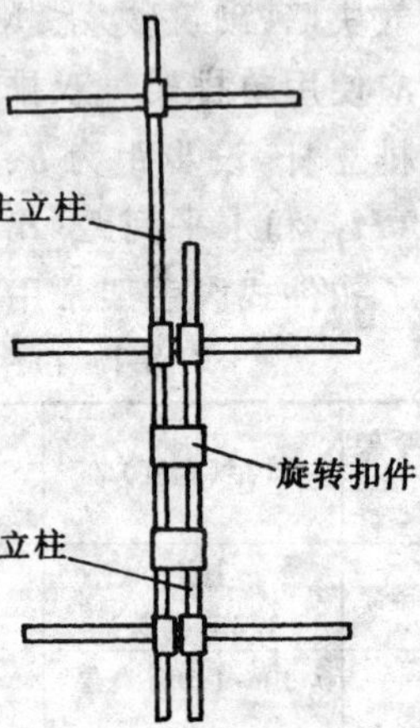

图 8-9 单立杆与双立杆的连接

2. 大横杆的接长宜采用对接扣件，也可搭接。采用搭接接头时，搭接长度不小于1m，并用3个扣件固定，接头应错开，相邻接头的水平距离不应小于500mm。

3. 当采用竹笆脚手板时，大横杆应设在小横杆之上，大横杆在操作层的间距不宜大于400mm。

4. 大横杆的长度一般不宜小于3跨，并不小于6m。

（三）小横杆的构造要求　采用钢、木、竹串片脚手板时，小横杆应满足以下要求：

1. 每一主节点必须设一根小横杆，并用直角扣件固定在大横杆上。该杆主轴线偏离主节点的距离不应大于150mm。

2. 操作层上非主节点处的小横杆宜根据脚手板的需要等间距设置，最大间距不应大于柱距的1/2。

当采用竹笆板作脚手板时，小横杆应用直角扣件固定在立杆上。

(四)连墙杆的构造要求　根据国内外发生的脚手架倒塌事故的调查统计,脚手架的倒塌事故几乎都是由于连墙杆设置不足或因连墙杆被拆除而未及时补做而引起的。因此,连墙杆的设置及其牢靠程度是脚手架是否失稳破坏,甚至倒塌的关键。

1. 连墙杆的构造形式。根据连墙件的传力性能、构造不同,可将连墙件分为刚性连墙件和柔性连墙件两种。

图 8-10a 所示为柔性连墙件,此方案是将连墙杆(可利用小横杆)一头顶住墙面,并用 8 号铁丝绕过立杆与墙上的预埋吊环绑扎牢固。这种连墙件的刚度较差,一般只用于高度在 24m 以下的脚手架。

图 8-10b 所示为刚性连墙件,将连墙件穿过墙体,并在墙体的里、外侧用扣件将连墙杆夹住。这种连墙件既能承受拉力,又能承受压力,有较大的刚度,因而是较好的方法。

在窗洞处可采用图 8-10c 所示的方法,用两根钢管(其长度要比窗洞宽或高)竖向或横向与墙体夹住,并与连墙杆用扣件连接牢固。

2. 构造要求:

(1)连墙件中的连墙杆或拉筋宜呈水平并垂直于墙面设置,与脚手架连接的一端可稍微下斜,不允许上翘。

(2)柔性连墙件的拉筋一般应采用两根直径为 4mm 的镀锌铁丝拧成一股使用。采用拉筋时必须同时配顶撑,并可靠地顶在混凝土圈梁、柱等结构部位,以防架子内倾。

(五)斜撑和剪刀撑构造

1. 横向支撑的斜杆应在 1～2 步距内,由底至顶呈“之”字形连续布置,并用旋转扣件与立杆或大、小横杆相接。

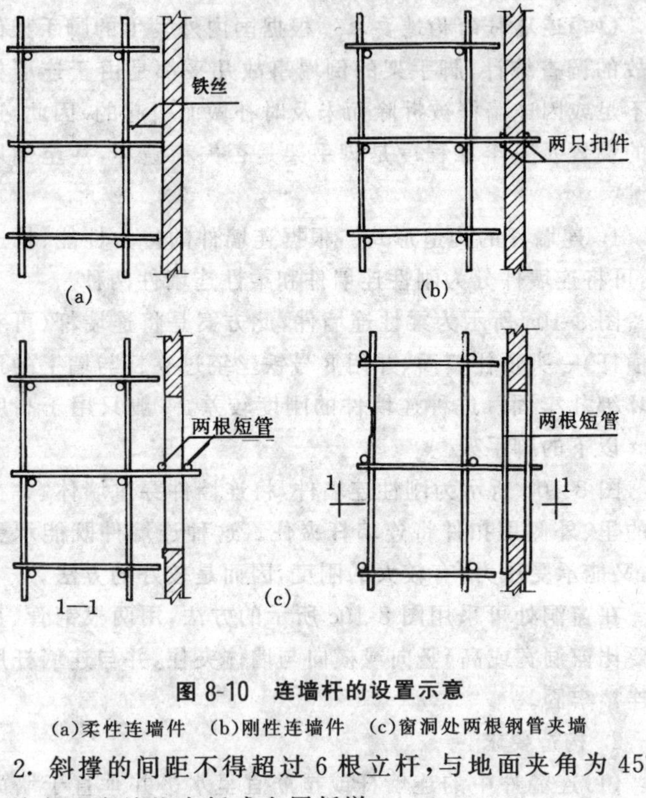

图 8-10　连墙杆的设置示意

(a)柔性连墙件　(b)刚性连墙件　(c)窗洞处两根钢管夹墙

2. 斜撑的间距不得超过 6 根立杆,与地面夹角为 45°～60°,并在下脚处垫木板或金属板墩。

3. 剪刀撑间距宜每隔 6 根立杆设一道,每道剪刀撑的宽度不应小于 4 跨,且不小于 6m,斜杆与地面的夹角为 45°～60°。

4. 剪刀撑的接头除顶层可用搭接接头外,其余均应采用对接接头,用对接扣件加以连接。接头应错开 50cm 以上。

剪刀撑应用旋转扣件与立杆或大小横杆相连接,旋转扣件中心线距主节点的距离不应大于150mm。

5. 24m以下的单、双排脚手架，必须在外侧立面的两端各设一道剪刀撑，由下至顶连续设置，中间剪刀撑的净距不大于15m。

24m以上的双排脚手架应在外侧立面整个长度和高度范围内连续设置剪刀撑。

二、搭设工艺

(一)搭设顺序　扣件式钢管脚手架的搭设顺序一般为：搭设准备→放立杆位置线→铺垫板→放底座→竖立杆→安放大横杆→安放小横杆→铺脚手板→绑扎斜撑和剪刀撑→绑扎封顶杆→绑扎护身栏和挡脚板→立挂安全网。

(二)搭设要点

1. 做好搭设前的准备工作。单位工程负责人应根据施工组织设计中有关脚手架的要求，逐级向架设和使用脚手架的人员进行技术安全交底。

搭设前应对搭设材料进行检查和验收，不合格的构配件不能使用，合格的构配件按品种、规格、使用顺序堆放整齐。

搭设现场的障碍物及地面杂物，应事前清理干净，夯实基土，并使排水畅通。

2. 放线和铺垫板。按单、双排脚手架的杆距、排距要求放线、定位，铺设垫板和安放底座时应注意垫板铺平稳，不得悬空，底座垫板的位置必须准确，双管立杆应采用双管底座或点焊在一根槽钢上。

3. 竖立杆和安放大小横杆。

(1)在搭双排脚手架时，第一步架最好有6～8人互相配合操作。竖立杆时，一人拿起立杆并插入底座中，另一人用左脚将底座的底端踩住，并用双手将立杆竖起并准确插入底座内。要求内、外排的立杆同时竖起，及时拿起大、小横杆用直角扣件与立杆连接扣住，然后按规定的间距绑上临时抛撑。

在竖立第一步架时，必须有一人负责校正立杆的垂直度和大横杆的平直度。立杆的垂直偏差不大于架高的1/200，如6m的立杆，垂直偏差不得大于3cm。先校正两端头的立杆，中间立杆以端头立杆为准竖直即可。其它立杆、大小横杆可按上述操作要点进行。

(2)搭设立杆时应注意：

①外径48mm和外径51mm的钢管不准混杂使用。

②立柱的接头不得在同一步架、同一跨间高度内，至少应错开50cm以上。

③开始竖立杆时，应每隔6跨设抛撑一道，直至连墙件安装稳定后，方可拆除。

④当搭至有连墙件处时，搭完该处的立杆、大小横杆和剪刀撑后，应立即设置连墙件。

(3)搭设大小横杆应注意：

①封闭型脚手架同一步架内大横杆必须四周交圈，用直角扣件与外、内角柱固定好。

②双排脚手架的小横杆靠墙一端距墙面的距离不大于100mm。

③单排脚手架的小横杆不应设在下列部位：

a.设计上不允许留脚手眼的部位；

b.砖过梁上与过梁呈60°角的三角形范围内；

c.宽度小于1m的窗间墙；

d.梁或梁垫下及其两侧各500mm范围内；

e.砖砌体的门窗洞口两侧$\frac{3}{4}$砖和转角处$1\frac{3}{4}$砖的范围

内；独立或附墙的砖柱。

④大小横杆的接点不得在同一步架或同一跨间内，并要求上下错开连接。

⑤大横杆应安放在立杆的内侧，各杆件用扣件互相连接伸出的端头，均应大于100mm，以防滑脱。

4. 绑扎斜撑和剪刀撑。根据脚手架的搭设方案应及时安放斜撑和剪刀撑，撑杆一般用搭接接长，搭接长度不小于50cm，与地面的夹角不大于60°，斜杆两端扣件与立杆节点的距离不宜大于200mm，最下面的斜杆与立杆的连接点距地面的距离不宜大于50cm，以保证架子的安全。

5. 脚手架封顶。扣件式钢管脚手架一次不宜搭得过高，应随着结构的升高而升高。但脚手架在封顶时，必须按安全操作要求做到以下几点：

(1)立杆高出屋顶的高度：平屋顶高出女儿墙1m，坡屋顶超过檐口1.5m。

(2)里排立杆必须低于檐口底15～20cm。

(3)绑扎两道护身栏杆，一道180mm高的挡脚板，并立挂安全网。

(三)搭设要求及注意事项

1. 扣件的扭力矩要求。各种扣件的螺栓拧紧度对脚手架的安全至关重要，扣件螺栓拧得太紧或拧过头，脚手架承受荷载后容易发生扣件崩裂或滑丝事故；扣件螺栓拧得太松，脚手架承受荷载后容易产生滑落事故，二者对脚手架的安全均可造成不利的影响。

因此，扣件式钢管脚手架必须控制好扣件的螺栓松紧度，即扭力矩，要求扭力矩达到4～5kN·m为宜，最大不得超过6.5kN·m。操作人员应根据自己使用的扳子长度用测力计来校核自己的手劲，反复练习，以便熟练掌握自己扭力矩的大小，可确保脚手架的搭设安全。

2. 扣件开口的朝向。根据扣件所处的位置和作用不一样，应注意扣件的开口朝向的差异。如用于连接大横杆的对接扣件，扣件开口应朝里，螺栓朝上，以防止雨水进入钢管，使钢管锈蚀。使用直角扣件时开口不准朝下。

3. 各杆件搭接位置的要求。竖立杆时，应长短搭配使用，接长时应使用对接扣件，接头位置不得在同一步架和同一跨间内，要互相错开连接。

大横杆、剪刀撑等的连接也不得在同一步架内或同一跨间内，并应上、下错开连接。

4. 安装剪刀撑的要求。随着架子的升高，每搭7步架后，要及时安装剪刀撑。剪刀撑一般采用搭接，搭接长度在50cm以上，搭接位置应错开50cm以上。剪刀撑的一根杆与立杆扣紧，另一根杆应与小横杆扣紧，这样可避免扭弯钢管。

剪刀撑两端的扣件距邻近连接点的距离不宜大于20cm。最下一对剪刀撑与立杆的连接点距地面不宜大于50cm，以确保架子稳定。

三、拆除要点

(一)拆除顺序　拆除扣件式钢管脚手架的原则是先搭设的后拆除，后搭设的先拆除，具体拆除顺序为：安全网→护身栏→挡脚板→小横杆→大横杆→立杆→连墙杆→剪刀撑→抛撑。

(二)拆除要求　拆除前应制定拆除顺序，并对拆除人员进行安全技术交底，非专业人员不得上架从事拆除作业。

在拆除过程中，应符合以下要求：

1. 拆除顺序应逐层由上而下进行，严禁上下同时作业。

2. 所有连墙件应随脚手架逐层拆除，严禁先将连墙件整层或数层拆除后再拆除脚手架；分段拆除高差不应大于 2 步，如高差大于 2 步，应增设连墙件加固。

3. 当脚手架拆至下部最后一根长钢管的高度时，应先在适当位置搭临时抛撑加固后，再拆连墙杆。

4. 当脚手架采取分段、分立面拆除时，对不拆除的脚手架两端，应按有关的构造要求设置连墙杆和横向支撑加固。

5. 拆除后的各构配件应分段往下顺放，严禁随意抛扔。运至地面的构配件应按要求及时检查、整修与保养，并按品种、规格随时堆码存放，置于干燥通风处，防止锈蚀。

6. 拆除过程应听从专人指挥，不准中途换人，迫不得已中途换人时，应对调换人员进行详细的交底后，方可进入现场从事拆除工作。

7. 参加搭、拆作业人员，一律不准酒后操作。操作时必须思想集中，不准说笑、打闹或擅自离开工作岗位。

8. 参加搭、拆脚手架的工作人员必须按安全要求，戴好安全帽、系好安全带、穿好防滑鞋，不穿戴好防护用具的人不准从事脚手架的搭、拆工作。

第九章　门式钢管脚手架的搭设与拆除

第一节　门式钢管脚手架的基本构造及其要求

门式钢管脚手架是20世纪80年代初由国外引进的一种多功能脚手架，它由门架、底座、剪刀撑、水平撑、三角挑架、栏杆、连墙杆等组成，如图9-1所示。

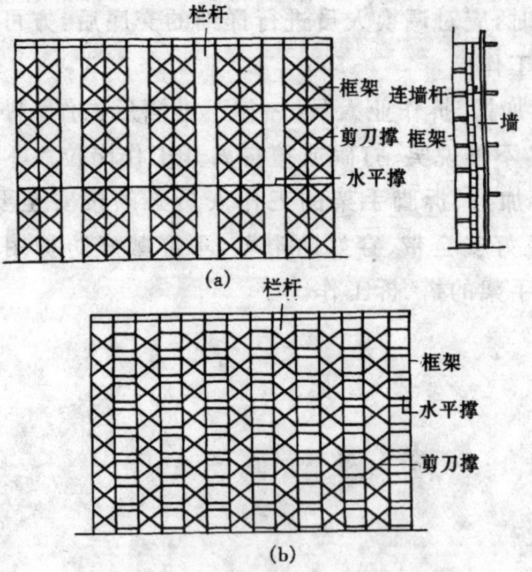

图9-1　门式钢管脚手架搭设形式

(a)每三列框架用两道剪刀撑连接

(b)每隔一道框架用一道剪刀撑和水平支撑连接

门式钢管脚手架几何尺寸标准化，结构合理，受力性能好，承载力高；施工中装卸方便，效率高，安全可靠，省工省时，是一种有良好发展前景的脚手架。

门式钢管脚手架的应用十分广泛，它既可作为高层建筑施工用的结构和装修脚手架，又可以用于结构和设备安装的满堂红脚手架，还可广泛用于土木工程施工的模板支撑架等。

一、基本构造

门式钢管脚手架整体式立体形状，如图 9-2 所示。它由图

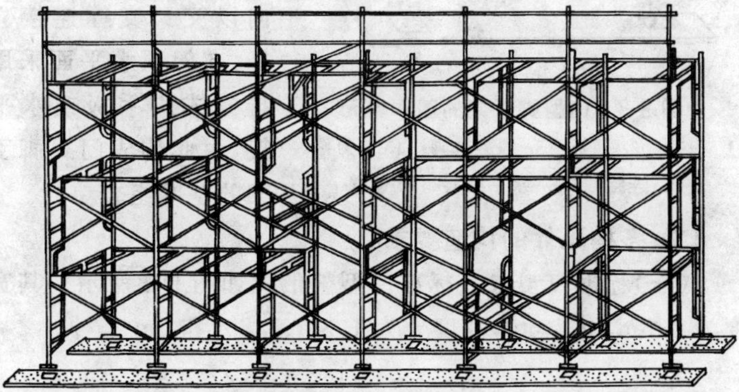

图 9-2 整片门型脚手架

9-3 所示的基本组合单元相互连接，逐层叠高，左右伸展，再增加水平加固杆、剪刀撑及连墙杆等杆件，构成整体门式钢管脚手架或模板支撑架。

基本组合单元的主要构件为门架、梯形架、窄型架、承托架等。配件有交叉支撑、挂扣式脚手板、水平架、连接棒、锁臂、可调底座、固定底座、可调托座、固定托座、钢梯、栏杆柱及栏杆扶手等。加固件有水平加固杆、剪刀撑、扫地撑、封口杆及扣

件、连墙杆等，加固件的作用是增强脚手架的刚度、整体性和稳定性，并将脚手架与结构连接牢固。

门架之间的连接如图 9-3 所示。在门架的立杆垂直方向采用连接棒和锁臂接高，纵向以交叉支撑连接立杆，在架顶水平面采用挂扣式脚手板或水平架，由此构成门式脚手架的基本组合单元。

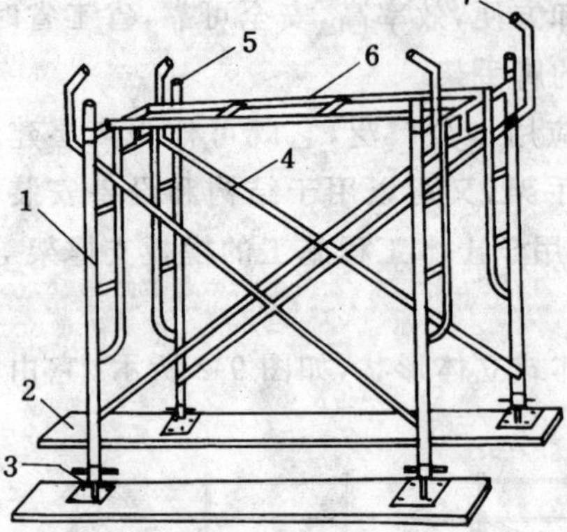

图 9-3　门型脚手架的基本单元

1. 门架　2. 平板　3. 螺旋基脚　4. 剪刀撑　5. 连接棒　6. 水平梁架　7. 锁臂

二、各构配件的构造要求

(一)标准门型架　标准门型架形式如图 9-4 所示。其宽度为 1.5m 和 1.6m，高度分为 1.3m、1.8m 和 2m 三种。

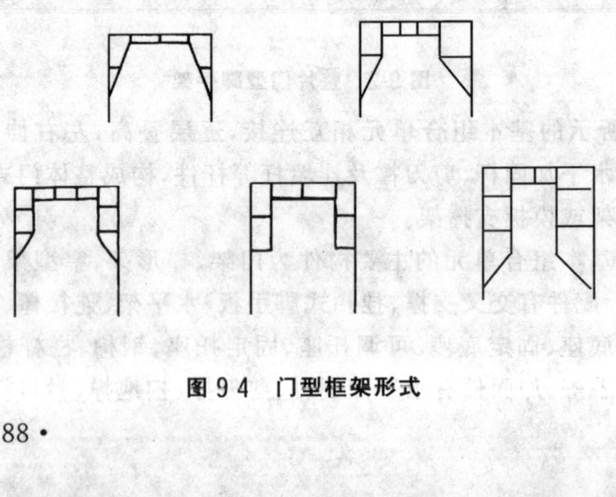

图 9 4　门型框架形式

门型框架一般用直径为 38～45mm、壁厚为 3mm 的钢管焊成，分立管、横管、斜管、挂架管等部分。两侧立管上留有栓孔，并带螺栓，如图 9-5 所示。

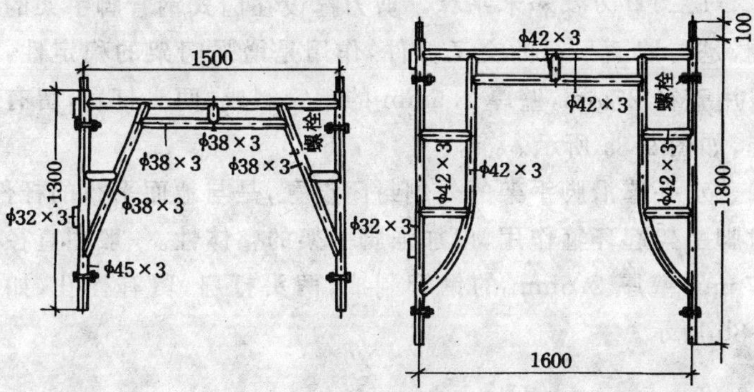

图 9-5 门型框架

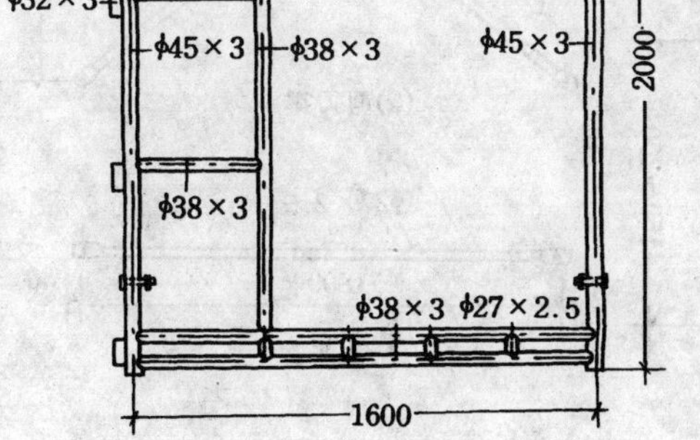

图 9-6 梯形框架

梯形框架如图 9-6 所示，一般用直径 27～45mm、壁厚 3mm 的钢管焊成。分立管、横管、挂架管等，框架两侧立管上留有栓孔，并带螺栓。其主要作用是调整门架高度并组成操作平台。

(二)底座 底座由底板、套管两部分焊成。底板一般用边长 150～200mm、厚 8～10mm 的钢板；套管一般用直径 32mm、壁厚 2.5mm、长为 100～150mm 的钢管，顶端封严（图 9-7）。

（三）剪刀撑和水平撑　剪刀撑设在门式钢管脚手架的外侧，是与墙面平行的交叉杆件，作用是增强门架的稳定性，一般用直径 27mm，壁厚 2.5mm 的钢管制成，两头打扁，留有栓孔，如图 9-8a 所示。

水平撑沿脚手架的外侧封闭设置，是与地面平行的杆件，对脚手架起环箍作用，以加强脚手架的整体性。一般用直径为 27mm，壁厚 2.5mm 的钢管制成，两头打扁，留有栓孔，如图 9-8b 所示。

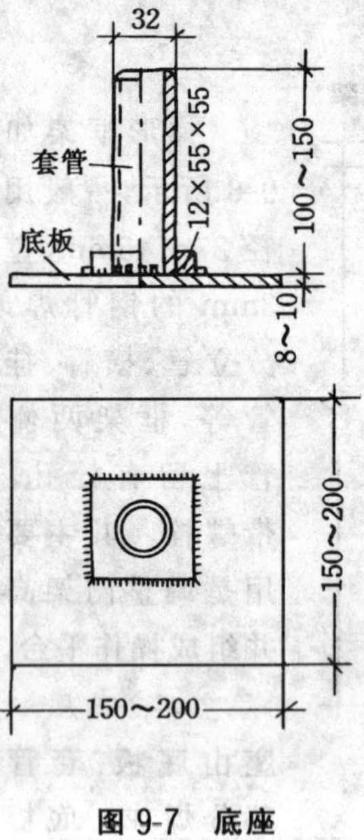

图 9-7　底座

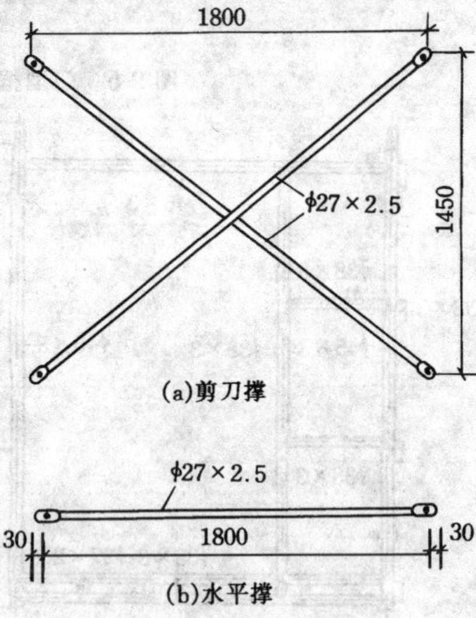

图 9-8　剪刀撑和水平撑

（四）三角挑架　三角挑架一般用直径 12～20mm 的钢筋和钢板焊成。端部焊有钢筋挡头，用以挡住脚手板。挑架底端的钢板做成圆弧形，用以箍住门架立杆。挑架顶部靠立杆一侧做成挂钩，用以与立杆的挂架管连接，如图 9-9 所示。

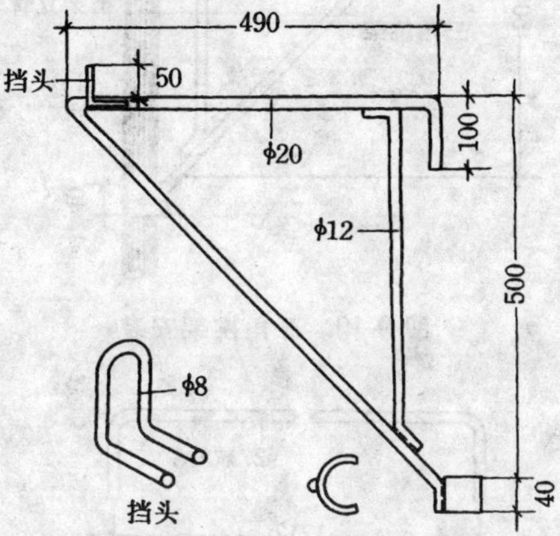

图 9-9　三角挑架

安装三角挑架时，要将挑架的挂钩插入门架立杆的挂架管中，底端的弧形钢板包夹在门型架的立管上，如图 9-10 所示。

（五）栏杆柱和扶手　栏杆柱和栏杆扶手是设置在门式脚手架或活动平台顶部的安全防护装置。栏杆柱插放在顶部门架立杆中，栏杆扶手端部压扁部分钻有销孔，与栏杆柱上锁销锁牢。

栏杆立柱一般用直径 45mm，壁厚 3mm 的钢管制成，两侧焊有若干插管。扶手一般用直径 27mm，壁厚 2.5mm 的钢管制成，两端弯折插入插管中。

现场也可以用水平撑代替扶手，而在立柱上留栓孔，用螺栓将水平撑装在立柱上（图 9-11）。

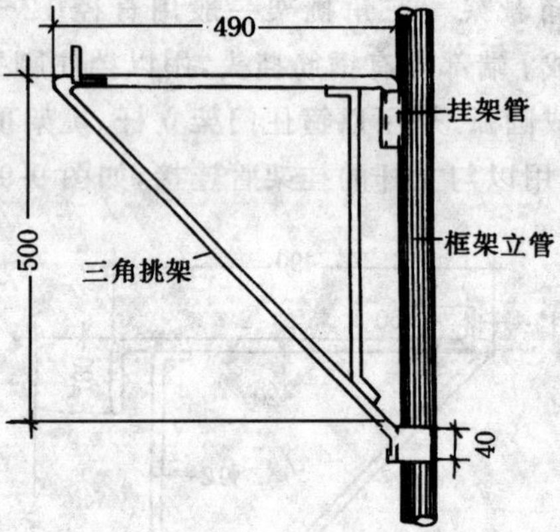

图 9-10 三角挑架安装

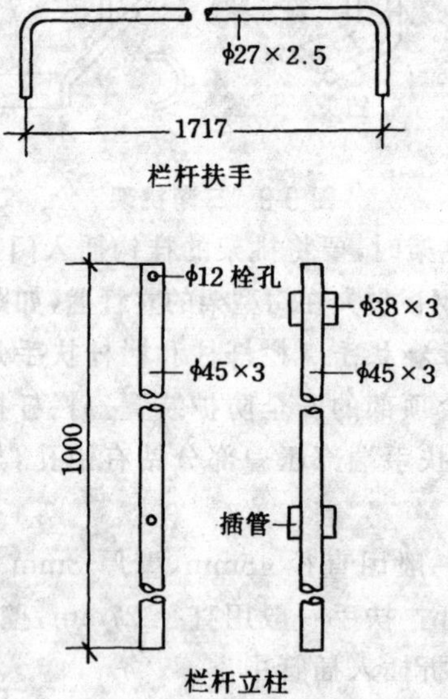

图 9-11 栏杆

（六）连墙件　连墙件是将门式钢管脚手架与建筑物相连接的部件。连墙件由连墙杆和锚固件组成，连墙杆应能承受10kN 的拉力和压力。

连墙件分为钢连墙杆和木连墙杆拉结两种形式。钢连墙杆拉结是预先在结构中预埋销片，然后将连墙件的一端插入销片的预留栓孔中，另一端插入门架的挂架管中，具体还分为夹固式和锚固式，如图 9-12 所示。

木连墙杆拉结是将方木连墙杆顶住墙面，然后用 8 号铁丝绑扎在门架的横管上，并用 8 号铁丝穿过结构预埋的钢筋环孔与门架拉结，这种方法的拉结力较小，如图 9-13 所示。

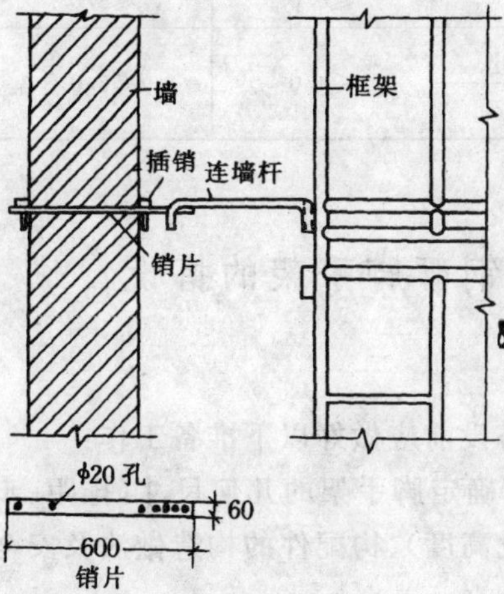

图 9-12　用钢连墙杆拉结

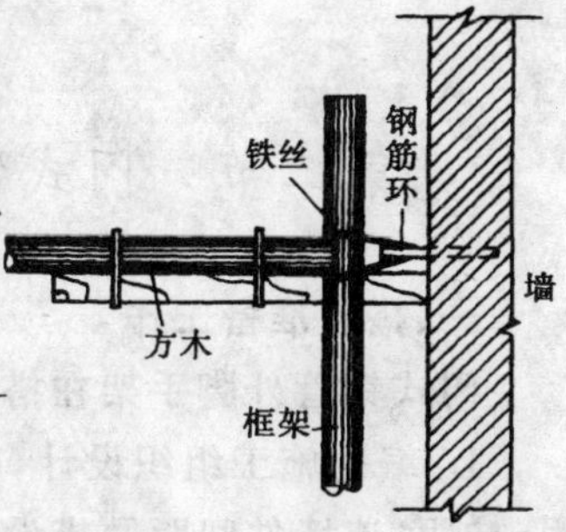

图 9-13　用木连墙杆拉结

连墙件的最大竖向和水平间距应符合表 9-1 的要求。

在下列部位应增设连墙件：

1. 因设防护棚、水平安全网或承托架，对脚手架产生水平力作用时，应在其层面内增设连墙件，连墙件的间距不宜大于 4m。

2. 脚手架拐角处及一字形或非封闭的脚手架两端应增设连墙件，连墙件的竖向间距不宜大于 4m。

3. 连墙件宜靠近门架的横梁设置，距横梁不宜大于 200mm。

4. 门式钢管脚手架一般宜采用钢连墙件拉结。

表 9-1 连墙件间距

<table>
<tr><th rowspan="2">落地脚手架搭设高度(m)</th><th rowspan="2">基本风压(kN/m²)</th><th colspan="2">连墙件间距(m)</th></tr>
<tr><th>竖 向</th><th>水平方向</th></tr>
<tr><td rowspan="2">≤45</td><td>≤0.35</td><td>≤6.0</td><td>≤8.0</td></tr>
<tr><td>0.36～0.55</td><td rowspan="2">≤4.0</td><td rowspan="2">≤6.0</td></tr>
<tr><td>46～60</td><td></td></tr>
</table>

第二节 门式钢管脚手架的搭设

一、搭设准备工作

门式钢管外脚手架在搭设前应做好以下准备工作：

1. 编制施工组织设计，确定脚手架的几何尺寸(排距、步距、柱距、连墙件间距及搭设高度)、构配件的构造做法及安全技术措施。

2. 在脚手架搭设前，工程技术负责人应按《建筑施工门式脚手架安全技术规程》和施工组织设计的要求向搭设和使用人员作技术交底。

3. 对脚手架的构配件进行检查验收，不合格的构配件不得使用。

4．平整夯实搭设场地，并做好排水工作。

二、搭设要点及要求

(一)脚手架的搭设程序　脚手架的搭设应自一端延伸到另一端，自下而上按步架设，并逐层改变架设方向，减少架设误差。不得自两端单独相向架设或相间架设，以避免结合部位错位，难于连接。

门式脚手架一般按以下顺序搭设：

铺设垫木→安放底座→自一端立门架并随即装交叉支撑→安装水平架(或脚手板)→安装钢梯→安装水平加固杆→安装连墙杆→重复以上步骤逐层向上安装→安装剪刀撑→装配顶部栏杆扶手。

脚手架的搭设速度应与结构施工相配合，一次搭设高度不应超过最上层连墙杆三步或自由高度不大于6m，以保证脚手架安全。

(二)搭设要点及技术要求　搭设门式钢管脚手架时，基底必须严格夯实抄平，并铺底座。搭设形式常有两种：一种是每三列门架用两道剪刀撑相连，其间每隔3～4榀门架高设一道水平撑；另一种是在每隔一列门架用一道剪刀撑和水平撑相连，参见图9-1所示。

搭设时，按放好的线先放好4个底座，将第一榀和第二榀门架装上去，随即把门架之间的剪刀撑安上去，以后每安好一榀门架，随即将其间的剪刀撑和水平支撑安装上去，依次按步骤沿纵向逐榀安装。完成第一层门架安装以后，在门架顶上铺放一定数量的脚手板，在搭设第二层门架时，人就可以站在脚手板上操作，直至最后完成。

梯形门架一般由下横管直接承受荷载，可以一次搭设3～5层，门式框架由上横管承受荷载，所以要搭一层使用一层，搭设到一定高度，应按要求设置连墙杆与建筑物拉结牢固。

三角挑架、栏杆、扶手等随着使用需要搭设。安装三角挑架时，门架的里立杆应距墙面55～60cm，边缘距离墙面为5～6cm。当不用三角挑架时，门架距墙面为5～6cm。

门式脚手架搭设过程中的技术要求和注意事项如下：

1. 首层门型架的垂直度偏差不大于2mm；水平度偏差不大于5mm。门架的底部必须用扫地撑固定。

2. 水平加固杆和剪刀撑必须随脚手架的搭设同步安装，其间的连接应牢靠，以确保架子的整体稳定。水平加固杆应用扣件扣牢在门架立杆的内侧。剪刀撑应用扣件扣牢在门架立杆的外侧。因作业需要拆除剪刀撑时，应加设临时加固件后方可拆除，作业完成后应立即将剪刀撑补上。水平加固杆前三层应每层设置，以防不均匀沉降，如图9-14所示。三层以上可每隔三层设一道。剪刀撑的高度和宽度为3～4步距和架距，与地面夹角为45°～60°，相邻剪刀撑相隔3～5个架距，沿全高

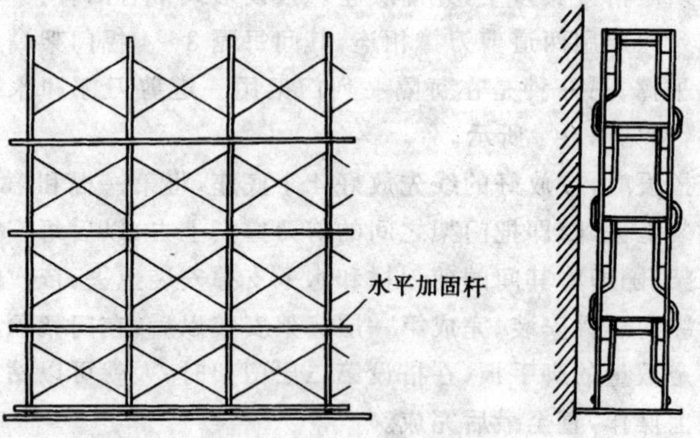

图9-14 防不均匀沉降的整体加固做法

设置。

3. 连墙件的安装必须与脚手架的搭设同步进行，严禁搭设完毕后补做。连墙点的最大间距，在垂直方向为6m，在水平方向为8m。高层脚手架应增加连墙点的布置密度。所有连墙件与结构的连接必须牢靠，连墙点宜采用图9-15所示的做法。连墙杆必须垂直于墙面，不允许向上倾斜，连墙件应位于上、下两榀门架的接头附近。

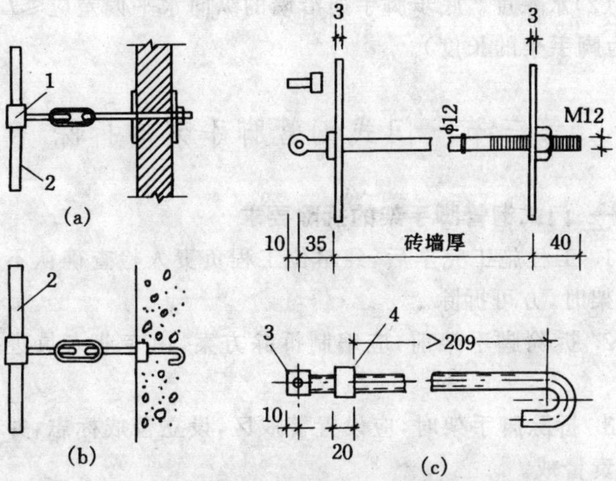

图 9-15　连墙点的一般做法

(a)夹固式　(b)锚固式　(c)预埋连墙件

1. 扣件　2. 门架立杆　3. 接头螺钉　4. 连接螺母(M 12)

4. 加固件、连墙杆等与门架采用扣件连接时应注意，扣件的规格应与所连钢管的外径相匹配；扣件螺栓拧紧力矩为45～65N·m，并不得小于40N·m；各杆件端头伸出扣件盖板边缘长度不应小于100mm。

三、验收

1. 脚手架搭设完毕或分段搭设完毕后，应对搭设质量进行检查验收，经检查合格后方可使用。

2. 脚手架搭设尺寸允许偏差为：

(1)垂直度。脚手架沿墙面纵向的垂直偏差应$\leqslant H/400$(H为脚手架高度)，但最大值$\leqslant$50mm；脚手架的横向垂直偏差应$\leqslant H/600$，但最大值$\leqslant$50mm。

(2)水平度。底步脚手架沿墙的纵向水平偏差应$\leqslant L/600$(L为脚手架的长度)。

第三节　门式钢管脚手架的拆除

一、门式钢管脚手架的拆除要求

1. 工程施工完毕后，经单位工程负责人检查确认不需要脚手架时，方可拆除。

2. 拆除脚手架前，应编制拆除方案，由专业人员进行拆除。

3. 拆除脚手架时，应设置警戒区，设立警戒标志，并由专人负责警戒。

4. 脚手架拆除前，应先清理架子上的材料、工具及杂物。

二、拆除顺序

拆除架子应自上而下进行，各部件的拆除顺序与安装顺序相反，一般按下列顺序进行：

1. 从跨边起先拆顶部栏杆和扶手，然后拆脚手板(或水平架)与扶梯，再卸下水平加固件和剪刀撑。

2. 自顶层跨边开始拆卸交叉支撑，同步卸下顶部连墙杆与顶层门架。

3. 继续按上述步骤拆除第二步架，脚手架的自由悬臂高度不得超过三步架，所以连墙杆的拆除应格外慎重，只允许同步架拆除。

4. 循环上述操作往下拆卸。对于水平杆、剪刀撑等，必须在脚手架拆到相关跨间时，方可拆除。

5. 拆除扫地杆、底层门架及封口杆。

6. 拆除底座，运走垫板或垫块。

三、拆除作业的安全要求

脚手架的拆除必须遵守下列安全规定：

1. 拆除工作必须由专业人员操作，操作工人应站在临时设置的脚手板上进行拆除作业。

2. 拆除过程中，严禁使用榔头等硬物敲打、撬挖，拆下的连接棒应放入袋内，锁臂应先传递至地面入库存放。

3. 拆除连接部件时，应先将锁座上的锁板与搭钩上的锁片转至开启位置，然后开始拆除，不准硬拉、敲打。

4. 不准将拆除的构配件从高空抛下，应将拆下的部件分类捆绑后，使用垂直吊运设备运至地面，集中分类堆放保管。

第四节　门式模板支撑与满堂红脚手架

门式钢管脚手架用作模板支撑或满堂红脚手架时，应根据施工荷载、搭设高度、使用面积、支撑的性质作出结构和构造设计，并严格按设计施工。

一、搭设与使用

门式模板支撑与满堂红脚手架的搭设与使用应符合以下要求：

1. 安装前应根据结构、构造设计放出门架的纵、横中心线，并进行抄平，地基的处理要求同前述脚手架。

2. 脚手架的安设顺序和操作要点参照上述脚手架的做法。

3. 底座和顶托处应采取措施，防止砂浆和混凝土等污物填塞螺纹。

4. 满堂红脚手架的顶层应满铺脚手板，脚手板应牢靠地与门架的横杆相连。

5. 模板支撑高度超过 5m 时，应设缆风绳拉牢，缆风绳的材料要求和固定方法同扣件式钢管脚手架。

6. 模板支撑与满堂红脚手架在使用过程中，应避免局部超载和产生偏心荷载。如泵送混凝土时，应随浇、随捣、随平整，混凝土不宜堆积在输送管道的出口处，避免产生过大的堆积荷载，使架子偏心受力而产生歪斜。装卸其它物料也应尽量避免对模板支撑或脚手架产生过大的偏心、振动或冲击。

7. 在使用过程中，模板支撑与脚手架的水平加固杆、交叉支撑和剪刀撑等不准随意拆除。施工需要拆除局部杆件时，必须采取临时加固措施后，方可拆除，施工完毕应立即补上。

二、门式模板支撑与满堂红脚手架的拆除

门式模板支撑与满堂红脚手架的拆除必须符合以下规定：

1. 门式模板支撑与满堂红脚手架作为模板的承重支撑使用时，其拆除时间应在与混凝土结构同条件养护的试件达到表 9-2 规定强度标准值时，方可拆除。达到规定强度标准值所需的时间可参考表 9-3。

表 9-2 现浇结构拆模时所需混凝土强度

项次	结构类型	结构跨度 (m)	按达到设计混凝土强度标准值的百分率(%)
1	板	≤2	55
		>2,≤8	75
2	梁、拱、壳	≤8	75
		>8	100
3	拱、壳	≤8	75
		>8	100
4	悬臂构件	≤2	75
		>2	100

表 9-3 拆除底模板的时间参考 (d)

水泥的标号及品种	混凝土达到设计强度标准值的百分率(%)	硬化时昼夜平均温度					
		5℃	10℃	15℃	20℃	25℃	30℃
325 号普通水泥	50	12	8	6	4	3	2
	70	26	18	14	9	7	6
	100	55	45	35	28	21	18
425 号普通水泥	50	10	7	6	5	4	3
	70	20	14	11	8	7	6
	100	50	40	30	28	20	18
325 号矿渣或火山灰质水泥	50	18	12	10	8	7	6
	70	32	25	17	14	12	10
	100	60	50	40	28	24	20
425 号矿渣或火山灰质水泥	50	16	11	9	8	7	6
	70	30	20	15	13	12	10
	100	60	50	40	28	24	20

作为其它承重支撑使用时,其拆除时间必须经单位工程

技术负责人同意后，方可拆除。

2. 拆除顺序和拆除要求与门式脚手架相同。

3. 拆除时应采用可靠的安全措施，门架的构配件拆除后应分类捆绑，用机械吊运至地面，严禁高空抛掷。

4. 对拆除下来的构配件应进行及时的检查、维修和保养。

变形的构配件应调整修理，油漆剥落处应除锈后，重新涂刷防锈漆。对底座、螺栓螺纹及栓孔等不易涂刷油漆的部位，在每次使用完毕后应清理污泥，涂上黄油防锈。

门架宜倒立平放或立放，平放时应相互对齐。剪刀撑、水平撑、栏杆等应绑扎成捆堆放，其它小零件应分类装入木箱内保管。

为防止脚手架的各构配件生锈，最好贮存在干燥通风的库房内。条件不允许时，也可以露天堆放，但必须选择地面平坦，排水良好的地方。堆放时下面要铺垫板，堆垛上要加盖防雨布。

第十章　碗扣式钢管脚手架

钢管脚手架在国内使用已有60多年的历史，近年来，应用范围日益扩大，使用数量日益增多。在各种不同类型的钢管脚手架中，以ϕ48mm钢管与扣件组成的扣件式钢管脚手架应用最为普遍。但这种传统型的钢管脚手架在长期应用过程中，逐步暴露出一些固有的缺陷，主要是：

1. 脚手架节点强度受扣件抗滑能力的制约。试验表明，直角扣件由摩擦阻力而产生的抗滑能力仅为10kN左右，考虑到施工的其它不利因素，垂直安全荷载仅为5kN，限制了扣件式钢管脚手架的承载能力。

2. 立杆节点偏心距大。ϕ48mm钢管节点处的偏心距为5.3mm，降低了立杆的稳定性与轴向抗压能力。

3. 扣件螺栓全部是人工操作，其拧紧力矩不易掌握，连接强度不好保证。

4. 扣件管理困难，现场耗损丢失严重，增加了工程成本。

本章介绍的碗扣式钢管脚手架是在吸取国外先进技术的基础上，结合我国实际情况研制的一种多功能脚手架。目前广泛使用的WDJ型碗扣式钢管脚手架基本上解决了上述扣件式钢管脚手架的缺陷。

WDJ碗扣式钢管脚手架的最大特点，是独创了带齿的碗扣式接头。这种接头结构合理，力学性能明显优于扣件和其它类型的接头。它不仅基本上解决了偏心距的问题，而且具有装卸方便、安全可靠、劳动效率高、功能多、不易丢失零散扣件等优点，因而受到施工单位的欢迎，是一种有广泛发展前景的新型脚手架。

第一节 碗扣式脚手架的特点和构配件

一、碗扣式脚手架的特点

(一)性能特点 碗扣式脚手架具有以下性能特点：

1. 多功能。碗扣式脚手架可根据施工要求，组成模数为0.6m的多种组架尺寸和荷载的单排、双排脚手架，支撑架，支撑柱，物料提升架，爬升脚手架等多功能的施工设备，并能作曲线布置，布架场地不需做大面积的整平。

2. 接头拼拆速度快。由于采用了碗扣接头，避免了扣件螺栓人工操作，只用一把铁锤即可进行安装和拆卸作业，安装和拆卸速度比扣件式钢管脚手架快5倍以上。

3. 减轻了劳动强度。由于碗扣式钢管脚手架完全取消了螺栓作业，工人携带一把铁锤即能完成全部作业，减轻劳动强度一半。

4. 接头强度高，安全可靠。接头采用独特的碗扣式，经试验和使用证明，它具有极佳的抗剪、抗弯、抗扭能力，比其它类型的钢管脚手架的结构强度提高50%以上。

由于接头具有可靠的自锁能力，整架配备有较完善的安全保障设施，所以使用安全可靠。

5. 维护简单。构件为不易丢失的扣件，构配件轻便、牢固，不怕一般的锈蚀，所以日常的维护简单，运输紧凑方便。

(二)构造特点 WDJ碗扣式钢管脚手架的核心部件是碗扣接头，它由上碗扣、下碗扣、横杆接头和上碗扣限位销组成，如图10-1所示。

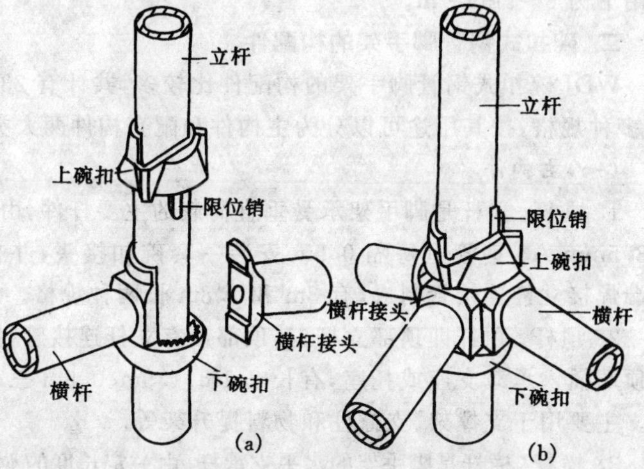

图 10-1 碗扣接头构造

(a)连接前 (b)连接后

碗扣式钢管脚手架采用 $\phi48\times3.5$mm A3 焊接钢管作主构件,立杆和顶杆是在一定长度的钢管上每隔 0.6m 安装一套碗扣接头制成。碗扣分上碗扣和下碗扣,下碗扣焊在钢管上,上碗扣对应地套在钢管上,其销槽对准焊在钢管上的限位销即能上、下滑动。横杆是在钢管两端焊接横杆接头制成。连接时,只需将横杆接头插入下碗扣内,将上碗扣沿限位销扣下,并顺时针旋转,靠上碗扣螺旋面使之与限位销顶紧,从而将横杆与立杆牢固地连在一起,形成框架结构。

每个碗扣接头可同时连接 4 根横杆,横杆可以互相垂直或倾斜一定的角度。

碗扣接头具有很好的力学性能,下碗扣轴向极限抗剪力为 170kN;上碗扣偏心极限张拉力为 43kN;横杆接头的抗弯能力,在悬臂端集中荷载作用下为 2kN·m;在跨中集中荷载作用下为 6～9kN·m。

二、碗扣式钢管脚手架的构配件

WDJ 碗扣式钢管脚手架的构配件比较多，共计有 23 类、50 多种规格，按其用途可以分为主构件和配套构件两大类。

（一）主构件

1. 立杆。立杆是脚手架承受垂直荷载的主要杆件，由 ϕ48×3.5mm A3 钢管上每隔 0.6m 安装一套碗扣接头，并在其顶端焊接立杆连接管制成，有 3m 和 1.8m 长两种规格。

2. 顶杆。顶杆即顶部立杆，其顶部设有立杆连接管，便于在顶端插入承载支座或托座，有长 2.1m、1.5m、0.9m 三种规格。主要用于支撑架、支撑柱和物料提升架等。

3. 横杆。横杆是脚手架的水平支承杆，由一定长度的 ϕ48×3.5mm A3 钢管两端焊接横杆接头制成。有五种规格尺寸，以组成不同框架尺寸的脚手架、支撑架、支撑柱和物料提升架等。

4. 斜杆。斜杆是为增强脚手架的整体刚度和稳定性的斜向拉压杆。在 ϕ48×3.5mm A3 钢管的两端铆接斜杆接头制成。斜杆接头可以转动，同横杆接头一样可装在下碗扣内，形成节点斜杆。

5. 支座。支座是装在立杆底部，防止其下沉，并将上部荷载分散传递给地基基础的构件。有垫座和可调座等形式。

各种主构件的型号、规格和用途见表 10-1。

（二）配套构件

1. 搭边横杆。截面形状为“⊔⊓⊔”形的横杆，翼边可安放木脚手板，使之不能窜动，以保障安全。

2. 间横杆。为满足其它钢脚手板和木脚手板而设计的构件，由 ϕ48×3.5mm A3 钢管两端焊“Ω”形钢板制成。可搭设于主横杆之间的任意部位，用以减小支承间距和减少支撑挑头脚手板。

3. 搭边间横杆。截面形状为“┘⊓└”形间横杆，可安放非整框长短木脚手板。

4. 立杆连接销。它是立杆之间连接的锁定构件，为弹簧钢销扣结构，有自定位锁定卡口。

5. 挑梁。为扩展作业平台而设计的构件，0.3m 和 0.6m 两种挑梁。0.3m 的窄挑梁由一端焊有横杆接头的钢管制成，可在需要的位置与碗扣接头连接。0.6m 的宽挑梁由水平杆、斜杆、垂直杆组成，也可用碗扣接头与脚手架连成整体，其外侧垂直杆上可再接立杆。

6. 搭边挑梁。截面形状为“┘⊓└”形挑梁，能可靠地安放木脚手板。

7. 爬升挑梁。爬升挑梁作爬升脚手架底脚悬臂支架用。

8. 连墙撑。连墙撑是使脚手架与建筑物墙体结构等牢固连接，加强脚手架抵御风荷载及其它水平荷载的能力，防止脚手架倒塌且增强承载稳定性的构件。

这种连墙杆的长度可以调节，可以用碗扣接头连接，也可以用扣件在任意位置与脚手架连在一起。

9. 直角撑。为连接两交叉的脚手架而设计的构件，由 $\phi 48\times 3.5$mm A3 钢管一端焊接横杆接头，另一端焊接“Ω”形卡制成。可增强脚手架的整体稳定性。

10. 脚手板。分钢、木制两种。钢脚手板两端有钩爪；木脚手板可直接镶入搭边横杆或搭边挑梁内，均能可靠地固定。

11. 斜脚手板。用于搭设车辆及行人栈道，坡度为 1∶3，由 2mm 厚钢板制成，宽度为 540mm，长度为 1897mm，上面焊有防滑条。能用斜杆作护栏或扶手。

12. 梯子。梯子用于作业人员上下脚手架通道，由钢踏步板焊在槽钢上制成，两端有挂钩，可牢靠地挂在横杆上，可用斜杆和横杆作栏杆扶手，使用安全可靠。

13. 提升滑轮。提升滑轮是为提升小物料而设计的构件，能直接安装在宽挑梁上。它由吊柱、吊架和滑轮等组成，其中吊柱可直接插入宽挑梁的垂直杆中固定。

14. 支撑柱垫座。支撑柱垫座是安装于支撑柱的底座，均匀传递上部荷载给地基基础的垫座。它由底板、筋板和焊于底板上的 4 个柱销制成，可同时插入支撑柱的 4 个立杆内，从而增强支撑柱的整体受力性能。

各种配套构件的型号、规格、用途见表 10-1。

表 10-1 WDJ 碗扣型多功能脚手架构件 (mm)

名 称	型 号	规 格	用 途
立 杆	LG-180	ϕ48×3.5×1800	框架垂直承力杆
	LG-300	ϕ48×3.5×3000	
顶 杆	DG-90	ϕ48×3.5×900	支撑架顶端垂直承力杆
	DG-150	ϕ48×3.5×1500	
横 杆	HG-30	ϕ48×3.5×300	框架水平承力杆
	HG-90	ϕ48×3.5×900	
	HG-120	ϕ48×3.5×1200	
	HG-180	ϕ48×3.5×1800	
	HG-240	ϕ48×3.5×2400	
搭边横杆	BG-90	“_⊓_”×900	木脚手板水平承力杆，两侧带承力限位台阶
	BG-120	“_⊓_”×1200	
	BG-180	“_⊓_”×1800	
	BG-240	“_⊓_”×2400	
间横杆	JG-120	ϕ48×3.5×1200	水平框架中间横杆
	JG-120+30	ϕ48×3.5×(1200+300)	同上，有 300 挑梁
	JG-120+60	ϕ48×3.5×(1200+600)	同上，有 600 挑梁

续表 10-1

名称		型号	规格	用途
搭边间横杆		BJG-120	“_⊓_”×1200	水平框架木脚手板中间横杆
		BJG-120＋30	“_⊓_”×(1200＋300)	同上,有 300 挑梁
		BJG-120＋60	“_⊓_”×(1200＋600)	同上,有 600 挑梁
斜杆		XG-169	φ48×3.5×1697	1200×1200 框架斜撑
		XG-216	φ48×3.5×2163	1800×1200 框架斜撑
		XG-255	φ48×3.5×2546	1800×1800 框架斜撑
		XG-300	φ48×3.5×3000	2400×1800 框架斜撑
立杆连接销		LX-1		立杆、连接销
支座	立杆垫座	DZ-1	支承面积 150×150	立杆支垫板
	立杆可调座	TZ-2-300	可调范围≤300	立杆用可调高度支座
		TZ-2-600	可调范围≤600	
	立杆粗细调座	TZ-3	可调范围≤600	立杆用有微调可调高度支座
	支撑柱垫座	DZ-4	支撑面积 350×350	支撑柱垫板
	支撑柱可调座	TZ-5	可调范围≤300	支撑柱可调高度支座
	支撑柱转角座	JZ-6	可转角≤10°	支撑柱斜角垫座
	可调横托撑	HC-1	可调范围≤300	支撑架横向可调支托撑
	横托撑	HC-2	支撑面积 160×100	支撑架横向支托撑
	可调托座	TZ-1	可调范围≤300	支撑架顶部可调托梁座
	托座	TZ-2	支撑面积 200×160	支撑架顶部托梁座

续表 10-1

名　称		型　号	规　格	用　途
挑梁	窄挑梁	TL-30	平挑 300	扩大作业平台挑梁
	宽挑梁	TL-60	平挑 600	
	搭边窄挑梁	BTL-30	“_⊓_”平挑 300	安放木脚手板，扩大作业平台
	搭边宽挑梁	BTL-60	“_⊓_”平挑 600	挑　梁
	爬升挑梁	TL-90+65		作爬升脚手架支承架用
连接撑	连墙撑	LC-1	可调范围 225	脚手架和建筑物连接
	直角撑	ZC-1	正交 90°连接	直角交叉脚手架连接
脚手板	钢脚手板	JB-120	1200×270	作业平台承载板
		JB-180	1800×270	
		JB-240	2400×270	
	木脚手板	MB-120	1200×270	
		MB-180	1800×270	
		MB-240	2400×270	
	斜脚手板	XB-190	1897×540	1∶3 升坡斜道板
梯子		TZ-255	2546×530	1800×1800 脚手架人行梯
安全装置	安全网支架	AJ-1		垂直落物保护承力架
	安全网	AW-1		垂直落物保护承力网
提升滑轮		HL-1	提升重量≤100kg	插入 TL-60 宽挑梁提吊小构件用

第二节　碗扣式内外钢管脚手架的搭设

一、组架类型

(一)双排脚手架组合

1. 轻型架。这种脚手架主要用于装修、维护等作业要求的脚手架，组合尺寸常用 1.20m(廊道宽)×2.40m(框宽)×2.40m(框高)，另外，也可以根据场地和作业要求搭成窄脚手架和宽脚手架的型式。

2. 普通架。这种结构型式为最常用的一种，可作为砌墙、模板工程等结构施工用脚手架，构造尺寸为 1.20m×1.80m×1.80m。

3. 重型架。这种脚手架取较小的立杆纵距(0.90m 或 1.20m)，用于重载作业或作为高层脚手架的底部架，常用构造尺寸为 1.20m×1.20m×1.80m。

双排脚手架的具体构造如图 10-2 所示。

(二)单排脚手架组合　在房屋建筑、桥梁、墩台、烟囱、水塔等建筑物的施工中可以采用单排脚手架，如图 10-3 所示。

单排脚手架根据作业顶层荷载要求组成以下三种型式：

Ⅰ型组合。构造尺寸为 1.80m×1.80m(框宽×框高)，用于外装修及维护等作业。

Ⅱ型组合。构造尺寸为 1.20m×1.20m(框宽×框高)，用作一般的施工作业。

Ⅲ型组合。构造尺寸为 0.90m×1.20m(框宽×框高)，用于重载作业。

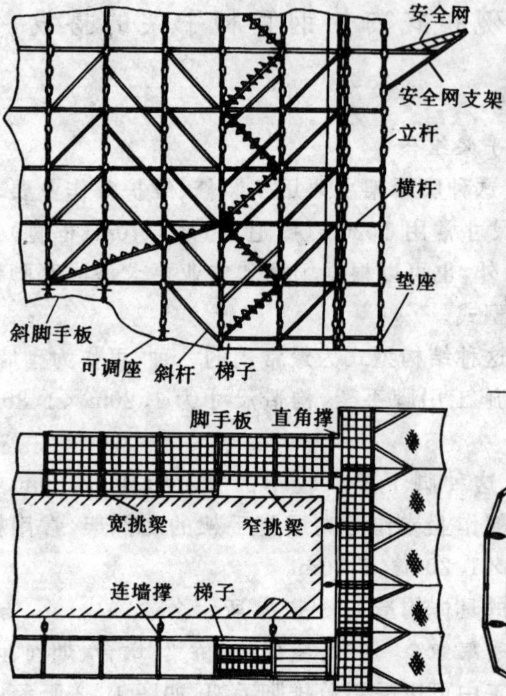

图 10-2 双排脚手架组合

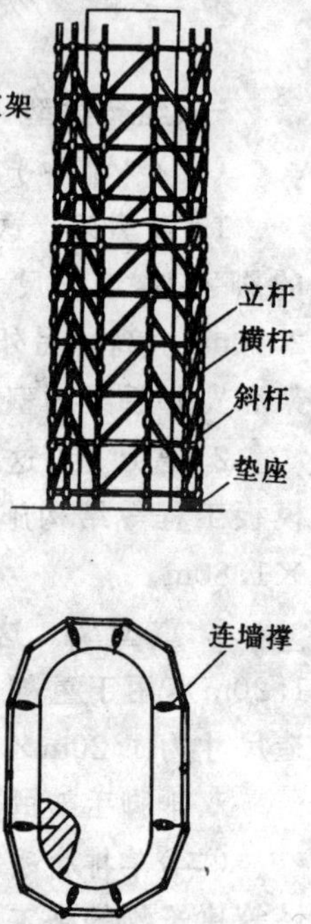

图 10-3 单排脚手架组合

二、组架构造及要求

(一)一般要求

1. 立杆接头应错开。为达到此目的，第一层框架的立杆应分别采用长 1800mm(LG-180)和长 3000mm(LG-300)两种立杆交错排列，往上搭设除顶部用 1800mm 长(LG-180)的立杆补齐平外，中间全部采用 3000mm 长的立杆(LG-300)搭设，脚手架距建筑物的距离以 0.35～0.45m 为宜，如图 10-4

所示。

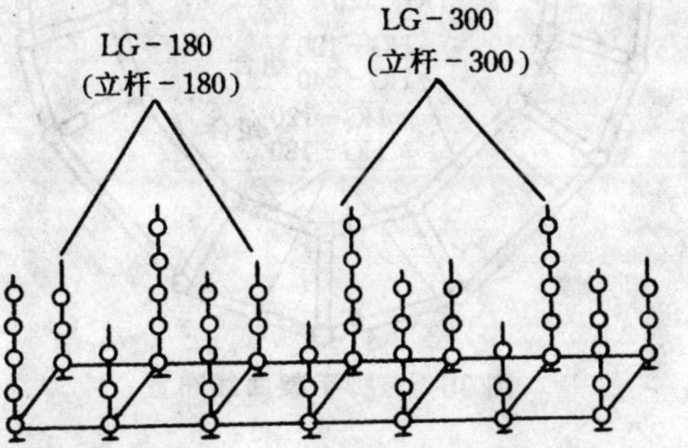

图 10-4 第一层立杆应交错布置

2. 当脚手架需作曲线布置时，可按曲率要求，用不同长度的横杆梯形组合或与不同长度横杆的直角组框混合使用，能组成曲率半径大于 2.4m 的任意曲线布架，各种横杆的组框拐角见表 10-2。

表 10-2 脚手架曲线组合

组合杆件名称	每组拐角度数 θ	每组曲率半径 R(m)
HG-240、HG-180	28°	3.6
HG-180、HG-120	28°	2.4
HG-120、HG-90	14.25°	3.0

脚手架的曲线布置构造如图 10-5 所示。

3. 脚手架的直角交叉有图 10-6 所示的两种方法。直角拼接法不用其它构件，在拐角处拼成正方形受建筑物尺寸限制时，可用直角撑实现任意部位的直角交叉。认真做好直角交

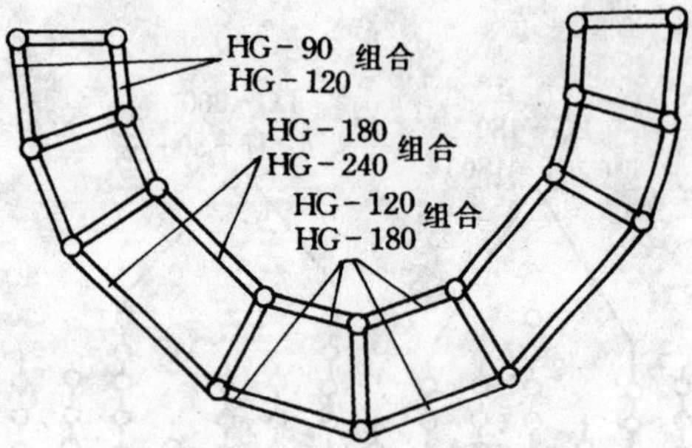

图 10-5 脚手架曲线布置

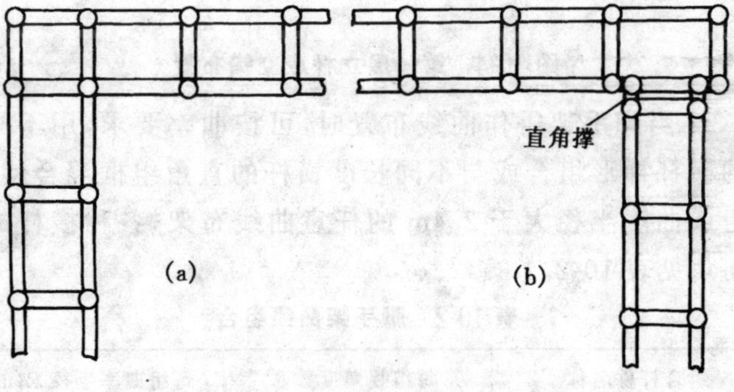

图 10-6 脚手架直角交叉两种方法

(a)直接拼接 (b)直角撑搭接

叉的连接，对高层建筑脚手架的稳定极为有利。

(二)构件的设置要求

1. 斜杆设置。斜杆可增强脚手架的稳定强度两倍以上。它的设置对提高脚手架的承载力，保证施工安全具有重要意义。

斜杆和立杆的连接方法与横杆和立杆的连接方法相同，其节点构造如图 10-7 所示。

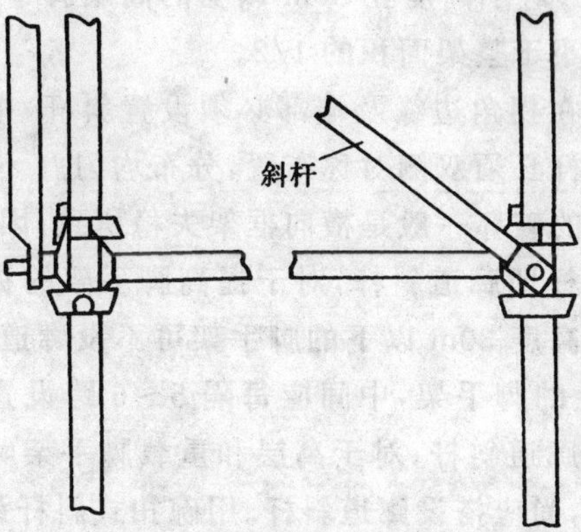

图 10-7　斜杆连接

斜杆的连接与横杆一样，不同尺寸的框架应配备不同长度的斜杆。斜杆为拉压杆，故设置方向可任意布置。

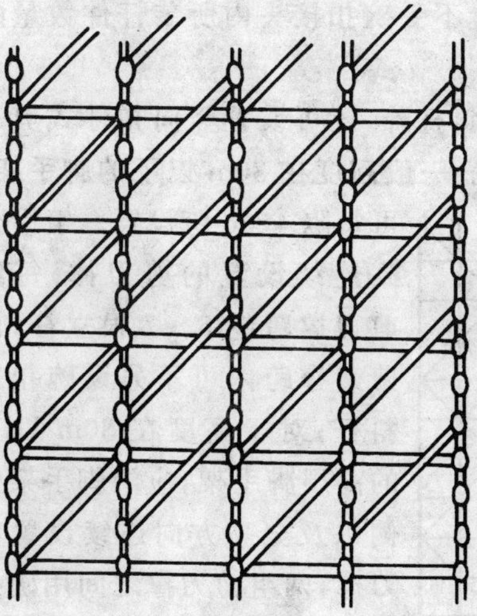

图 10-8　错节斜杆布置

斜杆应尽量布置在框架节点上（即斜杆接头同横杆接头装在同一碗扣接头内），如图 10-7 所示。不能布置在节点上时，可按图 10-8 所示，呈错节布置（即斜杆接头同横杆接头不装在同一碗扣接头内）。

斜杆应尽可能布置在节点上，对于高度在 30m 以下的脚手架，设置斜杆的面积可为整架立面面积的 1/4～1/2；对于高度在 30m 以上的高层脚手架，设置斜杆的面积应不小于整架面积的 1/2。

脚手架在拐角边缘及端部必须设置斜杆，中间可均匀间隔布置。斜杆必须双侧对称布置，分布均匀。

脚手架的破坏一般是横向框架失稳所致。因此，在横向框架内设置斜杆即廊道斜杆，对于提高脚手架的稳定强度尤为重要。对于高度 30m 以下的脚手架可不设廊道斜杆；对于高度 30m 以上的脚手架，中间应每隔 5～6 跨设置一道沿全高连续设置的廊道斜杆；对于高层和重载脚手架除按构造要求设置斜杆外，尚应搭设廊道斜杆。用碗扣式斜杆设置廊道斜杆时，除脚手架两端框架设成节点斜杆外，中间框架只能设成非节点斜杆。

斜杆既可以用碗扣式系列斜杆，也可以用钢管和扣件代替，这样可以使斜杆的设置不受碗扣接头内所装杆件数量的限制，布置更加灵活。

脚手架除布置碗扣式斜杆外，还可设置竖向扣件式剪刀撑及水平纵向水平剪刀撑。一般高度在 30m 以下的脚手架，可每隔 4～6 跨设置一组沿全高连续设置的剪刀撑，每组剪刀撑跨越 5～7 根立杆，设剪刀撑跨内可不另设碗扣式斜杆；对于高度在 30m 以上的高层脚手架，应沿脚手架外侧以及全高方向连续设置剪刀撑，两组剪刀撑之间用碗扣式斜杆，如图 10-9 所示。

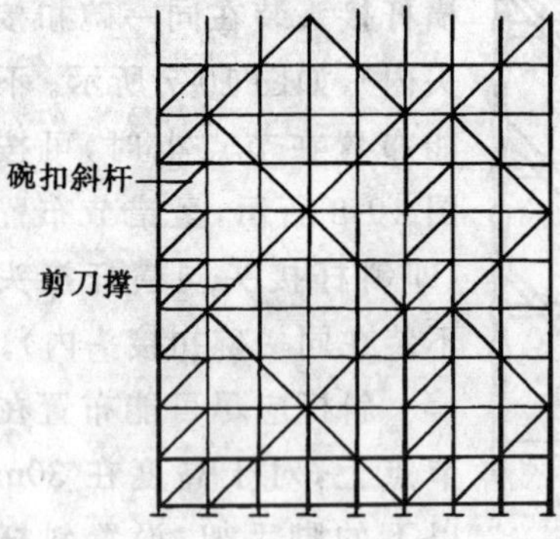

图 10-9　斜撑设置构造

纵向水平剪刀撑对于增

强水平框架的整体性，均匀传递连墙杆的作用具有重要意义。对于 30m 以上的脚手架，应每隔 3～5 步架设置一层连续的闭合的纵向水平剪刀撑。

2. 连墙撑设置。连墙撑是脚手架与建筑物之间的连接件，对提高脚手架的横向稳定性，承受偏心荷载和水平荷载等具有重要作用。

(1)连墙撑与建筑物有如图 10-10 所示的三种固定方法。

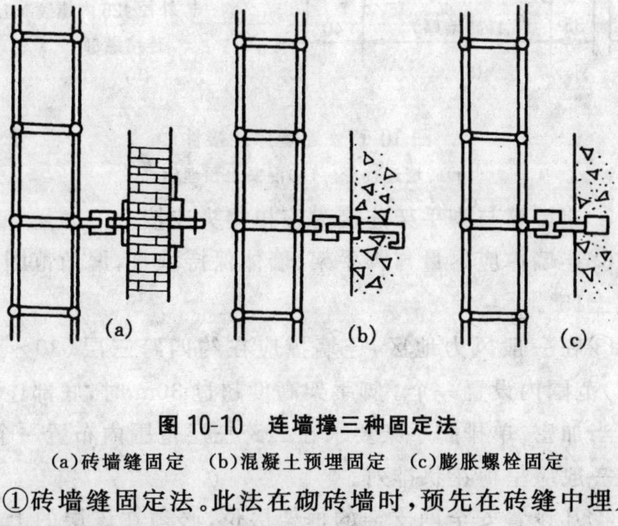

图 10-10 连墙撑三种固定法

(a)砖墙缝固定 (b)混凝土预埋固定 (c)膨胀螺栓固定

①砖墙缝固定法。此法在砌砖墙时，预先在砖缝中埋入螺栓，然后将框架用连接杆与其相连，如图 10-10a 所示。

②混凝土墙体预埋固定法。此法在结构施工时，按照架子施工组织设计要求预先埋入钢件，外带接头螺栓，组架时将框架与接头螺栓固定，如图 10-10b 所示。

③膨胀螺栓固定法。此法在结构上按设计位置用射枪射入膨胀螺栓，然后将框架与膨胀螺栓固定，如图 10-10c

所示。

(2)连墙撑连接件如图10-11所示。连墙撑的安设必须符合下列要求：

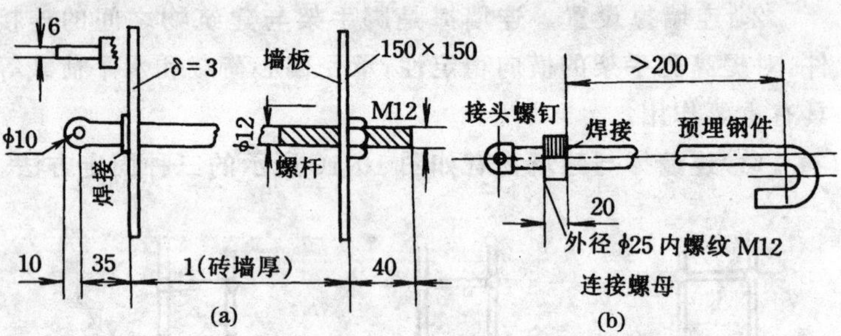

图10-11 连墙撑连接件

(a)砖墙连接杆 (b)混凝土预埋钢筋

①连墙撑与脚手架连接为碗扣接头连接。

②连墙撑应尽量与脚手架、墙体保持垂直，偏角范围不得超过±15°。

③在一般风力地区，连墙撑应在约四跨三层（30～40m^2左右）范围内设置一个。脚手架高度超过30m时，底部连墙撑应适当加密。单排脚手架要求在二跨三层范围内布置一个。连墙撑一般应呈梅花状排列。

④凡设置安全网支架的框架层位，必须在该层的上下节点各设置连墙撑一个。另外，凡设置宽挑梁、提升滑轮、高层卸载拉结杆及物料提升架的地方均应增设连墙撑。

⑤连墙撑安装时，要调整间距，使脚手架保持垂直或略向建筑物倾斜（不超过0.1m），严禁向外倾斜。

连墙撑必须随脚手架的升高及时设置，不准在脚手架搭设完毕后补做。

3. 脚手板设置。脚手板可以使用碗扣式钢管脚手架配套设计的钢脚手板，也可使用其它普通的钢脚手板、木脚手板、竹脚手板等。

脚手板的设置应符合以下要求：

(1)脚手板除在作业层设置外，还必须在每隔 10m 高度设置一层，以防高空坠落物伤人和砸碰脚手架框架而造成框架失稳。

(2)作业层的脚手板应满铺，当采用配套设计的钢脚手板时，钢脚手板的挂钩必须完全落入横杆上，不允许浮放。采用搭边横杆时，木脚手板的两端必须落入边角内，前后窜动量控制在 5mm 以内。

(3)作业层的脚手板框架外侧必须增设两道横杆扶手。

(4)斜脚手板的挂钩点必须根据设计增设横杆，如图 10-12 的斜脚手板，升坡为 1∶3，故必须在图 10-12 中 A、B、C 等挂钩点增设横杆。

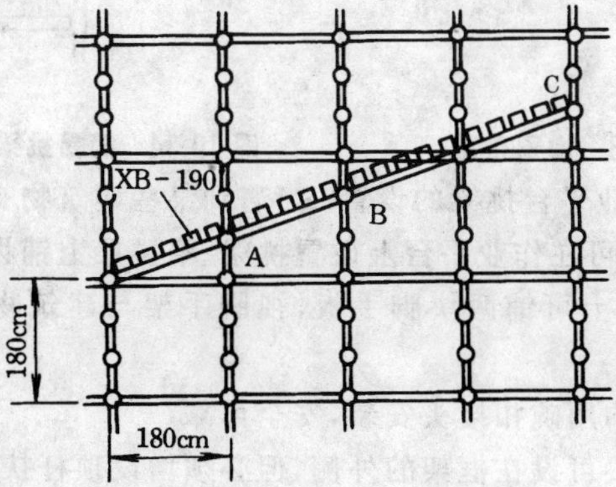

图 10-12 斜脚手板设置

4. 人行梯设置。架梯设在 1.8m×1.8m 的框架内，其上有挂钩，直接挂在横杆上。梯子宽为540mm，一般1.2m宽脚手架可布置两个，可在一个框架内呈折线形布置。人行梯转角处的水平框架要铺设脚手板，在立面框架上安装斜杆和横杆作为扶手，如图10-13所示。

在条件限制时，可按图10-14所示设置简易挑梁梯子。

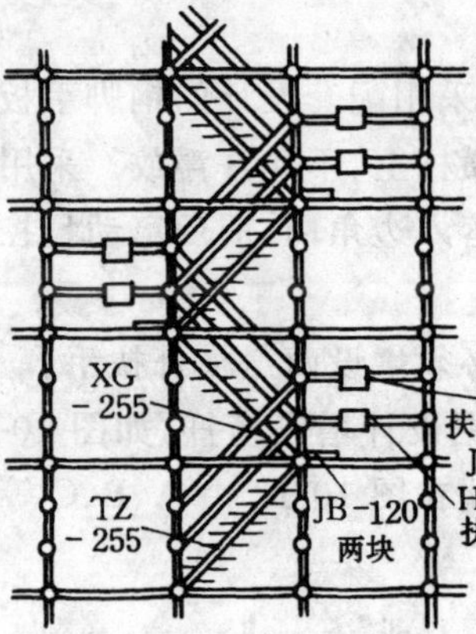

图10-13 梯子布置

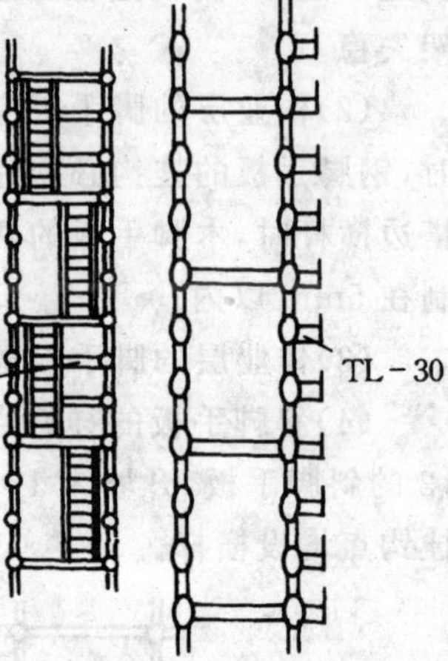

图10-14 简易挑梁梯设置

5. 作业平台挑梁的设置。当遇到某些建筑物有倾斜或凹进凸出时，可在作业平台上设置挑梁。窄挑梁上铺设一块脚手板，宽挑梁上可铺两块脚手板，视脚手架与建筑物的间距使用。

挑梁均用碗扣接头安装，安全可靠。

宽挑梁可设在框架的外侧，但必须增设顶杆扶手柱，并安装两根横杆作为栏杆扶手用，如图10-15所示。

设置挑梁的下一层框架必须增设连墙撑，以增强偏心稳定性。

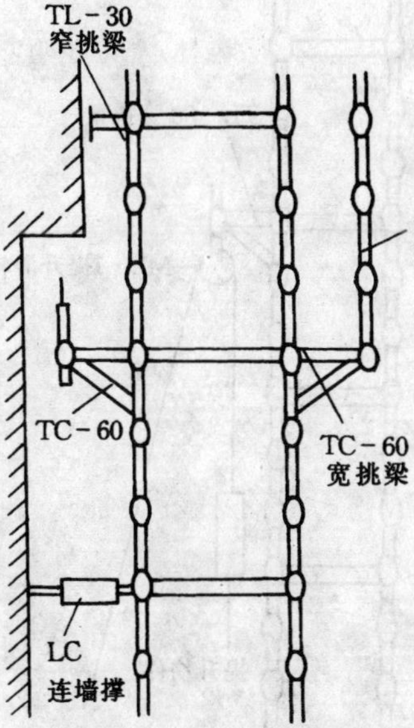

图 10-15 挑梁设置

挑梁平台一般仅供人员操作，不允许堆放重物，如遇荷载较重或设置多层挑梁时，必须验算整架偏心稳定强度。

6. 提升滑轮设置。随着建筑物的升高，当人递料不太方便时，可采用物料提升滑轮来提升小物料及脚手架物件，其提升重量应不超过 100kg。

提升滑轮与宽挑梁配套使用，使用时，将滑轮吊挂件插入宽挑梁垂直杆下端的固定孔中，并用销钉锁定即可，其构造如图 10-16 所示。

在设置提升滑轮的相应层位宜有连墙撑加固。

7. 安全网设置。安全网的设置应遵守国家标准《安全网》(GB5725—87)及国家标准《建筑施工安全网搭设安全技术规

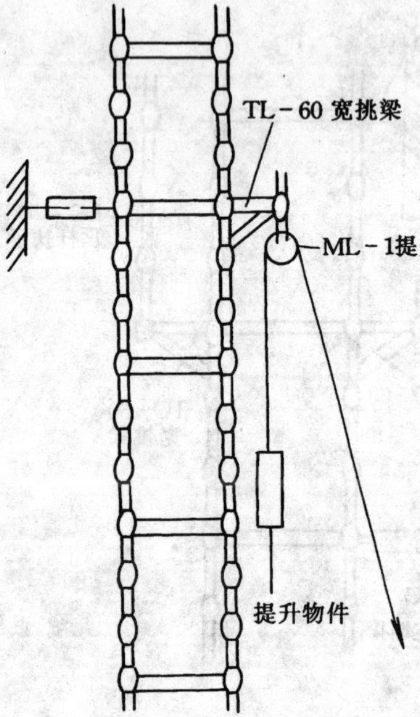

图 10-16　提升滑轮装置

范》的规定。

为保证作业人员的安全，一般沿脚手架外侧满挂封闭式安全网。高层建筑还应每隔 5～6 框架层位(约 10m)设置水平安全网及支撑架一道，如图 10-17 所示。

水平安全网的水平张角约 20°，支护距离大于 2m 时，用调整拉杆夹角来调整张角和水平距，并使安全网张紧。

为减轻落物冲击力对脚手架稳定的影响，在安全网支架层位的上下两节点必须设连墙撑各一个，水平距离四跨设一个连墙撑。

安全网的立网应与立杆和横杆绑扎牢固，绑扎间距小于

0.30m。根据规定在脚手架底部和层间设置水平安全网，使用安全网支架。安全网支架可直接用碗扣接头固定在脚手架上。

8. 高层卸荷拉结杆设置。高层卸荷拉结杆主要是为减轻脚手架荷载而设计的一种构件。一般每30m高卸荷一次，但总高度在50m以下的脚手架可不卸荷。

设置时，将卸荷拉结杆一端用预埋件固定在结构墙体上，另一端固定在脚手架横杆层下碗扣底下，中间用索具螺栓调节拉力，以达到悬吊卸荷的目的。

卸荷层要设置水平廊道斜杆，以增强水平框架的刚度，另外，要用横托撑与建筑物顶紧，以平衡水平力。在安设卸荷拉结杆的上下两层应增设连墙撑。

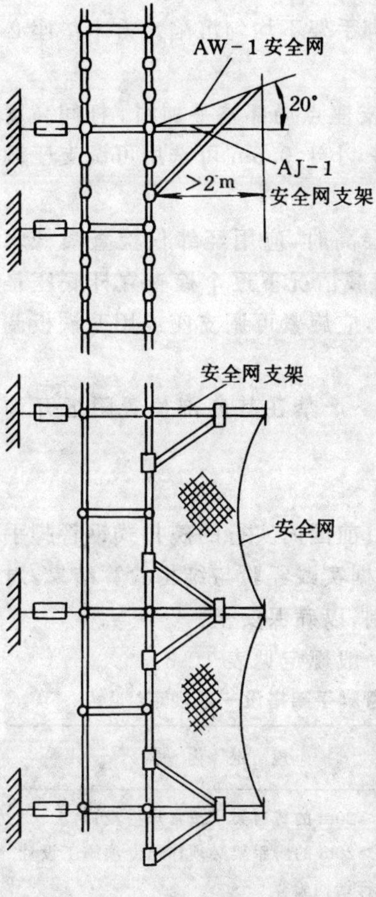

图10-17 安全网布置

三、搭设方法及要求

(一)地基处理 脚手架搭设前应首先根据荷载等情况验算地基承载力，确定地基处理方法。

在进行地基处理时应符合以下要求：

1. 地基一般采用分层夯实找平和用方木垫座，并做好排水处理，以防地基积水，引起脚手架不均匀沉陷。方木垫座必须用钉子固紧底座。

2. 高低不平地基可仅在支座点局部整平加固。杆间高度大于0.6m可用立杆错节调整，小于0.6m可选用可调支座调整。

3. 脚手架拼装到3～5层高时，应用经纬仪检查横杆水平度和立杆垂直度，并在无荷载情况下逐个检查立杆底座是否浮放松动。如有不平或松动，应旋紧可调支座或用薄铁板调整垫实。

4. 在脚手架使用过程中，严禁在其底部位置附近开沟挖槽，否则应采取加固措施。

(二)搭设方法和要求

1. 搭设尺寸限制。参照目前国内实行的碗扣式钢管脚手架的暂行规定及有关资料，根据实践经验与结构验算结果，对脚手架的搭设尺寸需加以限制，以确保安全。

碗扣式钢管脚手架搭设一般规定见表10-3。

表10-3 碗扣式钢管脚手架搭设一般规定

序号	项目名称	规定内容
1	架设高度	$H \leqslant 20m$ 的普通架子按常规搭设； $H > 20m$ 的脚手架必须作出专项施工设计并进行结构验算
2	荷载限制	砌筑脚手架为 $\leqslant 270kgf/m^2$；装修架子为 $120 \sim 200\ kgf/m^2$ 或按实际情况考虑

续表 10-3

序号	项目名称	规定内容
3	基础做法	基础应平整、夯实，基本在一个标高上，并有排水措施。立杆应设有底座，并用0.05m×0.2m×2m的木脚手板通垫； $H>40$m的架子应进行基础验算并确定铺垫措施
4	立杆纵距	一般为1.2～1.5m，超过此值应进行验证
5	立杆横距	≤1.2m
6	大横杆间距（即步架高度）	砌筑架子≤1.2m；装修架子≤1.8m
7	立杆垂直偏差	$H\leqslant30$m 时，≤1/500 架高；$H>30$m 时，≤1/1000 架高
8	小横杆间距	砌筑架子≤1m；装修架子≤1.5m
9	架高范围内垂直作业的要求	铺设板不超过3～4层，砌筑作业不超过1层，装修作业不超过2层
10	作业完毕后，小横杆保留程度	靠立杆处的小横杆全部保留，其余可拆除
11	剪刀撑	沿脚手架转角处往里布置，每4～6根为一组，与地面夹角为45°～60°
12	与结构拉结	每层设置垂直距离为≤4.0m；水平距离为4.0～6.0m

续表 10-3

序号	项目名称	规定内容
13	垂直斜拉杆	在转角处向两端布置 1～2 个廊间
14	护身栏杆	$H=1$m，并设 $h=0.25$m 的挡脚板
15	连接件	凡 $H>30$m 的高层架子，下部 $1/2H$ 均用齿形碗扣

几点说明：

(1)关于立杆间距的选择。纵向间距 1.5m，横向间距 1.2m 是常用尺寸。$H\leqslant20$m 的装修架子，纵向间距可扩大至 1.8m；高层架子 $H>40$m 时，纵向间距采用 1.2m 为宜。

(2)搭设高度与立杆间距的关系。在立杆距离为 1.2m×1.5m 时，架高不宜超过 50m；1.2m×1.2m 时，H 可控制在 60m 左右；更高的架子必须分段搭设。

(3)脚手架应与建筑物施工高度同步上升，其超过已施工部分的高度应为 6～7m，且不应铺设脚手板。否则，应做风载试验。

(4)前述规定均未考虑作业层上的挡风设施，如必须增设挡风墙，应做风载验算，并加大安全系数。

(5)剪刀撑、结构拉结件及必要的斜撑是维持脚手架整体稳定的主要措施，必须按规定严格执行，特别是结构拉结杆必须按建筑物实际情况提出切实可靠的措施，以确保安全。

2. 搭设方法及要求：

(1)在处理好的地基上放线安放立杆底座。架设在坚实平整地基基础上的脚手架，其立杆底座可直接用立杆垫座；地势不平或高层重载脚手架底部应用立杆可调底座；当相邻立杆地基高差小于 0.6m 时，可直接用立杆可调底座调整立杆高度，使立杆碗扣接头处于同一水平面内；当相邻立杆高差大于 0.6m 时，则可先调整立杆节间（即对于高差超过 0.6m 的地基，立杆相应增加一个节间 0.6m），使同一层碗扣接头的高差小于 0.6m，再用立杆可调底座调整高度，使其处于同一水平面上。

（2）在安放好的底座上插入立杆。第一层立杆应采用 3.0m 和 1.8m 两种不同长度立杆相互交错，参差布置，使立杆接头相互错开（参见图 10-4）。上面各层均采用 3m 长立杆接长，顶部再用 1.8m 长立杆找平。

在装立杆的同时应及时设置扫地杆，将立杆连接成一个整体，以保证框架的整体稳定。立杆同横杆的连接是靠碗扣接头，连接横杆时，先将横杆接头插入下碗扣的周边带齿的圆槽内，将上碗扣沿限位销滑下扣住横杆接头，并顺时针旋转扣紧，用铁锤敲击几下即能牢固锁紧（参看图 10-1）。

碗扣式钢管脚手架底层的搭设十分关键，因此要严格控制搭设质量。当组装完两层横杆后，首先应检查并调整水平框架的直角度和纵向直线度；其次应检查横杆的水平度，并通过调整立杆的可调座使横杆间的水平偏差小于 $L/400$（L 为框架长度），纵向直线度偏差小于 $L/200$，直角度偏差小于 3.5°。

同时，应逐个检查立杆底脚，看有否浮放松动情况，当底层架检查符合要求后，检查所有碗扣接头，并锁紧。

（3）接长立杆，重复以上操作，并随时检查（2）所述内容，有问题及时调整。

立杆的接长是靠焊于立杆顶端的连接管承插而成，立杆插好后，使上部立杆底端连接孔同下部立杆顶端连接孔对齐，插入立杆连接销并锁定即可。

(4)脚手架应与建筑物的施工高度同步上升,其超出部分不应大于一个楼层,且不应铺设脚手板,否则应采取加固措施。

(5)安装斜杆和剪刀撑。各种斜杆在横杆安装的同时同步安设。在脚手架的外侧,每隔5~7根立杆沿框架的全高设置双杆剪刀撑,剪刀撑一般用扣件与立杆连接牢固。

(6)安装连墙撑。连墙撑必须按上述的设置要求与架子的升高同步在规定的位置安装,不得后补或任意拆除。

建筑物的每一楼层都必须与脚手架连接,连墙点的垂直距离≤4m,水平距离≤4.5m,尽量采用梅花形布置方式。

安装连墙撑时,应先检查预埋件或膨胀螺栓是否与结构连接牢固,连接不好的应补做。

(7)安装作业层防护设施。作业层必须满铺脚手板,外侧应设0.18m高的挡脚板及护身栏杆。护身栏杆可用横杆在立杆的0.6~1.2m高的碗扣接头处搭设两道。

作业层应加设护身立网,上下封闭,施工作业层的防护高度不得低于1m。

四、脚手架用量计算,荷载与层高的关系

脚手架各种构配件的用量计算见表10-4。荷载与层高的关系见表10-5。

表 10-4　脚手架用量计算表(1.8×1.2×1.8 框架)

脚手架构件名称		构件型号	数量计算公式 A=宽度,B=高度(m)	$B=20\text{m},S=1000\text{m}^2$			备注
				数量	单重(kg)	总重(kg)	
基本框架构件	3m 立杆	LG-300	$(\frac{A}{0.9}+2)(B-1.8)\div 3$	350	17.3	6055	
基本框架构件	1.8m 立杆	LG-180	$\frac{A}{0.9}+2$	58	10.7	620	底层与LC-300交错布置,顶层补齐
基本框架构件	1.2m 横杆	HG-120	$(\frac{A}{1.8}+1)(\frac{B}{1.8}+1)$	337	5.2	1752	廊道横杆
基本框架构件	1.8m 横杆	HG-180	$\frac{A}{0.9}(\frac{B}{1.8}+1)$	673	7.5	5048	纵向横杆
基本框架构件	斜　杆	XG-255	$\frac{AB}{3.24}$	309	7.5	2318	双侧对称隔框布置
基本框架构件	支座(可调座)	DZ-1	$\frac{A}{0.9}+2$	58	1.7	99	
基本框架构件	连墙撑	LC-1	$(\frac{A}{7.2}+1)(\frac{B}{5.4}+1)$	38	2.4	91	每四跨三层一个
基本框架构件	立杆连接销	LX-1	$(\frac{A}{0.9}+2)(\frac{B}{3}-0.6)$	350	0.18	63	
廊道斜杆	一层作业	XG-216	$\frac{1}{2}(\frac{A}{1.8}+1)(\frac{B-50}{1.8}+1)$				负数不计
廊道斜杆	二层作业	XG-216	$\frac{1}{2}(\frac{A}{1.8}+1)(\frac{B-28}{1.8}+1)$	0	0	0	负数不计
廊道斜杆	三层作业	XG-216	$\frac{1}{2}(\frac{A}{1.8}+1)(\frac{B-18}{1.8}+1)$				负数不计
总　计						16046kg	

续表 10-4

脚手架构件名称			构件型号	数量计算公式 A＝宽度,B＝高度(m)	$B=20m, S=1000m^2$ 数量	单重(kg)	总重(kg)	备注
基本辅助构件	作业层(一层)	脚手板	JB-180	$\frac{A}{0.36}$	139	13.2	1835	包括挑梁脚手板
		窄挑梁	TL-30	$\frac{A}{1.8}+1$	29	1.7	49	挑向建筑
		横杆护栏	HG-180	$\frac{A}{0.9}$	56	7.5	420	作业层：2305kg
	安全防护层(一层)	安全网支架	AJ-1	$\frac{A}{3.6}+1$	15	15.9	239	每二跨一副
		安全网	AW-1	$2.5A$	$125m^2$			
		脚手板	JB-180	$\frac{A}{0.45}$	111	13.2	1465	
		连墙撑	LC-1	$\frac{A}{1.8}+2$	30	2.4	72	安全层：1776kg
	梯子框(上至下一副)	梯　子	TZ-255	$\frac{B}{1.8}$	12	25.2	302	
		斜杆扶手	XG-255	$\frac{B}{0.9}$	23	7.5	173	
		横杆扶手	HG-180	$\frac{B}{0.45}$	45	7.5	338	
		间杆扶手	JG-120	$\frac{B}{0.9}$	23	6.4	147	
		转角脚手板	JB-120	$\frac{B}{0.9}$	23	9.2	212	梯子框：1172kg
	直角撑(一个拐角)		ZC-1	$\frac{B}{0.9}+2$	24	1.7	41	搭接直角拐角

表 10-5 WDJ 碗扣式多功能脚手架荷载和层高

脚手架层数	脚手架高度(m)	框架自重荷载(kN)		$N_1=0.56$		防护层荷载 N_3(kN)	总荷载($N_1+N_2+N_3+N_4$)(kN)			
				$N'_1=0.63$			作业层荷载(N_2+N_4)			
		一层作业	二层作业	三层作业	四层作业		一层作业 (0.84+5.83) 6.67	二层作业 (6.67×2) 13.34	三层作业 (6.67×3) 20.01	四层作业 (6.67×4) 26.68
1	1.8	0.56	0.56	0.56	0.56	0	7.23	13.90	20.57	27.24
2	3.6	1.12	1.12	1.12	1.17△	0	7.79	14.46	21.13	27.85△
4	7.2	2.24	2.24	2.24	2.43△	0	8.91	15.58	22.25	29.11△
6	10.8	3.36	3.36	3.36	3.69△	0.87	10.90	17.57	24.24	30.37△
8	14.4	4.48	4.48	4.48	4.95△	0.87	12.02	18.69	25.36	32.50△
10	18.0	5.60	5.60	5.67△	6.21△	0.87	13.14	19.81	26.55△	33.76△
12	21.6	6.72	6.72	6.93△	7.47△	1.74	15.13	21.80	28.68△	35.89△
14	25.2	7.84	7.84	8.19△	8.73△	1.74	16.25	22.92	29.94△	37.15△
16	28.8	8.96	8.96	9.45△	9.99△	1.74	17.37	24.04	31.20△	38.41△
18	32.4	10.08	10.15△	10.71△	11.25△	2.61	19.36	26.03△	33.33△	40.54△
20	36.0	11.20	11.41△	11.97△		2.61	20.48	27.36△	34.59△	限制层高
22	39.6	12.32	12.67△	13.23△		2.61	21.60	28.62△	35.85△	
24	43.2	13.44	13.93△	14.49△		3.48	23.59	30.75△	37.98△	
26	46.8	14.56	15.19△	15.75△		3.48	24.71	32.01△	38.37△	
28	50.4	15.75△	16.45△	17.01△		3.48	25.90	33.27△	40.05△	
30	54.0	17.01△	17.71△			4.35	28.03	35.40△	限制层高	
32	57.6	18.27△	18.97△			4.35	29.29	36.66△		
34	61.2	19.53△	20.23△			4.35	30.55	37.92△		
36	64.8	20.79△	21.49△			5.22	32.68	40.05△		
38	68.4	22.05△				5.22	33.94	限制层高		
40	72.0	23.31△				5.22	35.20			
42	75.6	24.57△				6.09	37.33			
44	79.2	25.83△				6.09	38.59			
46	82.8	27.09△				6.09	39.85			
48	86.4					6.96	限制层高			

1. 有 △ 标记层位必须增加廊道斜杆。
2. 表中 N_1、N_2、N_3、N_4 分别为：

N_1：单元框自重力，N'_1 为带廊道斜杆；
N_2：作业层附加构件重力；
N_3：安全防护层附加构件重力；
N_4：作业荷载

第三节　碗扣式钢管支撑架的搭设

支撑架主要用于现浇钢筋混凝土模板支撑或其它临时支撑。用碗扣式系列构件可以组成不同组架密度、不同组架高度、承受不同荷载的支撑架。现已广泛应用在高层现浇钢筋混凝土结构施工中，若能配备快速拆模系统，可以使模板和支撑架的周转速度比常规快一倍以上。材料占用量减少近一半，经济效果十分明显。此外，在桥梁、地道桥、箱涵、地下人行通道的施工中，也得到广泛的应用。

一、组架构造

（一）基本组合　支撑架可以根据荷载要求组成下列五种基本组合：

Ⅰ型组合：1.8m（框长）×1.8m（框宽）×1.8m（框高）的框架单元；

Ⅱ型组合：1.2m×1.2m×1.8m 的框架单元；

Ⅲ型组合：1.2m×1.2m×1.2m 的框架单元；

Ⅳ型组合：0.9m×0.9m×1.2m 的框架单元；

Ⅴ型组合：0.9m×0.9m×0.6m 的框架单元。

基本组合构造如图 10-18 所示。

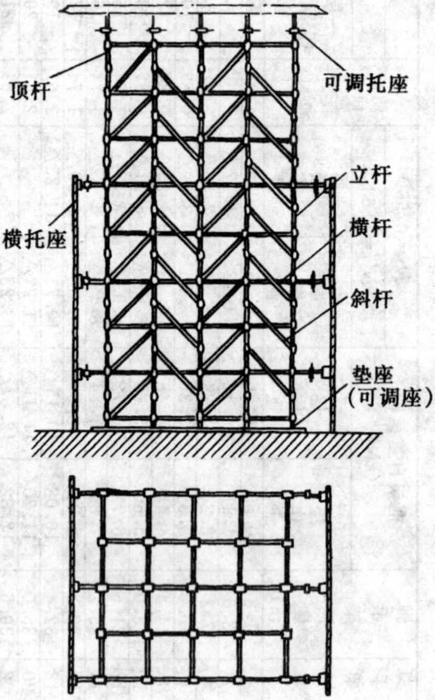

图 10-18　支撑架组合

(二)组架构造要求

1. 立柱。支撑架立柱由立杆底座(立杆垫座或立杆可调底座)、立杆、顶杆、可调托座组成。可调托座插在顶杆上,其上可直接安装支撑横梁。由不同立杆、顶杆和可调托座可组成任意高度的支撑架立柱。表10-6列出了仅用0.60m可调托座调节时,各种杆件组合高度。

表10-6 支撑架高度与构件组合

支撑高度(m) \ 杆件类型数量	可调座可调高度(m)	立杆数量		顶杆数量	
		LG-300 (3m)	LG-180 (1.8m)	DG-150 (1.5m)	DG-90 (0.9m)
2.75～3.35	0.05～0.65	0	1	0	1
3.35～3.95	0.05～0.65	0	1	1	0
3.95～4.55	0.05～0.65	1	0	0	1
4.55～5.15	0.05～0.65	1	0	1	0
5.15～5.75	0.05～0.65	0	2	1	0
5.75～6.35	0.05～0.65	1	1	0	1
6.35～6.95	0.05～0.65	1	1	1	0
6.95～7.55	0.05～0.65	2	0	0	1
7.55～8.15	0.05～0.65	2	0	1	0
8.15～8.75	0.05～0.65	1	2	1	0
8.75～9.35	0.05～0.65	2	1	0	1
9.35～9.95	0.05～0.65	2	1	1	0
9.95～10.55	0.05～0.65	3	0	0	1

续表 10-6

杆件类型 数量 / 支撑高度(m)	可调座可调高度(m)	立杆数量		顶杆数量	
		LG-300 (3m)	LG-180 (1.8m)	DG-150 (1.5m)	DG-90 (0.9m)
10.55～11.15	0.05～0.65	3	0	1	0
11.15～11.75	0.05～0.65	2	2	1	0
11.75～12.35	0.05～0.65	3	1	0	1
12.35～12.95	0.05～0.65	3	1	1	0
12.95～13.55	0.05～0.65	4	0	0	1
13.55～14.15	0.05～0.65	4	0	1	0
14.15～14.75	0.05～0.65	3	2	1	0
14.75～15.35	0.05～0.65	4	1	0	1
15.35～15.95	0.05～0.65	4	1	1	0
15.95～16.55	0.05～0.65	5	0	0	1
16.55～17.15	0.05～0.65	5	0	1	0
17.15～17.75	0.05～0.65	4	2	1	0
17.75～18.35	0.05～0.65	5	1	0	1

2. 横托座。横托座、可调横托座既可用作墙体的侧向模板支撑,又可作为重载支撑架的横向限位支撑。横托座一端用碗扣接头同支撑架连接,另一端插上可调托座,安装支撑模梁。

此外,横托座应设置在横杆层,并应两侧对称布置。

3. 底座设置。除架立在混凝土等坚硬基础上的支撑底架

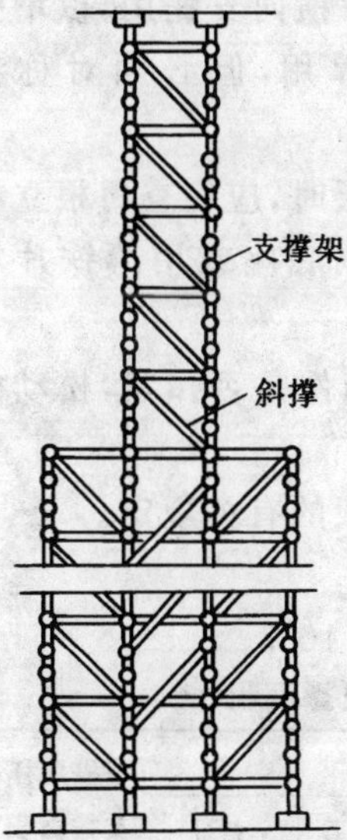

图 10-19　高架支撑扩大基础

可用立杆垫座外，其余均应设置立杆可调底座。在搭设及使用过程中，应随时注意基础的沉降，对基础沉降悬空的立杆，须调整可调底座，使之均匀受力。

4. 斜杆设置。斜杆分为：框架的外侧可设节点斜杆，框架中部立杆的碗扣接头都装有四个横杆接头，不能装碗扣式节点斜杆的可改用扣件式斜杆。

5. 高架支撑扩大基础。支撑架高宽（按窄边计算）比一般不得超过 5。否则，必须按有关规定设置缆风绳加固。也可以按图 10-19 所示扩大下部组架。

二、支撑架的搭设方法

（一）*地基要求*　地基要求同碗扣式内外脚手架。

（二）*搭设方法*

1. 施工准备。根据施工荷载需要选定支撑架组合尺寸型式，并按支撑高度要求组配立杆、顶杆及可调底座、可调托座，提出组架图和材料明细表。

2. 放线定位放底座。方法同碗扣式内外脚手架。

3. 竖立杆。第一步立杆的长度应一致，即支撑架的立杆接头应在同一水平面上，顶杆仅在顶端使用，以便能插入托座。

4. 安装横杆和斜杆。横杆的安装同脚手架，斜杆一般仅在支撑架的四周布置。不能在框架对角节点布置斜杆的，可以错节布置。

5. 安装横托座。横托座主要作支撑横向支托用，以增强框架的稳定性。也可以作侧压力支撑用，但必须对称布置。

6. 检查验收。支撑架拼装到3～5层时，应检查每根立杆底座下是否浮放松动，否则应旋紧可调底座或用薄铁片填实。

整架拼装完毕后应检查所有连接扣件是否扣紧，松动的应用锤敲紧。

组架除上述要求外，尚应遵守脚手架的有关规定。

三、支撑架荷载及立杆支撑面积

支撑架的荷载及立杆支撑面积见表10-7。

表10-7 支撑架荷载及立杆支撑面积

混凝土厚度(cm)	支撑总荷载 (kg/m^2)					每根立杆可支撑面积 S (m^2)
	混凝土重 P_1	模板楞条 P_2	冲击荷重 $P_3=P_1\times30\%$	人行机具动荷载 P_4	总计 ΣP	
10	240	45	72	200	557	5.39
15	360	45	108	200	713	4.21
20	480	45	144	200	869	3.45
25	600	45	180	200	1025	2.93
30	720	45	216	200	1181	2.54
40	960	45	288	200	1493	2.01
50	1200	45	360	200	1805	1.66
60	1440	45	432	200	2117	1.42
70	1680	45	504	200	2429	1.24
80	1920	45	576	200	2741	1.09

续表 10-7

混凝土厚度(cm)	支撑总荷载(kg/m^2)					每根立杆可支撑面积 S(m^2)
	混凝土重 P_1	模板楞条 P_2	冲击荷重 $P_3=P_1\times30\%$	人行机具动荷载 P_4	总计 ΣP	
90	2160	45	648	200	3053	0.98
100	2400	45	720	200	3365	0.89
110	2640	45	792	200	3677	0.82
120	2880	45	864	200	3989	0.75

注:1. 立杆承载力按每根 3000kg=30kN 计,混凝土容重按 $2400kg/m^3$ 计;

2. 高层支撑架另外还需计算支撑架构件自重,并加到总荷载中去。

四、支撑架用量计算

支撑架的用量计算见表 10-8。

表 10-8 支撑架用量计算

例 $1000m^3=10\times10\times10(m^3)$(长×宽×高)

组框尺寸(m^3)	构件名称	构件型号	数量计算公式 A—长、B—宽、C—高		$1000m^3=10\times10\times10(m^3)$ 数量	单重(kg)	总重(kg)	备注
	底座	DZ-1	$N=D_1\times D_2$		81	1.7	137.7	D_1,D_2,D_3
$a\times b\times c$	可调底座	TZ-2			81	10.1	818.1	
1.2×1.2×1.8	立杆	LG-300	N	$D_1=\frac{A}{1.2}+1\approx9$	3×81	17.3	4203.9	
$D_1=\frac{A}{a}+1$		LG-180		$D_2=\frac{B}{1.2}+1\approx9$	0	10.7	0	
$D_2=\frac{B}{b}+1$	顶杆	DG-150			0	8.7	0	
$D_3=\frac{C}{c}+1$		DG-90		$D_3=\frac{C}{1.8}+1\approx7$	81	5.5	445.5	
	横杆	HG-120	$D_3(2D_1D_2-D_1-D_2)$		1008	5.2	5241.6	
	斜杆	XG-216	$2(D_3-1)[(D_1-1)+(D_2-1)]$		192	6.6	1267.2	共计 12114kg

续表 10-8

组框尺寸(m)	构件名称	构件型号	数量计算公式 A—长、B—宽、C—高		1000m³=10×10×10(m³) 数量	单重(kg)	总重(kg)	备注
$a\times b\times c$ $1.8\times1.8\times1.8$ $D_1=\frac{A}{a}+1$ $D_2=\frac{B}{b}+1$ $D_3=\frac{C}{c}+1$	底座	DZ-1	$N=D_1\times D_2$		49	1.7	83.3	D_1,D_2
	可调底座	TZ-2			49	10.1	494.9	
	立杆	LG-300	N	$D_1=\frac{A}{1.8}+1\approx7$	3×49	17.3	2543.1	
		LG-180			0	10.7	0	
	顶杆	DG-180		$D_2=\frac{B}{1.8}+1\approx7$	0	8.7	0	
		DG-90		$D_3=\frac{C}{1.8}+1\approx7$	49	5.5	269.5	
	横杆	HG-180	$D_3(2D_1D_2-D_1-D_2)$		588	7.5	4410.0	
	斜杆	XG-225	$2(D_3-1)$ $[(D_1-1)+(D_2-1)]$		144	7.5	1080	共计 8302.6kg
$a\times b\times c$ $1.2\times1.8\times1.8$ $D_1=\frac{A}{a}+1$ $D_2=\frac{B}{b}+1$ $D_3=\frac{C}{c}+1$	底座	DZ-1	$N=D_1\times D_2$		63	1.7	107.1	D_1,D_2
	可调底座	TZ-2			63	10.1	636.3	
	立杆	LG-300	N	$D_1=\frac{A}{1.2}+1\approx9$	3×63	17.3	3269.7	
		LG-180			0	10.7	0	
	顶杆	DG-150		$D_2=\frac{B}{1.8}+1\approx7$	0	8.7	0	
		DG-90		$D_3=\frac{C}{1.8}+1\approx7$	63	5.5	346.5	
	横杆	HG-120	$D_3D_2(D_1-1)$		392	5.2	2038.4	
		HG-180	$D_3D_1(D_2-1)$		378	7.5	2835.0	
	斜杆	XG-216	$2(D_1-1)(D_3-1)$		96	6.6	633.6	
		XG-255	$2(D_2-1)(D_3-1)$		72	7.5	540.0	共计 9663.2kg

第四节　碗扣式钢管支撑柱的搭设

支撑柱主要用于重载支撑，是由立杆、顶杆和 0.30m 长的横杆组成的长方形柱。

一、组架构造

（一）基本组合　支撑柱结构如图 10-20 所示，其基本框架单元为 30cm×30cm×60cm（长×宽×节高），高度可任意组合，支撑方向不限。

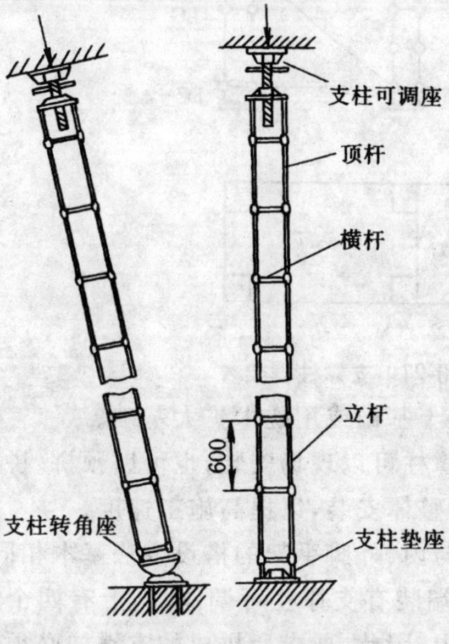

图 10-20　支撑柱结构

需要时，也可以将支撑柱用横杆和斜杆连接成如图 10-21 所示的支撑柱群架。

（二）构造　基本构造如图 10-20 所示，下端装入支撑柱垫座或可调底座，上端装入支撑柱可调底座，如果支撑方向不垂直，还可以用支撑柱转角座，可调底座可以微调 ±2°的偏角，转角座可自调 ±10°的偏角。所有柱座均应采用螺栓锚定。立杆、横杆和顶杆的构造情况同内、外脚手架。

支撑柱可以单独使用，也可用横杆、斜杆将数组支撑柱连成一支撑群架，如图 10-21 所示。这样，不但可以大大提高支撑架的整体承载力，而且可以增大支撑柱的支撑高度。

二、支撑柱的搭设方法

（一）地基处理　由于支撑柱支承的荷载较大，而与地基的接触面积较小，所以对地基基础较内、外脚手架，支撑架的

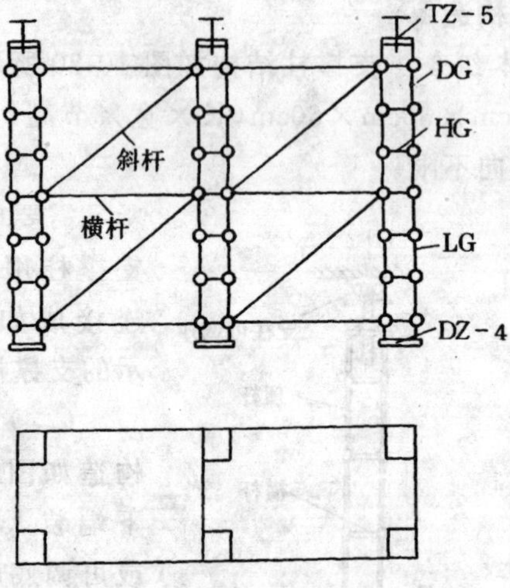

图 10-21 支撑柱群架

要求高，一般应做成混凝土基础或用枕木扩大基础。

(二)搭设方法　支撑柱可以现场安装，也可以预拼。拼好后作为工具使用，施工时整体安装，以提高施工速度。

支撑柱的搭设方法与内、外脚手架的搭设方法基本相同。要注意的是支撑柱的两端装有支撑柱可调座，其上有四个柱销插入立杆(顶杆)钢管内。因此，要求所拼成的支撑柱必须是正方形，在搭设时必须随时注意调整。否则，误差过大易造成安装困难。

第五节　物料提升架和爬升架的搭设

一、物料提升架

用碗扣式钢管脚手架搭设物料提升架，不仅结构简单，安装方便，装拆速度快，而且结构稳定可靠，杆件可以重复使用，

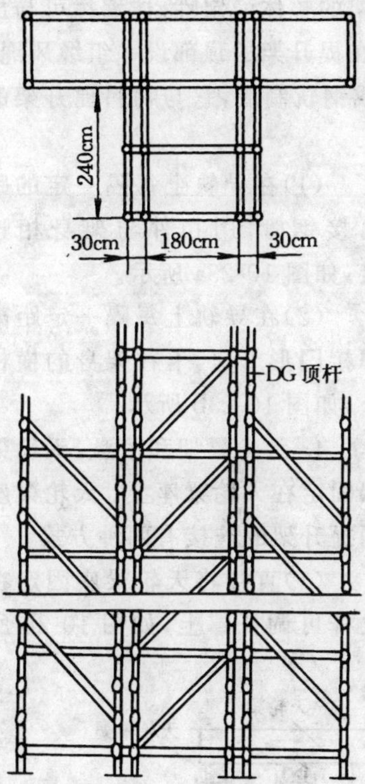

图 10-22 物料提升架组架

通用性强，是一种安全经济的物料提升架。

（一）组架构造 物料提升架的一般结构型式如图10-22所示。它由基础、架身、导轨、天轮架和吊盘五部分组成。各部分的构造要求如下：

1. 架身。架身由立杆、顶杆、横杆和斜杆组成，在第一层应用3.0m和1.8m的立杆交错布置，其上均用3.0m的立杆接长，顶部用1.8m的顶杆找齐，横杆层高一般取1.2m（或1.8m），除出料口无法设置斜杆外，物料提升架的四侧均应设置节点斜杆。

进料口设在提升架最下层外侧，出料口设在每层楼入口处，当进料口或出料口处需要拆掉横杆时，其上部横杆应加密。

2. 缆风绳和连墙杆。对独立不附墙的物料提升架，应每隔15m设一组缆风绳。缆风绳对角设置，每组不少于4根，缆风绳下端固定在地锚上，并设索具螺栓以调节缆风绳的松紧程度。缆风绳上端与物料提升架绑扎牢固，缆风绳与地面的倾角为45°～60°。

对附墙的物料提升架应在每层楼处设置连墙撑，使之与建筑物拉结牢固,以增强提升架的整体稳定性。连墙撑可与出料口一同布置。此外,至少应在提升架的顶部设一组缆风绳。

3. 导轨。导轨可用钢管或钢轨制成,它与物料提升架的连接有以下方式:

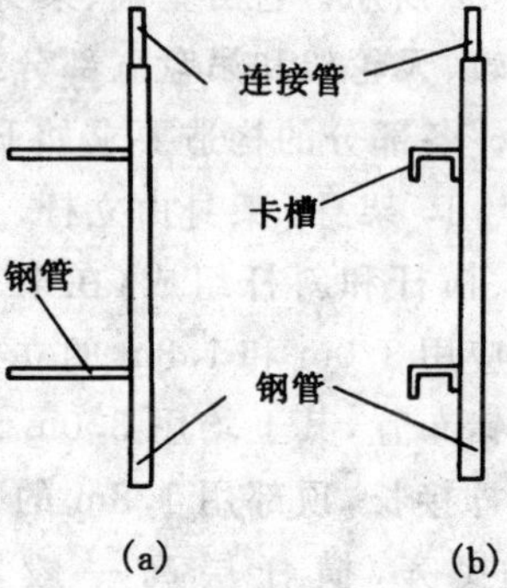

图 10-23 导轨设置

(1)在导轨上每隔一定的距离接钢管,用扣件与架身相连接,如图 10-23a 所示。

(2)在导轨上每隔一定距离焊接冂形卡口,卡在架身的横杆上,如图 10-23b 所示。

4. 天轮梁架和吊盘。天轮梁架固定在天轮梁座上。天轮梁座同提升架的连接有两种方式:

(1)直接将天轮梁座固定在立杆可调托撑上,如图 10-24 所示。这种方法适用于提升架高度较小、荷载也较小的情况。

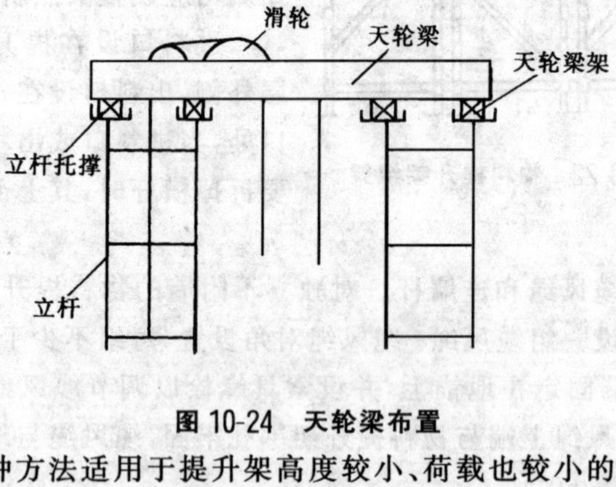

图 10-24 天轮梁布置

(2)制作专门的天轮梁座,使其直接插入提升架的立杆钢管内，以增强其整体性，这种方法用于高度较大、载重较重的提升架。

吊盘的制作同一般的井架吊盘，可用型钢及钢板焊成。

（二）物料提升架的搭设方法　物料提升架的安装方法基本上与内、外脚手架相同，但必须强调以下几点：

1. 物料提升架应与脚手架联成一体，不仅强度得到改善，而且可将物料直接提升到脚手架的作业平台上。

2. 提升架除下端物料车入口处和上端物料车出口处外，其余地方均应设置斜杆。

3. 提升架提升滑轮横梁的支承立杆应采用顶杆，便于横梁座插入固定。

4. 独立拼装的物料提升架应注意整架稳定强度，必要时采用缆风绳加强。

二、爬升架的搭设

在高大、外表形状简单的建筑物上可以采用爬升挑梁作依托的悬空爬升架，并能逐框拆除升高后重新拼装，从而实现随着建筑物的升高，爬升脚手架也能升高的目的。

（一）组架构造　碗扣式钢管爬升架是由爬升挑梁、立杆、横杆、斜杆及脚手板等构件搭设而成（图 10-25）。单元尺寸为 0.90m×1.80m×1.80m（廊宽×框长×框高），采用人工拆装逐框爬升。最小爬升步距为 3.60m，最大步距不超过 18m，整架限制层高为一层，允许两层同时作业。

爬升挑梁上两个可调座间距 0.9m，即组成的脚手架的宽度为 0.90m；横杆层高一般取 1.8m；爬升挑梁横向间距（即爬升脚手架立杆纵距）可取 1.5m 或 1.8m。

爬升架通过锚固螺栓与结构连接在一起，锚固螺栓如图 10-26 所示。锚固螺栓预埋定位水平间距 1.8m，高度间距为

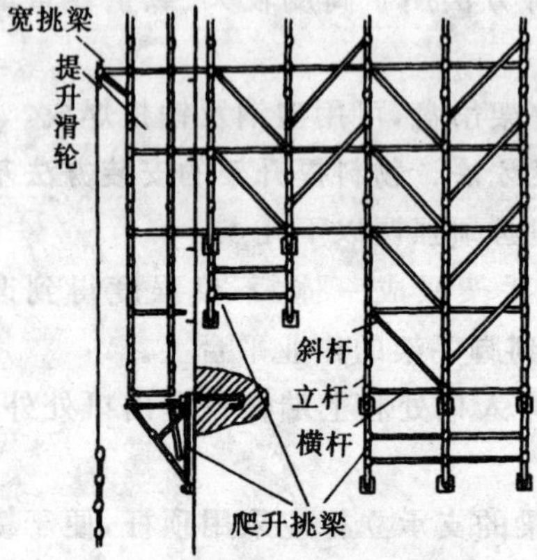

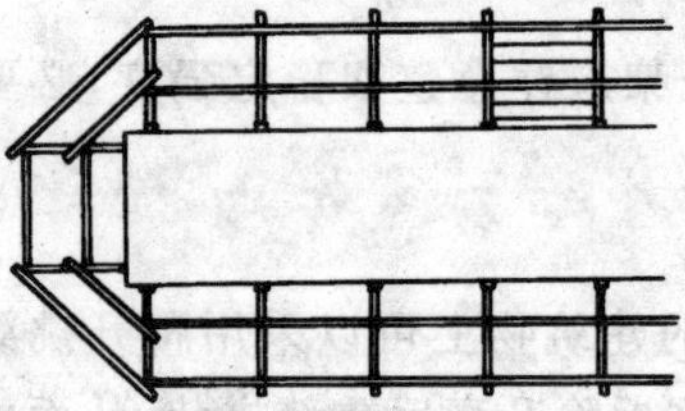

图 10-25　爬升脚手架组合

3.6m 的整数倍，视跨距而定。预埋螺栓定位误差：左右±7mm，上下±20mm。

预埋锚固螺栓及挂锚成型模块可固定在钢筋或模板上。定位前的螺栓上要涂以黄油。要避免混凝土浆流入模块内。模板脱模后旋出模块即可安装脚手架挂锚，待混凝土强度达到 70%以上时才能承载使用。

(二)搭设及爬升方法

1. 爬升原理。爬升架的爬升原理是在已浇注好的混凝土上安装爬升挑梁，在其上搭设脚手架，进

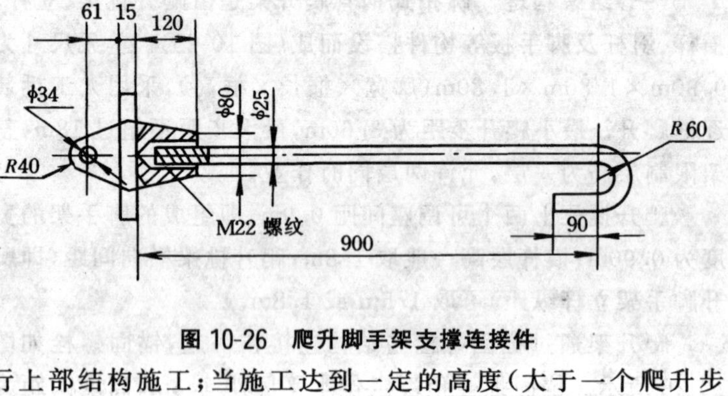

图 10-26　爬升脚手架支撑连接件

行上部结构施工；当施工达到一定的高度(大于一个爬升步

距)时，在一层安装爬升挑梁，然后将下面的脚手架拆掉装在上一层爬升挑梁上，这样，两层爬升挑梁交替安装，脚手架也随之不断升高，充分发挥了碗扣式脚手架拆卸快速省力的特点。

2. 搭设方法：

(1)预埋固定螺栓。预埋螺栓是将爬升架与结构连成一体的关键部件，要求预埋螺栓定位准确，埋设牢固。

(2)当混凝土的强度达到设计强度的70%时，即可在预埋螺栓上安装爬升挑梁。

爬升挑梁按图10-27所示，将挑梁用挂销锁定后，即可用横杆将所有挑梁连成整体，以加强稳定性。

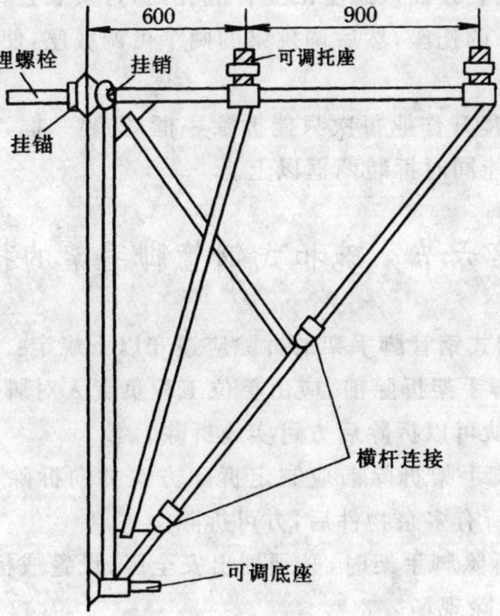

图10 27 爬升挑梁安装

(3)调整爬升挑梁下端的可调托座,使挑梁水平杆水平,然后在水平杆上搭脚手板和安装脚手架。脚手架安装到三层左右,要调整挑梁上的可调底座,使脚手架的垂直度和水平度达到前述要求,并使整架的底脚均匀受力,避免浮放。

(4)脚手架的安装除要求斜杆满框布置外,其它操作要求同内、外脚手架。

(5)架子在爬高前,应检查邻框斜杆安装是否齐全牢靠,并撤除爬升架上方的所有静动荷载,禁止其他人员作业。先拆除挑梁横杆和挑梁,后拆除框架的横杆和斜杆等,最后拔去立杆连接销,拆除立杆。

(6)在新的升高层安装挑梁,要先将挑梁的两个可调座调至最低位置并插入悬空的立杆底孔内,再安装挂销。按上述要求调整可调托座,然后调挑梁的两个可调底座,使立杆接触承力。

(7)爬升作业每次只能拆除一框,安装一框,逐框推进爬升,绝不能同时拆装两框以上。

第六节　碗扣式钢管脚手架的拆除

碗扣式钢管脚手架的拆除应遵守以下规定:

1. 脚手架拆除前,应由单位工程负责人对脚手架做全面检查,确认可以拆除后方可实施拆除。

2. 脚手架拆除前应制定拆除方案并向拆除人员技术交底,清除所有多余物件后,方可拆除。

3. 拆除脚手架时,必须划出安全区,设警戒标志,并设专人看管拆除现场。

4. 脚手架拆除应从顶层开始,先拆横杆,后拆立杆,逐层往下拆除，禁止上下层同时或阶梯形拆除。

5. 连墙拉结件只能拆到该层时方可拆除，禁止在拆架前先拆连墙杆。

6. 拆除后的部件均应成捆用吊具送下或人工搬下，禁止从高空往下抛掷。

7. 局部脚手架如需保留时，应有专项技术措施，经上一级技术负责人批准，安全部门及使用单位验收，办理签字手续后方能使用。

8. 拆除到地面的构配件应及时清理、维护并分类堆放，以便运输和保管。

第十一章　吊、挂、挑、插口脚手架

第一节　吊脚手架的安设与使用

吊脚手架一般用于高层建筑施工中的外墙装修阶段。它是通过建筑物特设支承点固定悬挑挑梁，利用吊索悬吊吊架或吊篮进行装饰工程施工的脚手架。它一般由吊架、支承设施、吊索及提升设备组成，如图 11-1 所示。

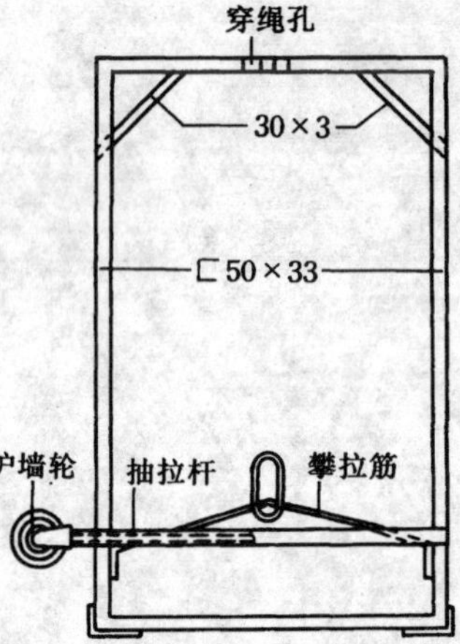

图 11-1　吊架

一、吊架

吊篮一般分手动和电动两种。目前我国采用手动吊篮较多，而且都是在施工现场根据工程特点自行设计，并用扣件钢管组装而成，它比电动吊篮经济实用。

当用于高层建筑外墙面的维修、清扫时，采用电动吊篮则具有灵活、轻便、速度快的优点。

(一)手动吊篮的搭设要点

1. 手动吊篮的基本构件是采用薄壁型钢或 $\phi48\times4.5$mm 钢管焊接或搭设成矩形框架，搭设时以 3～4 榀框架为一组，按间距 2～3m 排列，在纵向和横向用钢管及扣件连接成整体，并铺设脚手板、装置栏杆、安全网和护墙轮，即成为一组可以上下同时操纵的双层吊架。栏杆和护墙轮支杆也用扣件与框架相连，如图 11-2 所示。

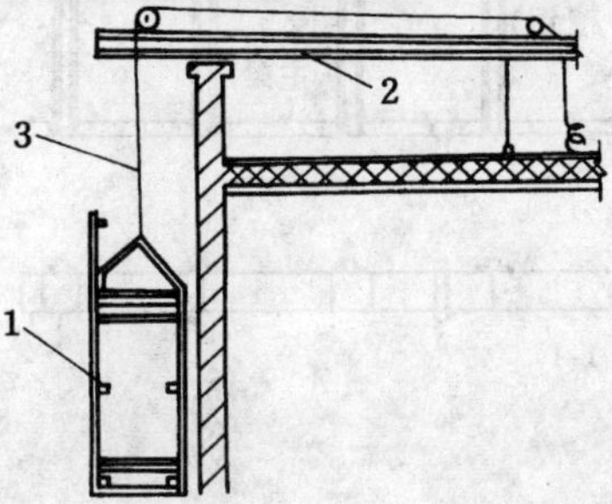

图 11-2　吊篮式脚手架示意图

1. 吊架　2. 支承设施　3. 吊索

2. 吊篮内侧与结构面的间距为 100～200mm，两个吊篮框架之间的间隙不得大于 200mm。吊篮的最大长度不宜超过 8m，宽为 0.8～1.0m，高度一般不宜超过两层，每层高度不超过 2m。吊篮立杆纵向间距不得大于 2m，外侧防护栏杆高 1.5m，每道栏杆间距不大于 500mm。吊篮底部四周设的挡脚板高度不小于 180mm。此外，吊篮的顶部必须设护头棚，外侧及两端用安全网封严。

3. 支承脚手板的横杆横向水平间距：当采用 30mm 厚的脚手板时，不大于 50cm；当采用 50mm 厚的脚手板时，不大于 100cm。脚手板与横杆之间应绑扎牢固。

4. 所有扣件式钢管杆件，伸出扣件的长度应不小于 100mm，以防滑脱。吊篮架体的外侧大面和两端小面应加设剪刀撑或斜撑杆卡牢。

5. 吊篮架内侧两端应装有可伸缩的护墙装置，使吊篮在工作时能与结构面靠紧，以减少架体的晃动。同时，超过一层架高的吊篮架应设爬梯，供人员上下。每层架的上下人孔处必须设盖板。

（二）底盘架构造　底盘架构造如图 11-3 所示。

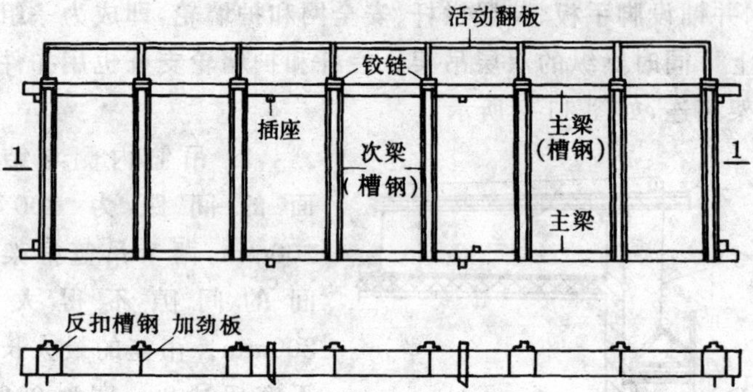

图 11-3　底盘架

（三）顶盖架构造　顶盖架的构造如图 11-4 所示。

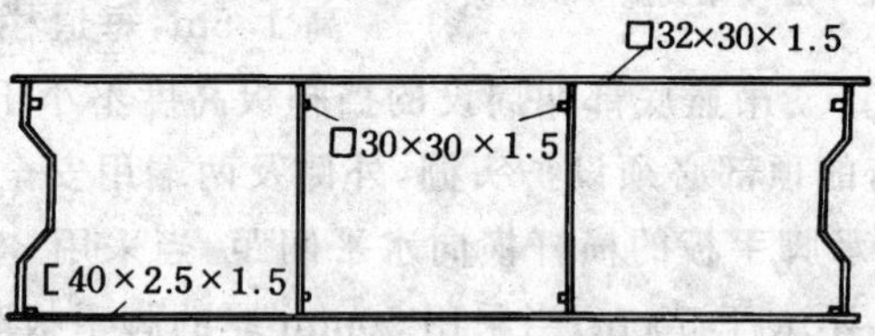

图 11-4　顶盖架

（四）护身栏构造　护身栏构造如图 11-5 所示。

二、支承设施

吊篮的支承设施是确保施工和人员安全的关键设施，必须按设计规定与主体结构固定牢靠，挑出长度必须保证其抵抗力矩大于倾覆力矩的 3 倍。支承设施之间应用纵向水平杆连接成整体，以保证结构稳定。

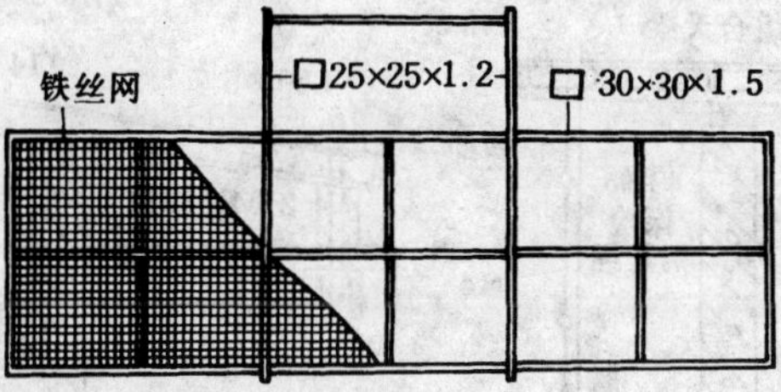

图 11-5 护身栏

一般在建筑结构的屋顶设置挑架或挑梁悬吊吊篮作业。

(一)挑架 屋顶挑架构造如图 11-6 所示。一般用工字钢或槽钢焊成挑架,挑架用 V 形固定环或预埋螺栓固定在屋顶上。

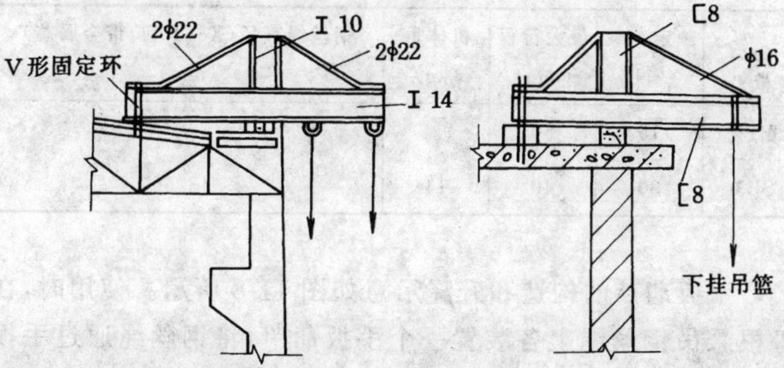

图 11-6 屋顶挑架

(二)挑梁 屋顶挑梁的构造如图 11-7 所示。挑梁可以用组合天梁或工字钢通过预埋件固定在屋顶上。

三、吊架的升降设备及升降方法

(一)手扳葫芦连续升降 手扳葫芦携带方便,操作灵活,可以在任意方向使用。常用手扳葫芦的型号和规格如表 11-1 所示。

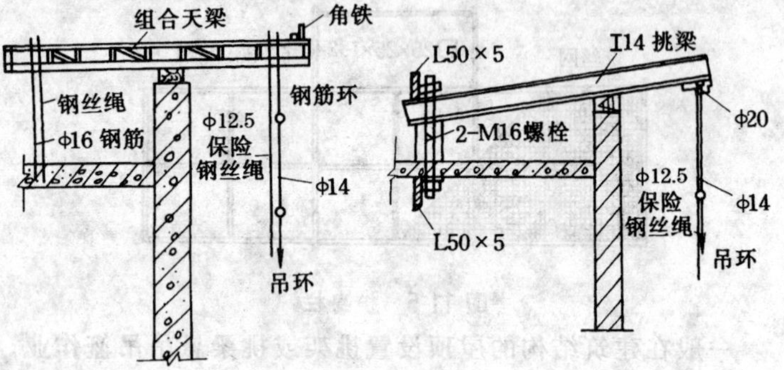

图 11-7　屋顶挑梁

表 11-1　手扳葫芦的规格

型号	额定荷载(kN)	最大行程(mm)	机体重(kg)	钢丝绳直径(X—T 型,带金属芯)(mm)
SB1½t	15	50	9.5	9
SB3t	30	40	14	13.5

手扳葫芦的构造和升降示意如图 11-8 所示。使用时,在每根悬吊钢丝绳上各装置一个手扳葫芦,将钢丝绳通过手扳葫芦的导绳孔向吊钩方向穿入、压紧,往复扳动前进手柄,即可进行起吊或牵引;往复扳动倒退手柄,即可下落或放松。

在操作手扳葫芦时,前进手柄和倒退手柄不能同时扳动。操作过程中,严禁扳动松卸手柄,不准超载使用。

为了确保安全,在使用手扳葫芦时尚需增设一根 ϕ12.5mm 的保险钢丝绳,以免手扳葫芦打滑或断绳时发生事故。

(二)电动机械升降　可以专门制作配合吊篮使用的电动

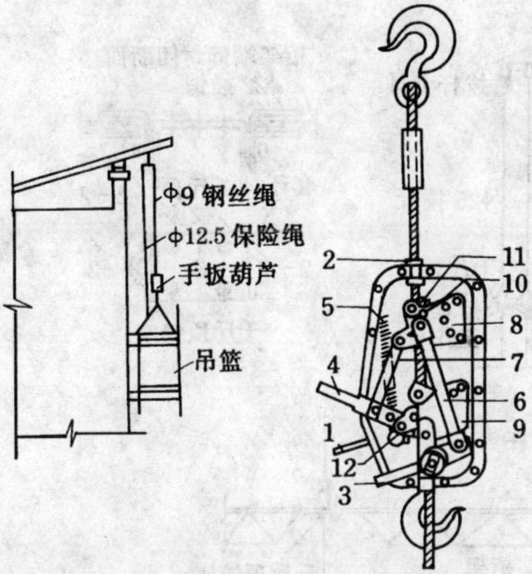

图 11-8　手扳葫芦构造及升降示意

1. 松卸手柄　2. 导绳孔　3. 前进手柄
4. 倒退手柄　5. 拉伸弹簧　6. 左连杆
7. 右连杆　8. 前夹钳　9. 后夹钳
10. 偏心板　11. 夹子　12. 松卸曲柄

升降车或在地面上设置卷扬机,采用一机多吊的方法升降吊架或吊篮。

（三）液压提升

在装配式厂房或框架建筑的围护墙砌筑工程中,可以利用滑升模板使用的液压提升装置来提升吊架,如图 11-9 所示。

采用这种方法进行施工时,应注意以下问题:

1. 承重挑架置于屋顶时,应顺屋架的方向布置,要注意挑架支点的可靠性,挑架之间的横向联系应牢靠。

2. 拔杆用 ϕ25 圆钢,拔杆上端与挑梁固定,下端穿入千斤顶,拔杆接长采用焊接。接好的拔杆应同中心等强度,接头要磨光。

3. 千斤顶底座与吊架的连接要采用铰接,以保证工作台工作不同步或倾斜时,千斤顶仍能沿拔杆正常上升。

4. 工作台之间的升差太大,无法工作时,或者个别千斤顶发生故障需要更换时,可以用钢筋卡子卡在拔杆上,用捯链把工作台调平,或将工作台提起,更换千斤顶。

5. 液压爬升系统安装完毕,在正式使用以前要进行荷载

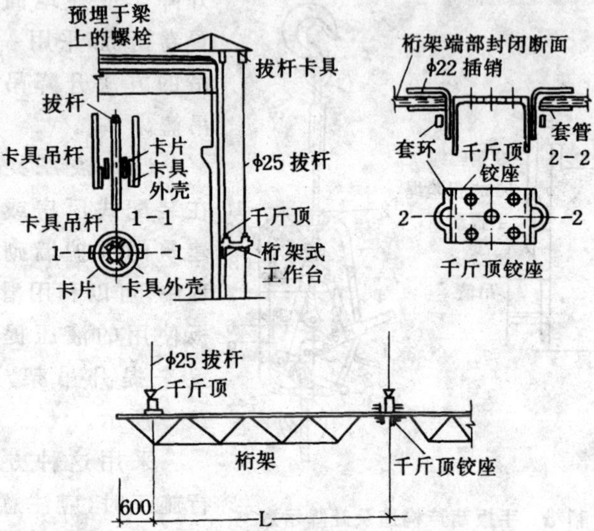

图 11-9　液压提升吊脚手架

试验,加荷载 4h,经检查合格后方可使用。

四、吊索

挑梁或挑架的前端设有套环,吊索一端系住套环,另一端通过手扳葫芦,摇动手扳葫芦,吊篮就顺吊索升降。

为了保证吊篮安全使用,应另用安全绳将吊篮与挑梁相连住,并用保险绳将挑梁与上层结构拉住。

吊索、安全绳和保险绳应用钢丝绳,其直径必须经计算确定,严禁使用不符合设计要求的钢丝绳,不准超载使用。

五、使用要点和安全注意事项

(一)使用要点

1. 吊篮使用前,必须仔细检查屋面支承设施的悬挑长度是否符合设计要求,与结构的连接是否牢固可靠,以及配重的位置和配重的重量是否符合设计要求。

2. 检查吊索、安全绳和保险绳。

3. 吊篮在现场组装完毕，经检查合格后运到指定位置，接上钢丝绳和电源试车，同时，由上部将工作钢丝绳和安全绳分别插入提升结构及安全锁中。工作钢丝绳一定要在提升机运行中插入。接通电源时，一定要注意电动机运转方向，使吊篮能按正确方向升降。

4. 使用手扳葫芦升降吊篮时，往复扳动前进手柄，即可使吊篮上升；往复扳动倒退手柄时，即可使吊篮下降，但不可同时扳动前进和倒退手柄。

(二)安全注意事项

1. 吊篮和吊架的使用荷载不准超过 $120kg/m^2$。升降时不超过 2 人同时操作。

2. 保险绳直径不小于 12.5mm，接头卡扣不少于 3 个，不准使用有接头的钢丝绳。

3. 任何人不得随意拆改吊架或吊篮。

4. 承受挑梁拉力的预埋吊环，应用直径不小于 16mm 的圆钢，埋入混凝土的长度大于 36cm，并与主筋焊接牢固。

5. 挑梁应用不小于 $14^{\#}$ 的工字钢。如使用其它材料，应经过计算确定。挑梁的挑出端应略高于固定端，挑梁之间纵向应用钢管或其它材料连结成一个整体。

6. 吊索必须从吊架的主横管下穿过，连接夹角要保持 $45°$，并用卡子将吊钩和吊索卡死。

7. 五级以上大风，严禁进行作业。大风、大雨、大雪后应全面检查，合格后方可使用。

第二节　挂脚手架的安设与使用

附墙挂架子主要用于外装修施工。它的主要组成部分是钩挂在墙上的挂架，在各挂架之间铺设脚手板形成工作平台。

一、挂架子的构造

（一）挂架　常用的挂架基本构造如图 11-10 所示，有三

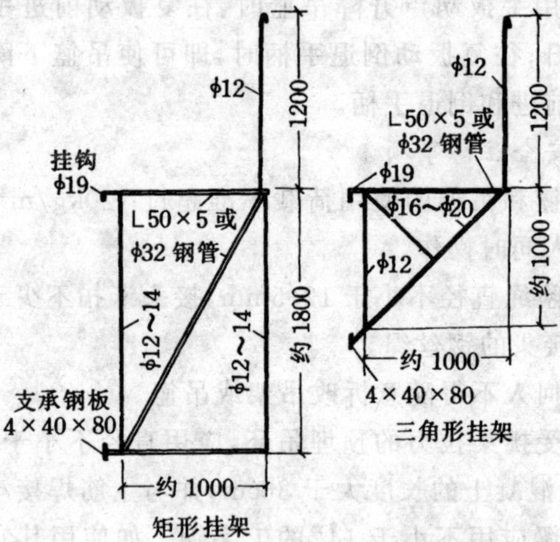

图 11-10　挂　架

角形和矩形两种。三角形挂架每使用一步架高要移挂一次；矩形挂架由于上下水平杆上均可以铺设脚手板，所以可使用二步架高再移挂一次。

挂架可用钢管、钢筋或角钢等焊成，上水平杆端头焊有挂钩，下水平杆（或斜杆）端头焊有支承钢板，挂架宽约 1m，三角形挂架高 1m，矩形挂架高 1.8m。

（二）挂置点的设置　挂置点大多设在柱子或承重墙体内。常用的有以下两种设置方法：

1. 在柱子内预埋挂环或设置卡箍，如图 11-11 所示。

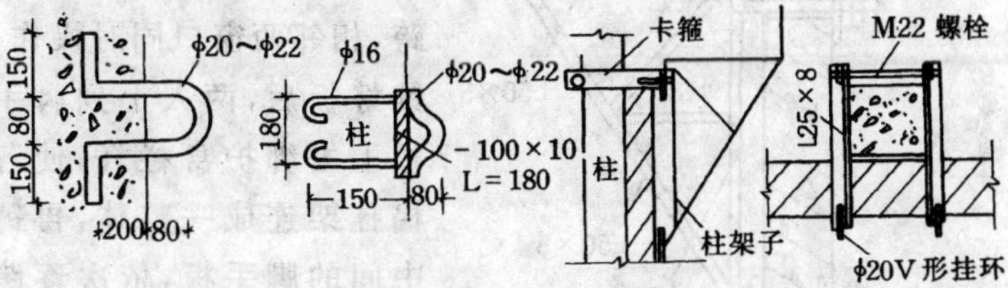

图 11-11　柱内预埋挂环或设卡箍

2. 在墙体内预留孔洞，用螺栓与挂架相连，如图 11-12 所示。采用这种方法须注意：一是墙体必须是钢筋混凝土承重墙，混凝土强度必须达到设计强度的 70%时才能挂脚手架；二是在洞口两侧厚度小于 24cm 的墙体内和宽度小于 49cm 的窗间墙内均不得设挂架。

穿墙螺栓和预埋挂环，必须用 ϕ20mm 以上的圆钢制成，不得使用变形钢筋。

二、搭设和使用

（一）搭设要点

1. 按设计位置安设预埋件或预留孔洞。连墙点的设置是挂架安全施工的关键，无论采用何种连墙方法，都必须经过设计计算，施工时务必按设计要求预埋铁件或预留孔洞，不得任意更改或漏放连墙件。

2. 安装挂架。挂架一般是事先组装好的，安装时，将挂架由窗口处伸出，应将上端的挂钩与预埋件或螺栓连结牢固，推动挂架使其垂直于墙面，下端的支承钢板紧贴于墙面。在无窗

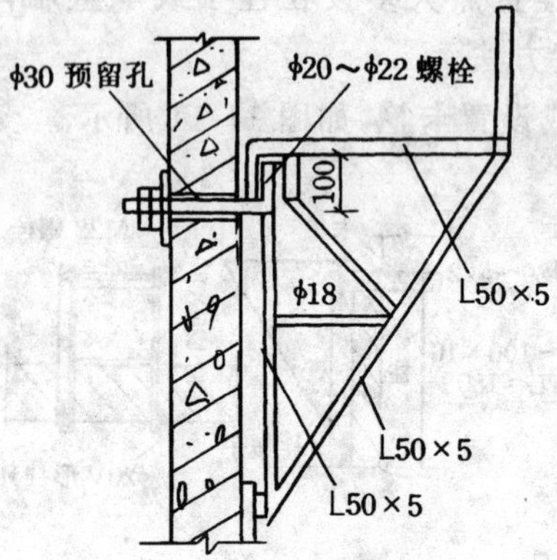

图 11-12　预留孔设置

口处可由上层楼板上用绳索安装。

挂架安放好后，先由窗口处将脚手板铺上一跨，相邻两窗口同时操作。铺好板后，两人上到脚手板上去绑护身栏杆，使各榀挂架连成一整体，再铺中间的脚手板，依次逐跨安装。

(二)使用注意事项

1. 挂架子的负载较轻，严禁超载使用。

2. 在正式使用前，要在接近地面的高度做荷载试验，加载试验至少持续 4h，以检验悬挂点的强度与焊接和预埋质量，以防事故发生。

3. 使用时，需另备一套挂架，两套倒着用。往上或往下翻挂架时，先将挂架按搭设方法挂在墙上或墙下，固定好一跨，然后上下两步架各站一个人，传递脚手板或安装挂架，绑扎或拆除护身栏。

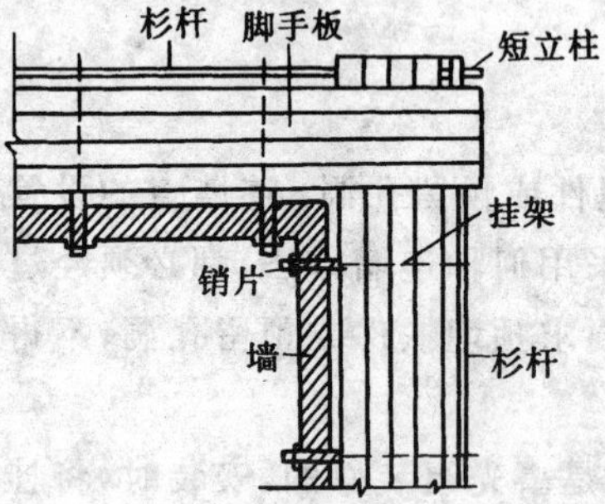

图 11-13　转角处脚手板的铺法

4. 上下挂架以及操作时动作要轻，不得从高处跳到挂架上。

5. 在建筑物拐角处，

为确保安全，可按图 11-13 所示，在每面挂架上增设水平杆，水平杆向转角处挑出，并互相绑牢，然后将脚手板铺在挂架和水平杆上，水平杆相交处应加绑短立杆作为护身栏的立柱。

第三节　挑脚手架的安设与使用

在高层建筑施工中，为了解决垂直运输问题，可以从已建好的房间窗户处挑出悬挑平台。悬挑平台与塔式起重机相互配合工作，可以解决施工层的上料、拆下的模板倒层等问题。

一、挑脚手架的构造

挑脚手架的构造及其尺寸要求依据施工需要而定。一般由主梁、次梁、底板、栏杆、吊索等部分组成，如图 11-14 所示。

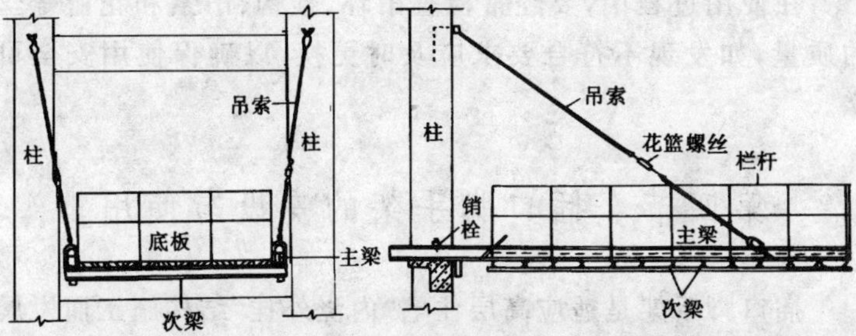

图 11-14　悬挑平台

主梁、次梁可用工字钢或槽钢，主梁用两根，次梁根据设计计算等距离布置。次梁上铺设木脚手板。

栏杆可用钢管或钢筋制作，高约 1m。吊索可用 6×19＋1 的钢丝绳，并附花篮螺丝，以调节松紧。吊索上端应钩挂在上层结构上，下端与主梁的吊环固定。

主梁的一端伸进楼面内，与楼板结构固定。

挑脚手架的关键部位是钩挂吊索的吊环，它的角度位置及焊接质量关系到挑脚手架能否安全使用，所以必须按设计要求严格控制检查。否则吊索拉上后，会使吊环冷弯产生裂纹，极易发生安全事故，必须格外注意。

二、挑脚手架的安装与使用

挑脚手架应在地面上拼装好，再用塔式起重机吊至安装位置，待吊索挂牢后，主梁端头固定好方可脱钩。以后逐层倒层也必须用塔式起重机进行。

挑脚手架安装时，挑出部分应略微上翘，以使人在上面操作有安全感。

挑脚手架的上料量必须控制在设计规定的范围内，不得超载。

在使用过程中，要经常检查吊环、挂钩、吊索和花篮螺丝的质量，如发现不符合要求应及时更换，以确保使用安全可靠。

第四节　插口脚手架的安设与使用

插口脚手架是适应高层住宅“内浇外挂”结构施工而发展起来的一种架子，它是悬挂外脚手架的一种特殊形式。

插口脚手架利用建筑结构外墙的门窗洞口或者框架柱间的空隙，在结构内侧附加别杠或别环，将架子挂住并随结构施工逐层往上提升，如图 11-15 所示。

一、插口脚手架的构造要求

1. 插口脚手架多采用 $\phi48\times3.5$ 钢管组装而成，最大长度不超过 8m，宽度为 0.8～1.0m。

2. 插口架的立杆，纵向间距不大于 2m，插入窗口内的小横杆必须与窗口内的别杆用扣件卡牢。

3. 窗口内的别杆每侧压墙长度不小于200mm，别杆与墙之间的空隙必须用楔子靠紧。

4. 插口架外侧的护身栏高度必须超过操作层面1.0m以上，并设挡脚板，外侧用安全网封严。

5. 支承脚手板的小横杆的间距，当脚手板厚为30mm时，间距不大于500mm；当采用50mm厚的脚手板时，间距不大于1000mm。

脚手板与横杆之间应固定牢固。小横杆与大横杆之间也应固定牢固。

各杆件端头伸出扣件不应小于100mm。插口架的外侧面和两端应设剪刀撑和斜撑，以保证脚手架的空间稳定。

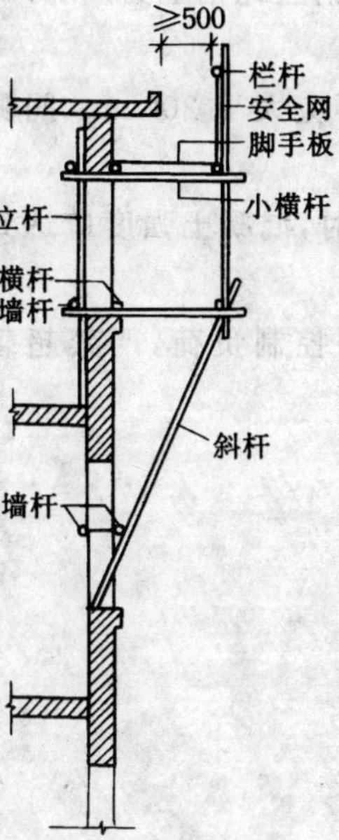

图 11-15　插口架子

6. 插口架的负荷量不得超过1.2kN/m²，架子上严禁堆放材料，人员不准集中停立。

二、安设与使用

1. 插口架子在现场预先拼装好。

2. 插口架的提升或降落，应使用塔式起重机等起重机械，必须用卡环吊运，不准使用吊钩。严禁作业人员站在架子上随架子升降。

3. 插口架与门窗洞口的连接，必须按照“先别后摘，先挂后拆”的顺序进行，即安装时应与门窗洞口用别杆卡牢后，方可摘钩；拆卸时，必须先用卡环挂好，钢丝绳稍吃力后，方可拆除。

4. 安装时，相邻脚手架的间隙不应大于200mm，间隙处应用盖板封严，并固定严紧。

5. 外墙为现浇钢筋混凝土结构时，混凝土强度应达到设计强度的70％以上才能安装插口架。

6. 插口架在使用过程中应严格控制负荷，严禁超载作业。

第十二章　内脚手架的搭设

内脚手架用于楼层内砌墙、内装饰和砌筑围墙等，常用的有：组合式平台脚手架、支柱式内脚手架和移动式脚手架。

第一节　组合式平台脚手架

一、组合式平台脚手架的构造

组合式平台脚手架由立柱架、联系桁架、横向桁架、三角挂架以及脚手板等部件组成，如图 12-1 所示。

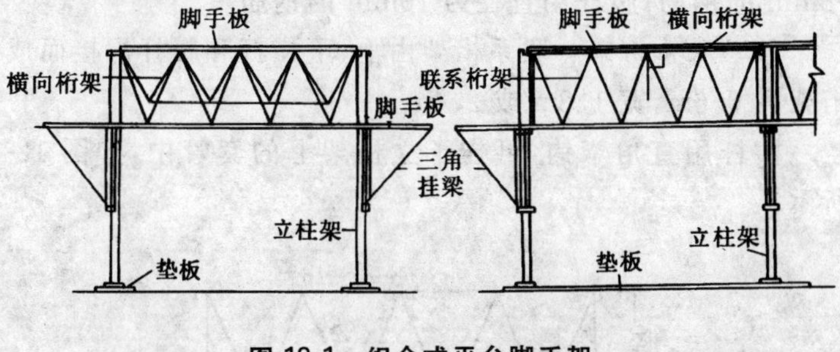

图 12-1　组合式平台脚手架

组合式平台架适于砖混结构的砌砖内架使用，承载力大，每个平台可承受 20kN（600 块砖和两桶砂浆）的荷载。

各部件的构造要求如下：

（一）立柱架　立柱架如图 12-2 所示，它由两根立柱和上、下横杆及腹杆等焊接而成。立柱一般用直径为 45～50mm 的钢管，并在钢管的底端焊有底座，在立柱的中部与顶部焊有

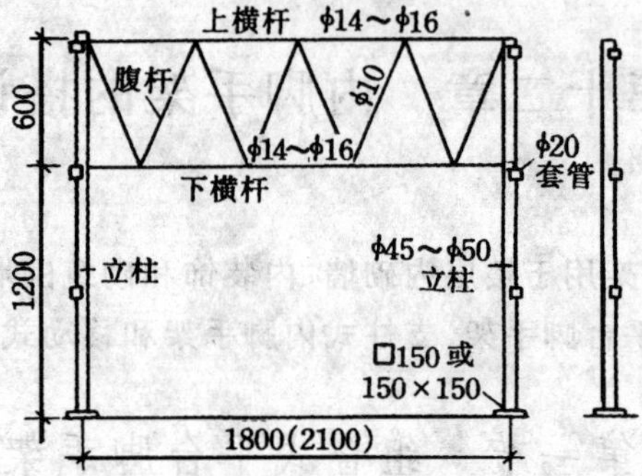

图 12-2 立柱架

套管，用以挂设三角挂架。

（二）上、下横杆及腹杆　上、下横杆均用直径为 14～16mm 的钢筋；腹杆用直径为 10mm 的钢筋。

（三）联系桁架　联系桁架由上、下横杆和腹杆焊接而成。桁架高 0.6m，宽 1.8m 或 2.4m。

横杆用直角弯钩，可挂于立柱架上的套管中，如图 12-3 所示。

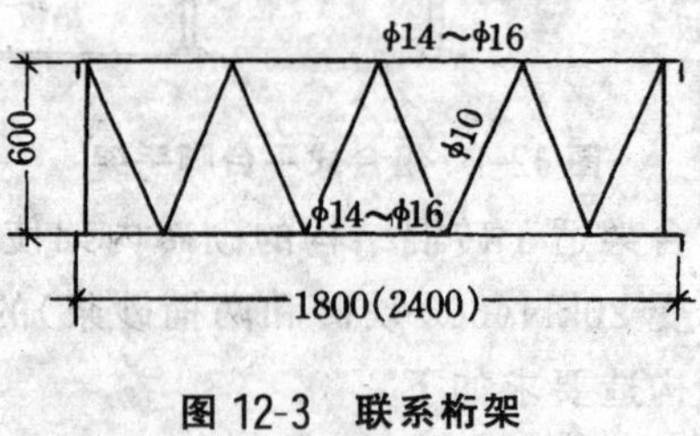

图 12-3 联系桁架

（四）横向桁架　横向桁架由上、下横杆和腹杆焊成。上、下横杆用直径为 14～16mm 的钢筋；腹杆用直径为 10mm 的钢筋，上横杆两端有直角弯钩。可挂在联系桁架的上横杆节点上，横向桁架高为 0.45～0.5m，宽为 1.81 或 2.11m，如图 12-4 所示。

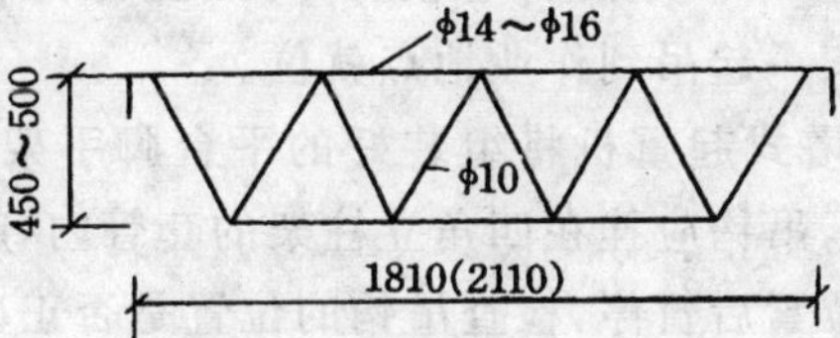

图 12-4　横向桁架

（五）三角挂架　三角挂架供砌筑人员在其上操作用，可用直径为 14～16mm 的钢筋焊成。三角挂架的下端有竖向插销，上端有直角弯钩，用以分别插入立柱的套管中，从而固定三角挂架。

三角挂架的高度为 0.6m，宽度有 0.5m 或 0.7m 两种，0.7m 宽的用于转角处，如图 12-5 所示。

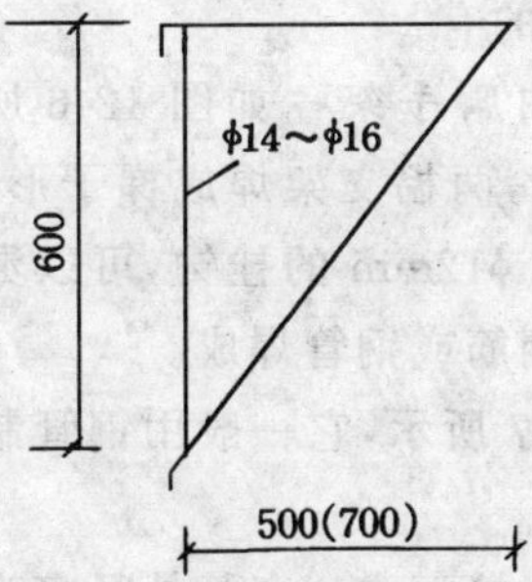

图 12-5　三角挂架

三角挂架上铺脚手板，供砌筑人员操作和放置施工材料。

二、组合式平台脚手架的组装

组合式平台脚手架的组装要点为：

1. 首先由两人将两榀主柱架竖起扶直，然后第三人把联系桁架搬起，将联系桁架上端弯钩挂在立柱架的套管中，从而固定立柱架，形成一个长方形的空间框架。为防止弯钩脱落，可另加一道 8# 铁丝绑牢。

2. 将横向桁架搁在联系桁架的节点上，再在上面铺绑平台脚手板，即成平台脚手架。

3. 为了防止立柱架的立柱对楼板产生过大的集中荷载，应在底盘下垫 5cm 厚的脚手板，并与底盘钉绑牢固，吊运时随平台脚手架一起吊到作业地点就位。

4. 使用塔式起重机将组装好的平台脚手架吊运到作业地点。吊运时，吊钩应挂在四角立柱架的套管内，起吊要慢，待四角钢丝绳拉紧后暂停，检查吊钩的位置是否正确牢固，如果吊钩挂在桁架或脚手板上，应落钩重新挂好再起吊，并要求吊点同时受力起吊。

为了防止吊运过程中发生散架事故，可用杉篙将组装好的平台架两榀立柱绑扎加固。

第二节　其它内脚手架

一、内脚手架的形式

其它内脚手架的形式很多，常见的有：

（一）角钢（钢筋、钢管）折叠式内脚手架　如图 12-6 所示，角钢折叠式内脚手架由角钢焊成，两榀支架焊成梯子形，支架的上端用铁铰链相连，下端设有 ϕ12mm 的挂钩，可以灵活移动使用。这种脚手架也可以用钢筋或钢管焊成。

（二）支柱式内脚手架　如图 12-7 所示，它一般用钢管制成，主要杆件有支柱、横杆、托架等。

支柱由套管、插管、支脚等部分焊接而成。套管外径多为 50mm，插管外径为 45mm，管壁上留有销孔，插管插入套管中，利用插销插入位置的不同，可调整支柱的高度。插管的顶部焊有“凵”形叉托，用来搁置横杆。支脚一般用直径为 18mm

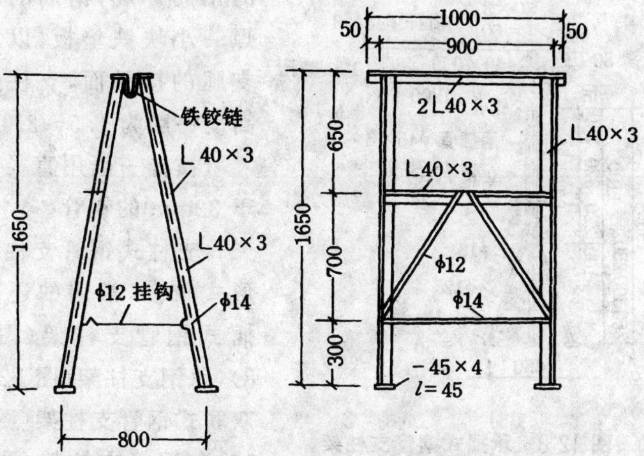

图 12-6 折叠式内脚手架

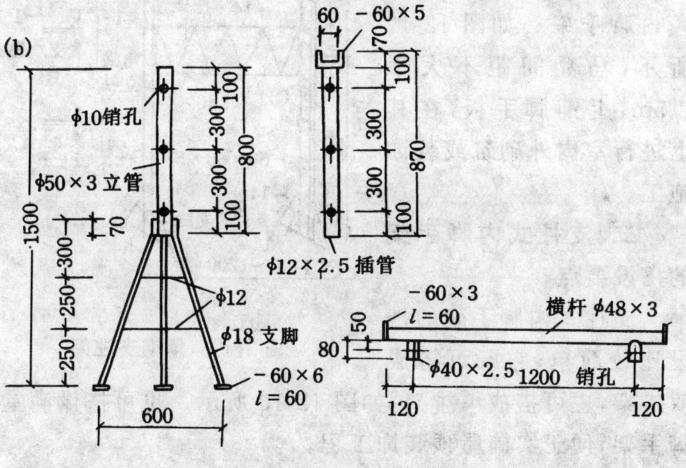

图 12-7 支柱式内脚手架

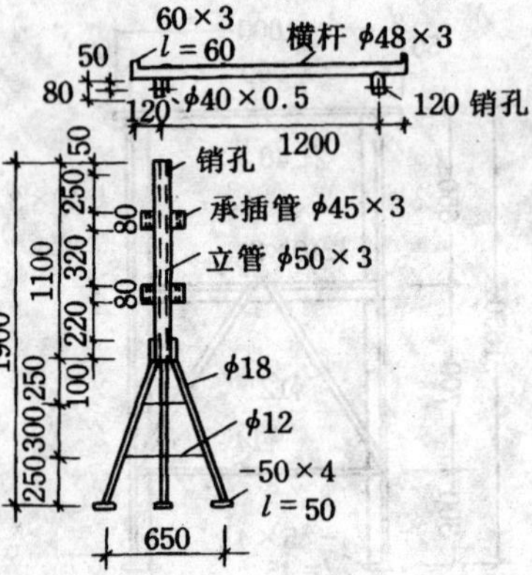

图 12-8　承插式钢管支柱架

的钢筋焊成，钢筋的底部焊一小块铁垫板，以增加支腿的接触面，支柱架的高度一般为 1.5～2.1m。

横杆一般用直径不小于 32mm 的钢管。

支柱式钢管支柱架的形式较多，常用的还有承插式钢管支柱架（图 12-8），角钢支柱架（图 12-9），双联式钢管支柱架（图 12-10）和钢筋支柱架（图 12-11）。

（三）木、竹、钢制马凳式内脚手架　如图 12-12 所示，马凳间距不大于 1.5m，上铺脚手板，在其上进行室内外砌筑或装饰施工。

二、支柱式内脚手架的搭设要点

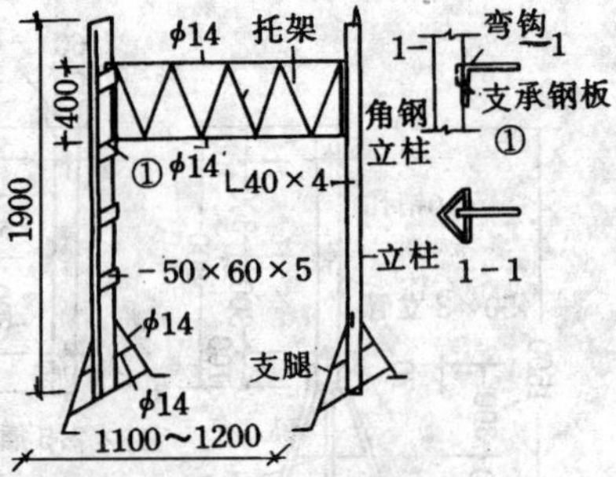

图 12-9　角钢支柱架

支柱式内脚手架的搭设比较简单，它既可搭成双排架，也可搭成单排架，如图 12-13 所示。也可搭设满堂红脚手架，便于实施屋顶装饰工程。

支柱式内脚手架的搭设要求是：

1. 单排架支柱离墙不大于 1.5m，横杆插入墙面不小于

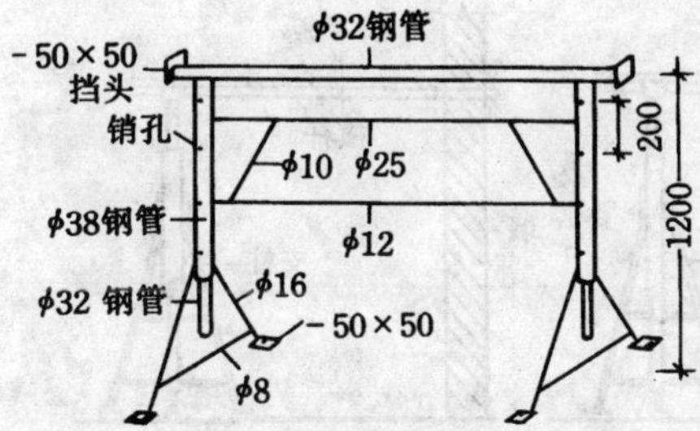

图 12-10　双联式钢管支柱架

24cm。双排架的纵向间距不大于 1.8m，横向间距不大于 1.5m。

2. 无论单排架或双排架，其横杆（或托架）都应与墙面垂直，脚手板铺于横杆或托架上，并与横杆或托架绑扎牢固。

3. 脚手架第一步搭 1.2m 高，随着操作的需要可将横杆或托架再升高，当升高到 1.6m 时，必须另加斜撑撑住，并用 8# 铁丝绑扎牢固，以免操作时脚手架晃动或倒塌发生安全事故。

4. 支柱式内脚手架在使用过程中应避免摔抛，以免变形、脱焊。已发生变形和脱焊的

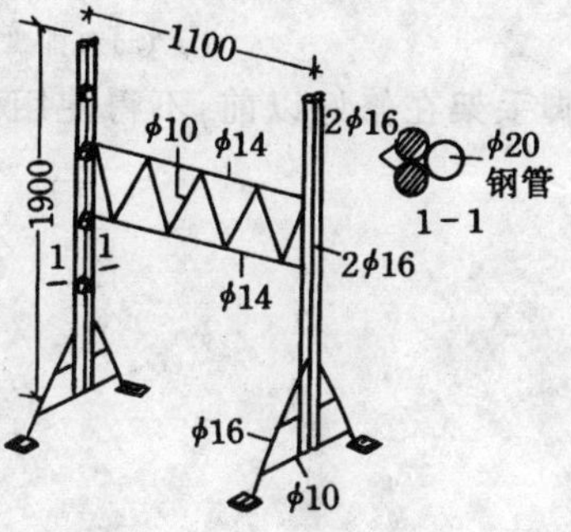

图 12-11　钢筋支柱架

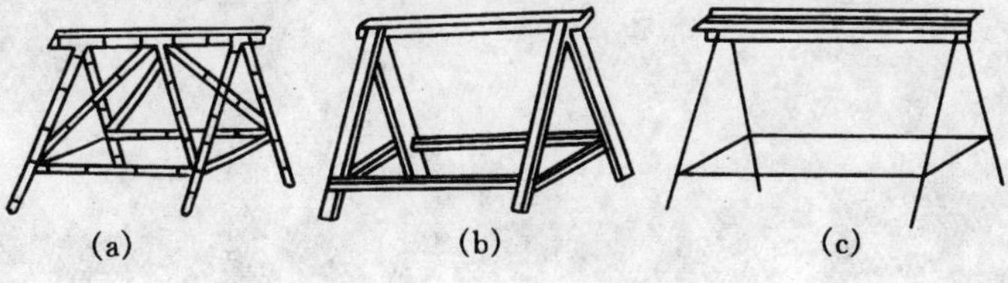

图 12-12　马凳式内脚手架

(a)竹马凳　(b)木马凳　(c)钢马凳

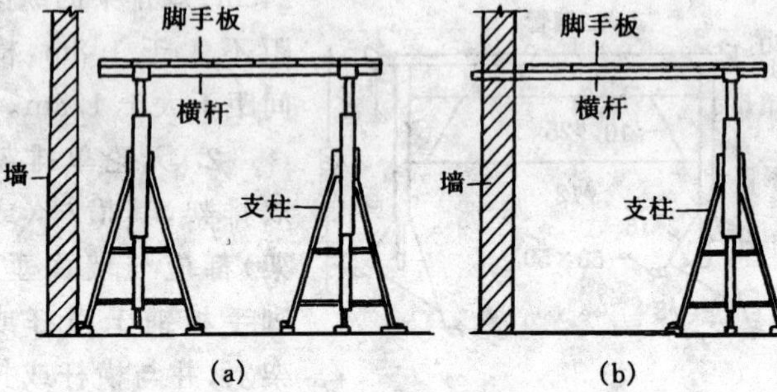

图 12-13　支柱式内脚手架的搭设

(a)双排架　(b)单排架

脚手架在修好以前,不得使用。

第十三章 复杂脚手架的搭拆

第一节 水塔内、外脚手架的搭拆

一、水塔外脚手架的形式和基本构造

（一）水塔外脚手架的形式　水塔外脚手架可用杉篙或钢管搭设，适用于高度在 45m 以内的砖砌水塔。

水塔外脚手架的平面形式有正方形、六角形和八角形等多种形式，如图 13-1 所示。

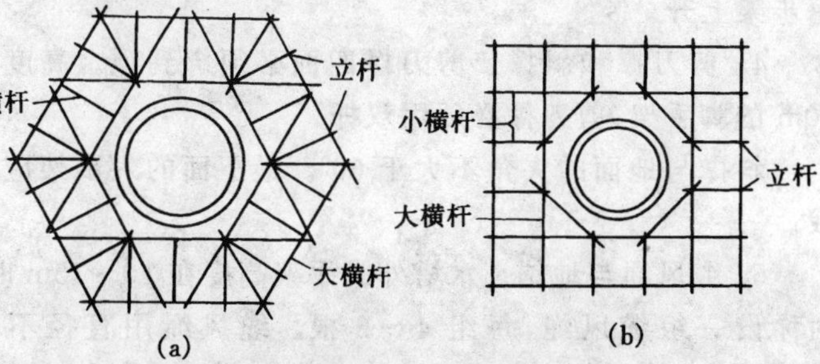

图 13-1　水塔外脚手架平面形式

(a)六角形架子　(b)正方形架子

水塔外脚手架无论采用哪种平面形式，均要搭设双排脚手架，其主要杆件有：立杆、大横杆、小横杆、剪刀撑、斜撑，此外，还有地锚和缆风绳等。

(二)水塔外脚手架的基本构造

1. 立杆。杉篙立杆的间距不大于1.4m,钢管立杆的间距不大于1m,在井笼口和出口处的立杆间距不大于2m。里排立杆离水塔壁最近距离为40～50cm,外排立杆离水塔壁的距离不大于2m。

四角和每边中间的立杆必须使用“头顶头双戗杆”。架子高度在30m以上时,所有立杆应全部使用“头顶头双戗杆”。

杉篙立杆的埋地深度不得小于50cm。

2. 大横杆。大横杆的间距不大于1.2m,封顶应绑双杆。杉篙大横杆的搭接长度不得小于两根立杆。

3. 小横杆和脚手板。小横杆的间距不大于1m,并需全部绑牢。脚手板必须满铺。操作平台并设两道护身栏杆和挡脚板。架子高度超过10m时,脚手板下方应加铺一层安全板,随每步架上升。

4. 剪刀撑和斜撑。剪刀撑四面必须绑到顶。高度超过30m的脚手架,剪刀撑必须用双杆。

斜撑与地面的夹角不大于60°。最下面的六步架应打腿戗。

5. 缆风绳与地锚。水塔外脚手架高度在10～15m时,应对称设一组缆风绳,每组4～6根。缆风绳用直径不小于12.5mm的钢丝绳,与地面夹角为45°～60°,必须单独牢固地拴在专设的地锚内,并用花篮螺丝调节松紧。缆风绳严禁拴在树木、电线杆等物体上,以确保安全。

水塔外脚手架除第一组缆风绳外,架子每升高10m加设一组。脚手架支搭过程中应加临时缆风绳,待加固缆风绳设置好以后方可拆除。

6. 附属于脚手架的“之”字马道,宽度不得小于1m,坡度为 1∶3，满铺脚手板并与小横杆绑牢，在其上加钉防滑条。

二、水塔外脚手架的搭设

(一)搭设顺序　按要求放立杆位置线→挖立杆坑→竖立杆→绑扎大横杆→绑扎小横杆→绑扎剪刀撑和斜撑→铺放脚手板→绑扎防护栏杆和挡脚板→拉临时缆风绳→封顶和立挂安全网→拉固定缆风绳。

(二)搭设要点和要求

1. 放立杆位置线。一般根据水塔的直径和脚手架搭设的平面形式，确定立杆的位置，常用以下两种方法：

(1)正方形脚手架放线法：已知水塔底的外径为 3m，里排立杆距水塔壁的最近距离为 50cm，由此求出搭设长度为 $3+2\times0.5=4m$，再挑 4 根长于 4m 的立杆，在杆上量出 4m 长的边线，并在钢管的中线处划上十字线，将四根划好线的立杆在水塔外围摆成正方形，注意杆件的中线与水塔中线对齐，正方形的对角线相等，则杆件垂直相交的四角即为脚手架里排四角立杆的位置。据此按脚手架的搭设方案确定其它中间立杆和外排立杆的位置，如图 13-2 所示。

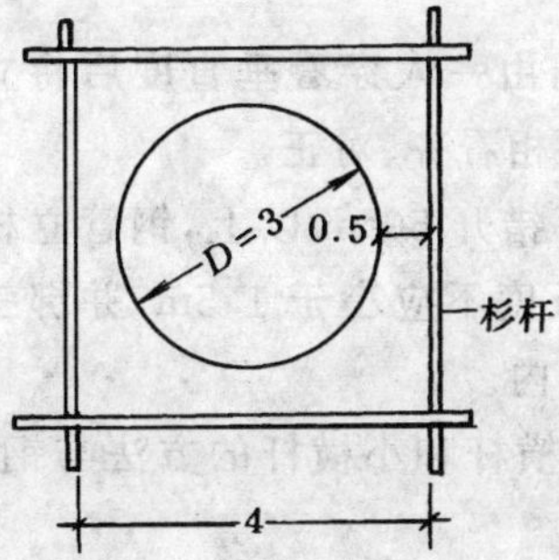

图 13-2　正方形架里排立杆位置的确定方法

(2)六角形脚手架放线法：六角形里排脚手架的边长按下式计算：里排边长$=(1.5+0.5)\times1.15=2.3m$。再找 6 根 3m 左右的杆件，在两端留出余量，用尺子量出 2.3m 划上十字线，按上述方法在水塔外围摆成正六边形，就可以确定里排脚手架 6 个角点的位置。在此基础上再按要求划出中间立杆和外排脚手架立杆的位置线，如图13-3所示。

2. 挖立杆坑。立杆的位置线放出后，就可以依次挖立杆坑。坑深不小于50cm，坑的直径应比立杆直径大10cm左右，挖好后最好在坑底垫砖块或石块。

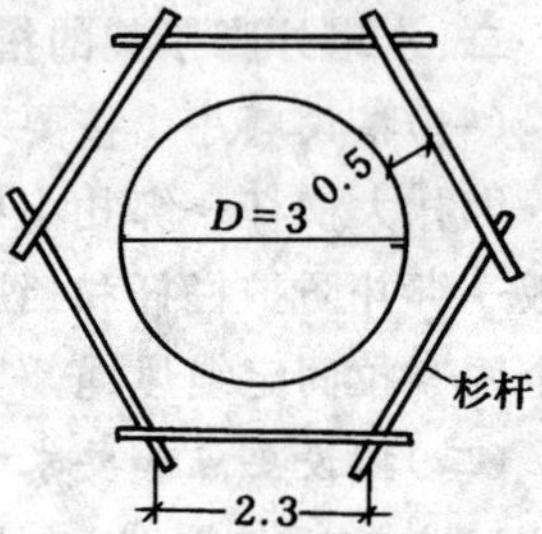

图13-3 六角形架里排立杆位置的确定方法

3. 竖立杆。竖立杆时最好三人配合操作，依次先竖里排立杆，后竖外排立杆。由一人将立杆对准坑口，第二个人用铁锹挡住立杆根部，同时用脚蹬立杆根部，再一人抬起立杆向上举起竖立。注意推杆别过猛，以防收势不住倒杆伤人。

竖立杆时先竖转角处的立杆，由一人穿看垂直度后将立杆坑回填夯实，中间立杆同排要互相看齐、对正。

相邻立杆的接长位置要上、下错开50cm以上，钢管立杆应用对接接长；杉篙立杆的搭接长度不应小于1.5m，并绑三道铁丝，所有接头不能在同一步架内。

4. 绑大横杆和小横杆。绑大横杆和小横杆的方法与钢、木脚手架的方法基本相同。

大横杆应绑在立柱的内侧，用杉篙搭设时，同一步架内的大头朝向应相同，搭接处小头压在大头上，搭接位置应错开。相邻两步大横杆的大头朝向应相反。

小横杆应按规定与大横杆绑牢，端头距水塔壁10～15cm。

5. 绑剪刀撑和斜撑。剪刀撑和斜撑应随架子搭高及时绑扎，最下一道要落地，绑扎方法同杉篙和钢脚手架。

6. 拉缆风绳。架子搭至10～15m高时，应及时拉缆风绳，每组4～6根，上端与架子拉结牢固，下端与地锚固定，并配花篮螺丝调节松紧。特别注意，严禁将缆风绳随意捆绑在树木、电线杆等不安全的地方。

7. 绑护身栏杆、立挂安全网。在操作面上应设高1.2m以上的护身栏杆两道，加绑挡脚板，并立挂安全网。

操作面上满铺脚手板，要求同前述脚手架。

8. 水塔的水箱部分可采用挑架子或增设里立杆的脚手架，如图13-4所示。

三、水塔外脚手架的拆除

(一)拆除顺序　水塔外排脚手架的拆除顺序与搭设顺序相反，先搭的后拆，后搭的先拆。

其拆除顺序为：立挂安全网→护身栏→挡脚板→脚手板→小横杆→顶端缆风绳→剪刀撑→大横杆→立杆→斜撑和抛撑。

拆除脚手架时，必须按上述顺序由上而下一步一步地依次拆除，严禁用拉倒或推倒的方法拆除。

(二)拆除注意事项　水塔外脚手架拆除时至少三人配合操作，并佩戴安全带和安全帽。拆除前应确定拆除方案，对各种杆件的拆除顺序做到心中有数，特别是缆风绳的拆除要格外注意，应由上而下拆到缆风绳处才能对称拆除，严禁为工作方便将缆风绳随意乱拆，以避免发生倒架事故。

在拆除过程中要特别注意脚手架的缺口、崩扣以及搭得不合格的地方。

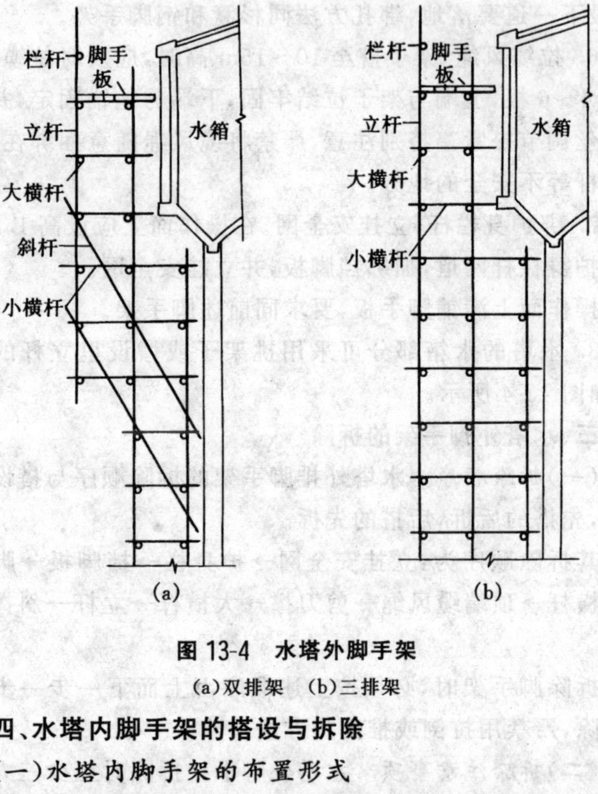

图 13-4　水塔外脚手架

(a)双排架　(b)三排架

四、水塔内脚手架的搭设与拆除

(一)水塔内脚手架的布置形式

水塔内脚手架一般根据上料架设在塔内或塔外布置成图 13-5 和图 13-6 两种形式。

图 13-5 的布置形式上料架设在水塔内，水塔筒身的内脚手架和水箱内脚手架分别搭设在已施工完的水塔地面和水箱底板上，水箱内脚手架可以设置上料吊杆，以方便施工材料的上下吊运。

图 13-6 所示形式，上料脚手架设在水塔外，施工时，先搭设筒身的内脚手架至水箱底，待水箱底施工完毕后，再在水箱

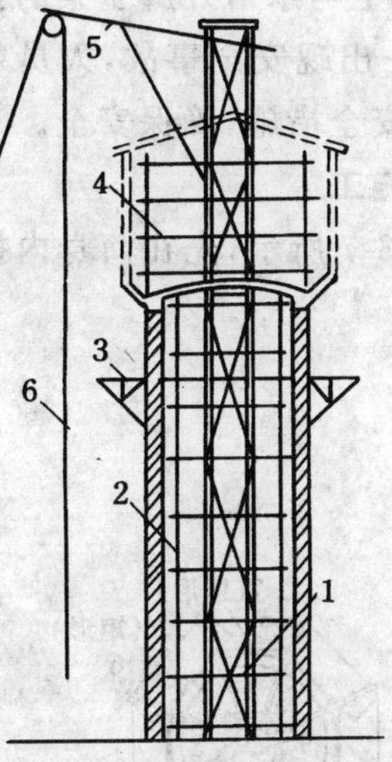

图 13-5　水塔内脚手架布置形式之一

1. 井形上料架　2. 内脚手架
3. 三角托架　4. 水箱内脚手架
5. 上料　吊杆　6. 钢丝绳

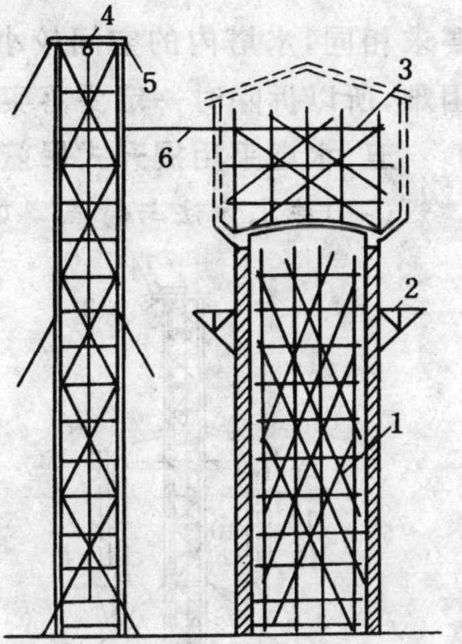

图 13-6　水塔内脚手架布置形式之二

1. 筒身内脚手架　2. 三角托架
3. 水箱内脚手架　4. 上料井架
5. 缆风绳　6. 跳板

底板内搭设水箱内脚手架，进行水箱壁及护壁施工。

（二）水塔内脚手架的搭设与拆除：

1. 水塔内脚手架的搭设要求：

水塔内脚手架搭设时，首先应根据筒身内径的大小确定拐角处立杆的位置。当水塔内径为 3～4m 时，一般设立杆 4 根；当水塔内径为 4～6m 时，一般用 6 根立杆。一般要求立杆距离水塔筒壁有 20cm 的空隙。立杆的位置确定以后，就可以按照常规脚手架的要求进行搭设。

2. 水塔内脚手架的拆除要求：

水塔内脚手架的拆除要求基本上与水塔外脚手架的拆除要求相同，水塔内的空间较小，万一出现安全事故，人员躲避困难，所以拆除时一定要落实各项安全措施，确保安全。

五、水塔采用提升式吊篮架的施工

(一)施工方法与特点　如图 13-7 所示，先在筒身内搭设

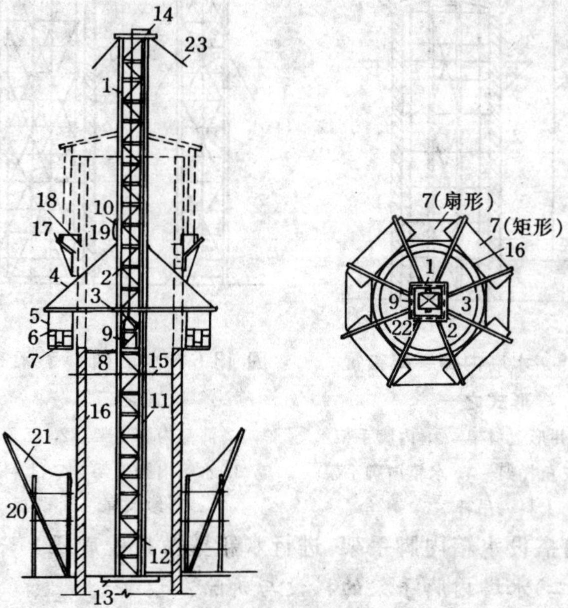

图 13-7　提升吊篮脚手架的组装

1. 塔架　2. 提升架　3. 挑梁　4. 拉杆　5. 吊杆　6. 栏杆　7. 脚手板　8. 接料台　9. 吊笼　10. 捯链　11. 上料钢丝绳　12. 地滑轮　13. 塔架垫木　14. 顶滑轮　15. ϕ6 固定架子　16. 筒身　17. 环梁模板　18. 环梁　19. 池底留槎　20. 4m 高脚手架　21. 安全网　22. 滑道　23. 缆风绳

好井架，利用井架做高处的支架，将吊篮架悬挂在井字架上。吊篮设在水塔筒身的外侧，操作人员在吊篮架上作业，待施工

完一步架高时，再利用捯链将吊篮提升一步架高继续施工。

(二)施工工艺 采用提升式吊篮架的施工工艺为：水塔基础施工→搭设一圈外脚手架→水塔筒身砌砖至4m高→在筒身内设置井字架垫木，搭设井字架至设计高度→安装套架及吊篮→挂捯链提升吊篮→筒身继续砌砖→环梁支模并浇筑混凝土→水箱壁及护壁施工→降低井字架→水箱封顶→落吊篮→拆除部分井字架→水箱底支模及浇筑混凝土→拆模→拆除井字架。

(三)吊篮架搭设、拆除要点及注意事项

(1)水塔外4m高的外脚手架的搭设与常规脚手架相同。

(2)搭设水塔内的井字架时，应先安置垫木，安好底座后，按2m分段竖立角钢并用水平支撑连接牢固。当筒身砌筑高度超过外脚手架的高度时，即用钢筋将井字架与筒身固定，一次搭设到设计高度，并系上4根以上的缆风绳。

(3)吊篮安装是利用外脚手架在塔架上安装好提升架，并在提升架的下端依次安装吊篮的相关设施，挂牢捯链后即可提升，每次提升以1.2m为宜。

(4)井架和吊篮的拆除顺序：拆除操作平台板→吊杆→接料平台→槽钢挑梁→吊篮拉绳→提升架→井架。

吊篮的拆除是在井字架上增设滑轮由筒外卸下；井字架的拆除则利用自身作支架，在筒身内逐节拆除。

第二节 烟囱内、外工作台的搭设

一、烟囱内工作台的搭设

(一)烟囱内工作台的组成 如图13-8所示，烟囱内工作台由插杆、脚手板、吊架等部分组成，适用于高度在40m以下，烟囱的上口内径在 2m 以内的砖烟囱施工。

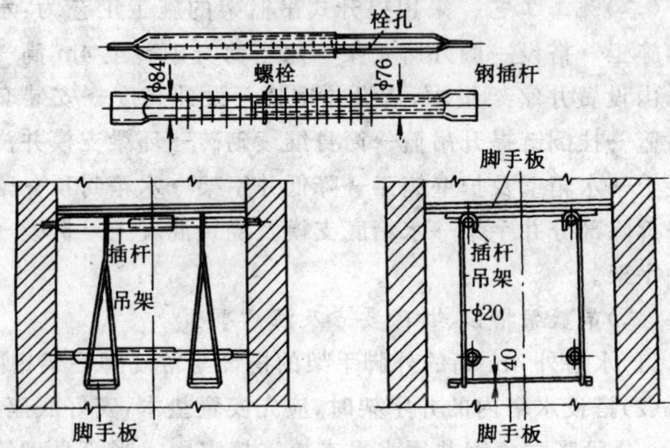

图 13-8 钢插杆工作台

插杆由两段粗细不同的无缝钢管制成，在管壁上钻有栓孔，栓孔的间距根据每步架的高度及筒身的坡度经计算确定。如每步架高为 1.2m，筒身坡度为 2.5%，则栓孔距离为 6cm。插杆的外径为 84mm，里管的外径用 76mm，插杆两头打扁以便支承在烟囱壁上；里外管的搭接长度要大于 30cm，以防弯曲，栓孔中插入螺栓，可以调节插杆的长短，以便随着筒身坡度的改变牢靠地支承在烟囱壁上。

脚手板用 5cm 厚的木板制成，可按烟囱内壁直径的大小，做成略小的近似半圆形，分 4 块支在插杆上，中间留出孔洞以检查烟囱中心位置，脚手架随烟囱的升高逐渐锯短铺设。

吊架用 φ20mm 的钢筋弯制而成，挂在插杆上，并在吊架之间搭设脚手板，作为修理筒内表面、堵脚手眼的工作平台。

(二)烟囱内工作台的搭设　搭设时先将插杆支承在烟囱

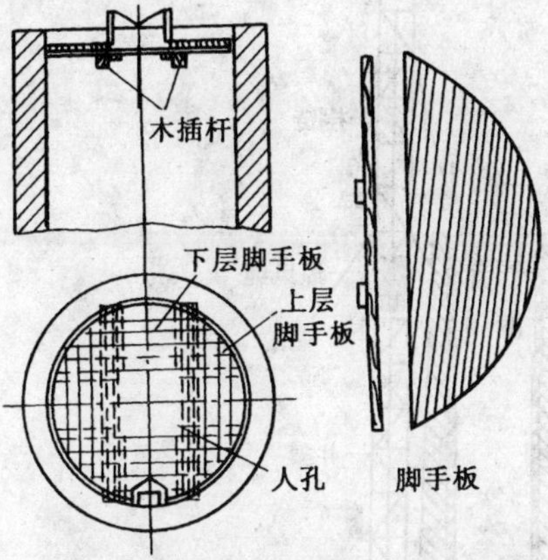

图 13-9 木插杆内工作台

壁上，挂上吊架，搭上上下两层脚手板即可使用，施工时筒身每砌高一步架，将插杆往里缩一次，重新将螺栓紧固好。当一步架砌完后，先将上面放好插杆，后将脚手板翻移上去。施工过程中，需要不同规格的插杆倒换使用，当烟囱直径较大(直径超过 2m)时，可采用木插杆工作台，在施工过程中随着筒身直径的缩小锯短木插杆，如图 13-9 所示。

烟囱采用内工作台施工时，一般在烟囱外搭设双孔井字架作为材料运输和人员上、下使用。同时在井字架上悬吊一个卸料台。卸料台用方木和木板制成，用 2～4 个捯链挂在井字架上，逐步提升卸料台并使其一直高于砌筑工作面，可将材料用人传递或用溜槽卸到工作平台上，如图 13-10 所示。

二、烟囱提升工作台的搭设

当烟囱的直径较大时，可采用提升式工作台进行施工。

(一)提升工作台的组成　如图 13-11 所示，烟囱的提升工作台由井字架、工作台和提升设备等组成。

1. 井字架。井字架主要用于承受工作台自重和施工荷载，并利用它作为物料运输和人员上下之用，钢管井字架一般由支承底座、立管、横管、斜管等组成，用螺栓连接，如图 13-

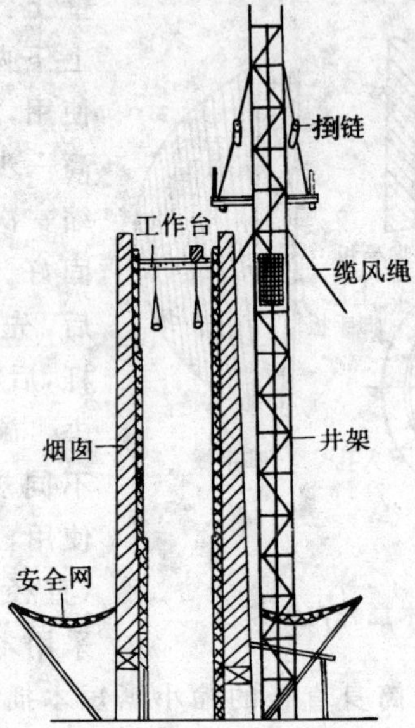

图 13-10 外井架布置

12 所示。

钢管井字架的孔数多少应由烟囱高度、烟囱的最小内径，施工荷载以及施工方法等因素确定。

2. 工作台。根据烟囱筒身材料和施工方法的不同，工作台分为钢筋混凝土烟囱施工用的工作台和砖砌施工用工作台两种。

(1)钢筋混凝土烟囱施工用工作台。这种工作台由承重钢圈、辐射支撑或连接支撑、木梁、铺板、栏杆及保护网等组成，安装在烟囱的上方。

承重钢圈一般使用 12 号或 14 号槽钢制作，有里外两环，外环半径比筒身最大处半径大 10cm，里环半径比筒身最小处

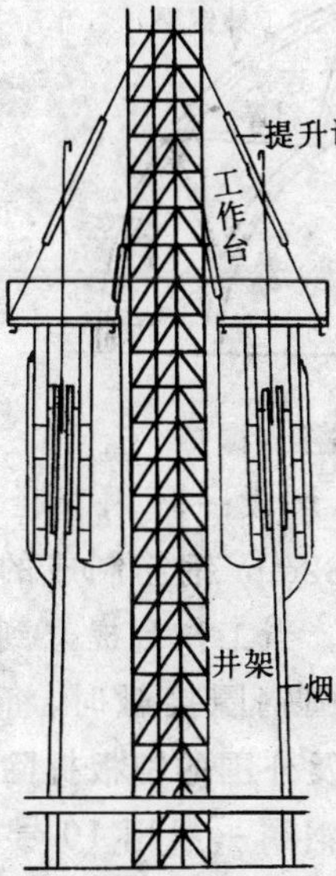

图 13-11 提升工作台的组成

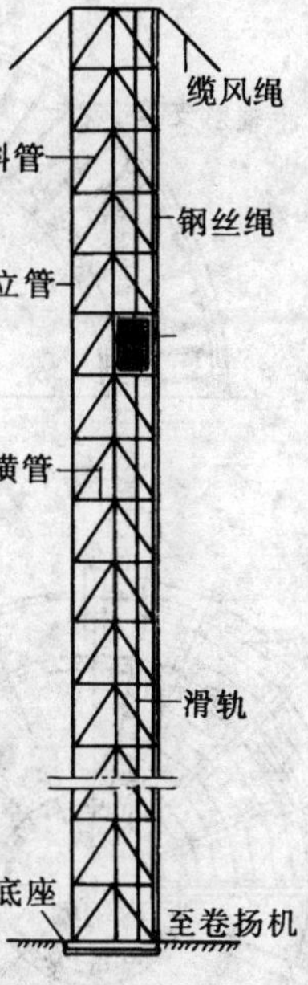

图 13-12 钢管井字架

半径小 20cm，分成相等的数段拼接而成；辐射支撑一般采用 40mm×10mm 的扁钢制作，两端焊有连接板，用螺栓与钢圈连接；连接斜撑一般采用 50mm×5mm 的角钢制作，用螺栓与承重钢圈连接，如图 13-13 所示。

木梁一般采用 15cm×20cm 或 12cm×16cm 方木，呈辐射状地配置在里、外承重钢圈上，间距为 1.2～1.5m，在木梁上铺 5cm 厚的木板，栏杆高 1.5m，组装在平台的外圈，并在栏杆上立挂安全网。

(2)砖砌烟囱及内衬砌筑用的工作台。这种工作台由里、外钢圈、木梁及铺板等组成，如图 13-14 所示。这种工作台是安装在烟囱里的。为了适应烟囱内径的变化，可以在钢圈的内

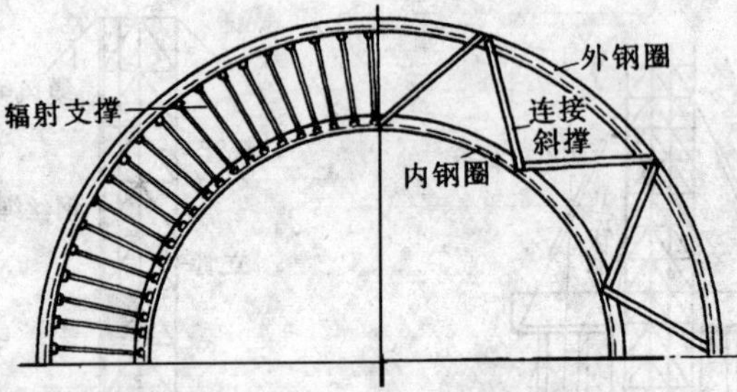

图 13-13　辐射支撑与连接支撑

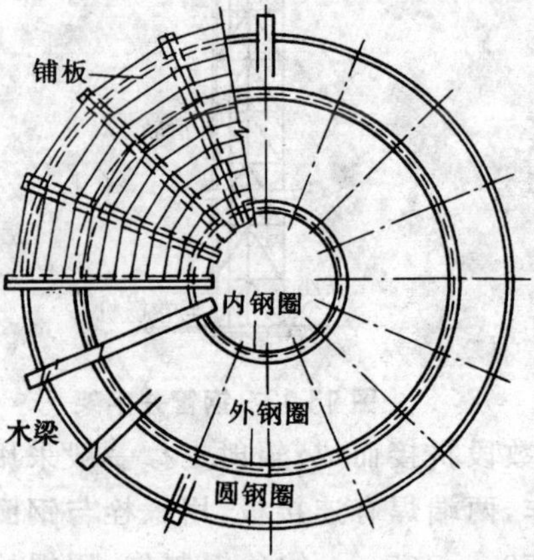

图 13-14　砖烟囱及内衬砌筑工作台

侧，增设一环用直径为 28～32mm 钢筋制成的圆钢圈。当工作台提升到砌体与圆钢圈接触时，将圆钢圈及外围的铺板拆除。里、外钢圈一般用 10 号或 12 号槽钢制成。

3. 提升设备。工作台的悬挂和提升的施工方法目前采用的有卷扬机提升法、电动葫芦提升法和手扳葫芦提升法等三种。

(1)卷扬机提升法。此法是将工作台用 4 组滑车悬挂于井架上，再通过 22kW 的双筒卷扬机来提升。

(2)电动葫芦提升法。用 4 台 5t 手扳葫芦各配一台 2.2kW 的电动机，通过皮带传动而成电动葫芦。电动葫芦固定在井字架托架上，如图 13-15 所示。

工作台用直径为 15.5mm 钢丝绳和 4 组滑车分别悬挂在

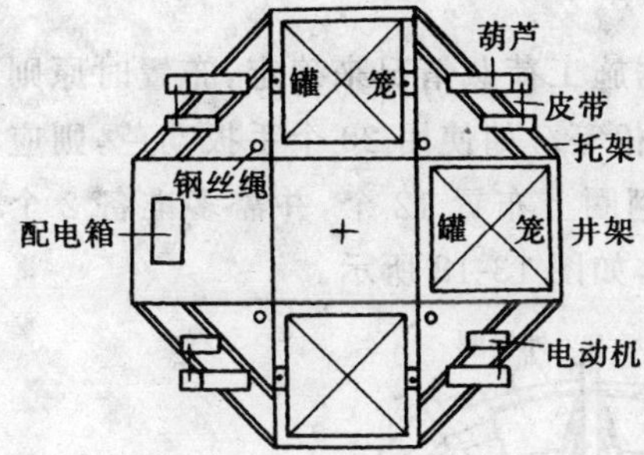

图 13-15　电动葫芦设置

井架的四角上，每组滑车吊 6 个点（4 个外点，2 个里点），分别承担 1/4 工作台的荷载，如图 13-16 所示。

电动葫芦提升布置如图 13-17 所示。提升时，开动电动机正转，起重钩上升，升高到 5m 处，工作台

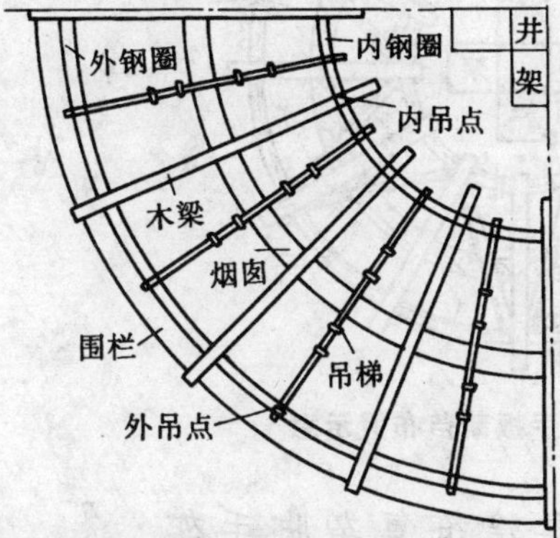

图 13-16　工作台吊点布置

就提升到 1.25m 处，然后使起重钩复位，为下一次提升做好准备。循环重复以上操作，就可以将工作台提升到需要的高度。

(3)手扳葫芦提升法。利用起重量为 1～2t 的手扳葫芦，将工作

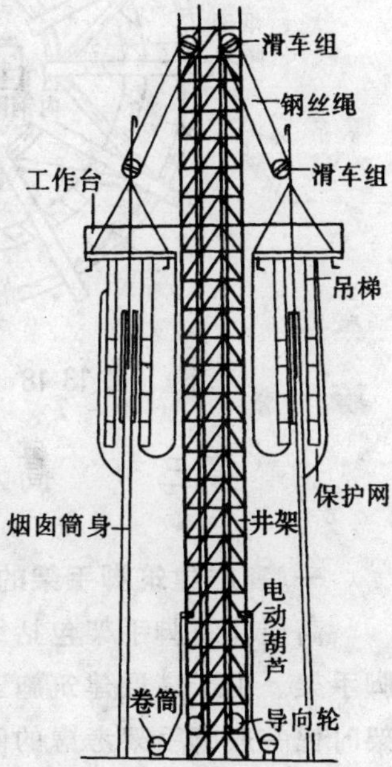

图 13-17　电动葫芦提升布置示意

台悬挂在井字架上。

手扳葫芦的数量，根据施工荷载情况来确定，布置时原则上每个葫芦所受的荷载应相等。如使用 20 个手扳葫芦，则应在里钢圈上布置 8 个，外钢圈上布置 12 个，并需多准备 2 个手扳葫芦作为移挂倒换用，如图 13-18 所示。

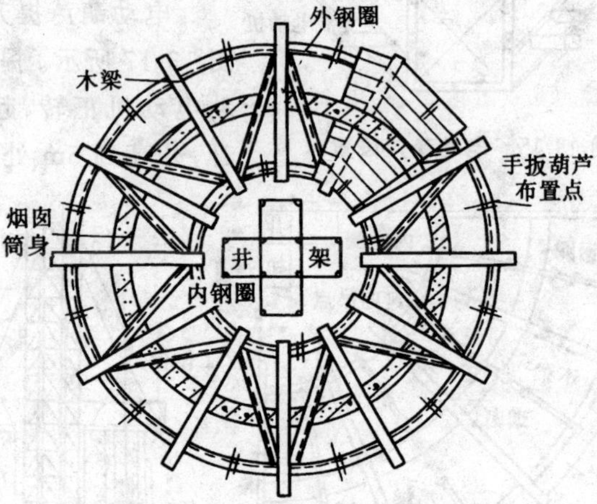

图 13-18　手扳葫芦布置示意

第三节　高层建筑复杂脚手架

一、高层建筑脚手架的主要形式及设置要求

高层建筑脚手架包括结构施工和用于装修工程施工的外脚手架。由于高层建筑施工难度大、要求高，因而在设置脚手架时比一般脚手架考虑的问题更多一些。具体应考虑以下因素进行全面比较后择优确定：

1. 所需搭设材料用量有多大？购入量和加工量有多大？

2. 所需材料是否可以解决？经济性如何？

3. 装拆和升降是否有问题？安全保障有无问题？

4. 是否需要起重机械配合？使用起重机械是否会影响其它施工作业的进行？

5. 材料的垂直运输怎么解决？是否能及时供料满足施工进度的要求？

6. 脚手架的挑支和拉结的难度如何？是否会影响其它施工作业的进行？

7. 需不需要对脚手架进行荷载试验，以检验其可靠性？要不要对工人进行技术培训？

8. 在结构施工阶段和装修阶段是采用同一种脚手架，还是分别采用不同的脚手架？

目前在高层建筑施工中，较为普遍采用的脚手架形式有以下几种：

（一）落地式全高脚手架　即从地面上一直搭上去、覆盖建筑物全高的脚手架。考虑到立杆的承载能力和架子的稳定性，国家有关规范规定：门式钢管脚手架允许搭到 60m 高；竹、木、扣件式或碗扣式钢管脚手架则允许搭到 25～50m 高。超过规定的脚手架要采用卸载措施，即在规定高度（一般定为 35m）以上采用分段装设挑支架或撑拉构造，将该段脚手架荷载全部或大部分卸给工程结构承受。

这种脚手架稳定性好，作业条件好，易于设立面围护，可以一架两用（即既用于结构施工又可用于装修施工）。缺点是材料人工耗用大，不经济；搭设高度受限制、占用时间长、周转慢。

这种脚手架除遵守该脚手架的一般规定外，尚应根据高层建筑施工的特点，满足以下的设置要求：

1. 认真处理地基，加强立杆底部的支垫。

2. 严格控制立杆的垂直偏差。

3. 设置的连墙点应加密，并拉结牢靠。

4. 为加强架子的整体稳定性，应采用满架立面设置剪刀撑。

5. 超过规定高度的架子要按设置要求采取卸载措施。

6. 采用半封闭或全封闭围护。

(二)吊、挂、挑脚手架　吊篮是高层建筑外装修和维修(修缮)作业的常用脚手架形式之一。有手动、电动、单用和并联使用、钢丝绳式和链杆式(指悬吊或牵引绳)等多种形式。

挂脚手架采用塔吊安装或升降，常将 2～3 步定型脚手架段挂于墙面挂托件(预埋或用螺栓穿墙固定)上。

在高层建筑中采用的挑脚手架有两种：一种是 2～3 步架高的插口架，按工程情况采用适当的挑支方式锚固；另一种是支在三角挑架上的高 6～30m 的脚手架。

以上吊、挂、挑脚手架已在前面有专章介绍，采用这几种形式施工时应注意以下事项：

1. 脚手架的支挑和悬挂件必须经专门设计，支承结构要进行受力验算，支挑悬挂件的加工和安装必须符合设计规定。

2. 细致地考虑脚手架的安装和提升措施，以确保绝对安全。

3. 人工进行高空组装作业时，要采用双重安全保护措施(安全带和安全网)。

4. 脚手架段组装连长之后，要采用拉结固定和防摇晃的措施，以增强架子的空间稳定性。

5. 配备专职人员对使用过程进行专项检查、维修和采用应急措施。

(三)附墙升降式脚手架　这是近年出现的新型脚手架，

有自滑升式和相邻架段交替提升式两种。自滑升式脚手架由固定架和滑动架等两套连墙架构成,其滑动架的立杆套于固定架的立杆上。在升降时,交替固定和松开,利用附墙固定的架子提升松开附墙连接的架子。相邻架段交替提升方式采用两种型号并间隔布置的架段,互为支承基点交替升降,即松开乙型架段后用甲型架段提升乙型架段;随后固定乙型架段再松开甲型架段,用乙型架段提升甲型架段。

1. 附墙升降脚手架的构造。附墙升降脚手架由升降架、大横杆、小横杆、安全栏杆、竖向连接杆、安全网、封底木板和升降设备等组成,6 步高附墙升降脚手架的构造如图 13-19 所示。

2. 工艺流程及操作要点。附墙升降脚手架的工艺流程为:墙体预留孔→安装升降架→爬升→下降→拆除。

墙体预留孔按照脚手架的平面布置图和升降架附墙支座的位置设置,孔径一般为 40~50mm。为使升降顺利,预留孔的中心必须在同一直线上。

安装附墙架的工作在吊机配合下按脚手架平面图进行。先把上、下固定架用 4 个扣件和 2 个保险螺栓连接起来,组成 1 片,上墙安装。一般每 2 片为一组,每步架上用 4 根 $\phi48\times3.5$ 钢管作为大横杆,把 2 片升降架连接成一跨,组装成一个与邻跨没有牵连的独立升降单元体。附墙支座的螺栓从墙外穿入,待架子校正后,在墙内紧固。脚手架工作时,每个单元体共有 8 个 $\phi30$ 穿墙螺栓与墙体锚固。升降架上墙组装完后,再用 $\phi48\times3.5$ 的钢管接高一步,最后将各升降单元顶部扶手栏杆连成整体,内侧立杆用扣件与模板系统拉结,以增加脚手架的整体稳定。

爬升如图 13-20 所示分阶段进行。

首先在图 13-19 的吊钩组(一)处配置捯链将活动架挂在

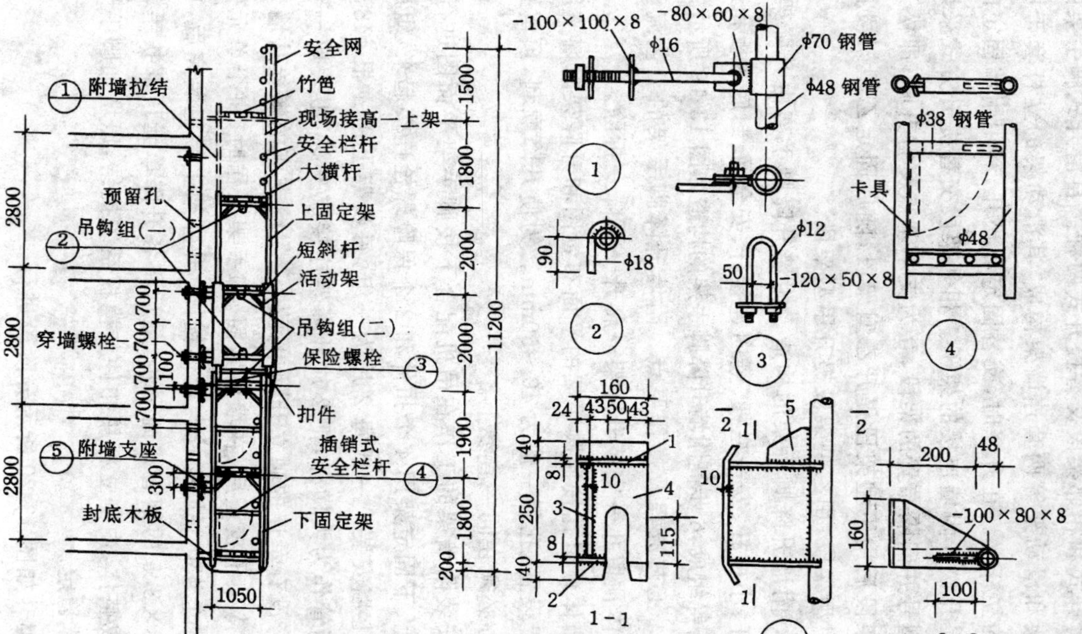

图 13–19 附墙升降脚手架构造

1. 上翼板 2. 下翼板 3. 腹板 4. 支座板 5. 加劲板

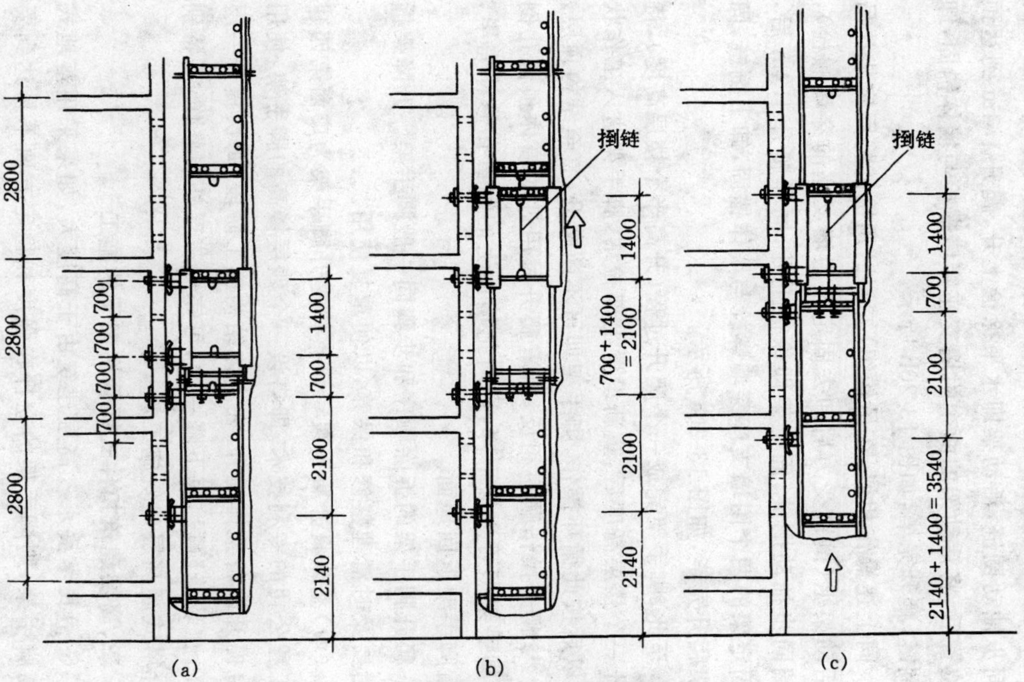

图 13-20 附墙升降脚手架的爬升

固定架上（捯链受力后卸去活动架附墙支座的穿墙螺栓），两端同步抽动捯链，活动架即水平徐徐上升，爬升 1.4m 到达预定位置后，将活动架的两个附墙支座穿墙螺栓与墙体锚固，卸下捯链，爬升完毕，如图 13-20b 所示。

同上述操作相似，在吊钩组（二）处，用捯链将固定架挂吊在活动架上（捯链受力后卸去固定架附墙支座的穿墙螺栓），两端同步抽动捯链，固定架即徐徐上升，同样爬升 1.4m 后，将固定架的两个附墙支座穿墙螺栓与墙体锚固，卸下捯链，固定架爬升完毕，如图 13-20c 所示。

至此，脚手架完成一个爬升过程（升高半个楼层高度），待爬升一个楼层高度后，重新设置上部拉结，脚手架进入工作状态。以后按此循环操作，脚手架即可不断爬升，直至结构顶层。

与爬升操作顺序相反，沿着爬升时用过的墙体预留孔倒行，脚手架即可逐层下降，同时把墙面上的预留孔修补完毕，最后脚手架返回地面。

爬升脚手架的拆除顺序和步骤同一般脚手架。升降架拆下后要及时清理整修和保养，以便重复使用。

（四）整体提升脚手架　该整体提升脚手架为广西第四建筑工程公司的专利技术。即搭设一个四层楼高的脚手架，使用多台提升设备整体提升。在主体结构施工阶段，每次提升一层楼高；在装修阶段，每下降一次，可完成三层外装修作业，特别适合塔式超高层建筑施工。

二、高层建筑扣件式钢管挑架子的施工

（一）技术要求　高层建筑由于高度大，如果采用落地式全高脚手架，则脚手架的立杆在强度和稳定方面不易达到要求，因此必须采取特殊措施。目前解决的主要办法是采取分段外挑的悬挑式扣件钢管脚手架，其主要技术要求为：

1. 分段外挑的悬挑脚手架，可以采用第一段搭设落地脚手架。第二段搭设外挑架的方法，也可以从建筑物的第二层开始搭设外挑架子，底层地面成为运输通道，也便于建筑物周围的管网施工。

2. 悬挑脚手架在垂直高度上进行分段搭设。在高层建筑的外柱上，每隔二十步架高埋设三角支承架，在三角支承架上安设两根槽钢纵梁，在纵梁上搭设脚手架，如图 13-21。

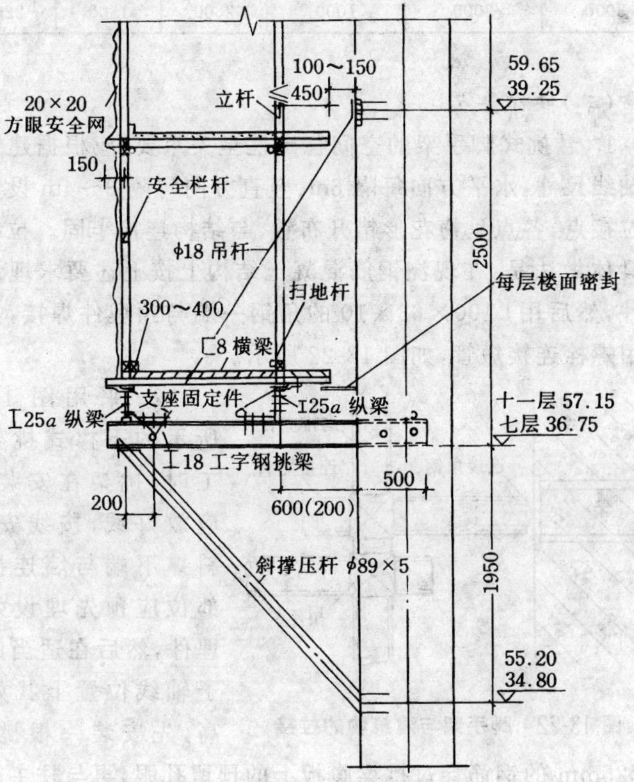

图 13-21　外挑三角支承架

3. 分段外挑的悬挑式脚手架的技术要求见表 13-1。

表 13-1 悬挑式脚手架的技术要求

允许荷载 (N/m^2)	立杆最大间距 (mm)	顺水杆最大间距 (mm)	排木间距(mm) 脚手板厚度(mm)		
			30	40	50
1000	2700	1350	2000	2000	3000
2000	2400	1200	1400	1000	1700
3000	2000	1000	2000	1500	2200

(二)操作要点

1. 悬挑式脚手架的空间稳定性至关重要,应根据建筑物的轴线尺寸,水平方向每隔 6m、竖直方向每隔 3～4m 设置一个拉接点,各点呈梅花形错开布置、与结构连接牢固。拉结点的具体做法是:在现浇钢筋混凝土结构上按上述要求埋设预埋件,然后用 L100×63×10 的角钢一端与预埋件焊接,另一端用螺栓连接短管,如图 13-22 所示。

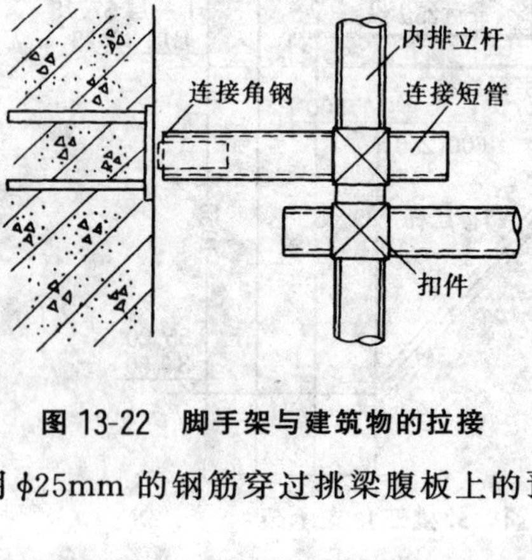

图 13-22 脚手架与建筑物的拉接

2. 采用图 13-21 所示的下撑式挑架施工时,挑架在安装前,应放好线,按线安装。斜撑下端与墙连接的部位应预先埋设好预埋件,然后在适当的柱子轴线位置上找好标高,先安装一根挑梁,用 ϕ25mm 的钢筋穿过挑梁腹板上的预留孔眼,再与柱主筋焊接牢固。其它挑梁均按此法进行安装焊接,然后再安装斜撑,并与柱和挑梁焊牢。最后安装纵梁与纵梁之间的钢桁架,以及横梁和搭设钢管脚手架。

第十四章　起重吊装基本知识

根据《土木建筑工人技术等级标准》(JGJ42—88)中架子起重工的应知应会内容,架子工除掌握各种架子的搭设与拆除的基本知识与技能之外,本着一专多能的精神,还须掌握与架子工关系比较密切的起重吊运的基本知识与技能,以适应建筑施工发展的需要。

第一节　起重指挥语言与信号的应用

一、起重指挥语言标准

指挥起重机工作的语言标准见表14-1。

表14-1　指挥起重机工作的语言标准

指挥语言	起重机的工作状态
开　始	起重机开始工作
停	起重机停止或紧急停止
结　束	起重机工作结束
上　升	吊钩正常上升
上升一点	吊钩微微上升
下　降	吊钩正常下降
下降一点	吊钩微微下降
向　前	吊钩正常向前
向前一点	吊钩微微向前
向　后	吊钩正常向后
向后一点	吊钩微微向后
向　右	吊钩正常向右

续表 14-1

指挥语言	起重机的工作状态
向右一点	吊钩微微向右
向　　左	吊钩正常向左
向左一点	吊钩微微向左
右　　转	转台正常向右转动
右转一点	转台微微向右转动
左　　转	转台正常向左转动
左转一点	转台微微向左转动
伸　　长	臂架正常伸长
伸长一点	臂架微微伸长
缩　　回	臂架正常缩回
缩回一点	臂架微微缩回
升　　臂	臂架正常升臂
升一点臂	臂架微微升臂
降　　臂	臂架正常降臂
降一点臂	臂架微微降臂

二、音响信号

1. 一声长声表示预备或停止。
2. 一声急促的长声表示紧急停止。
3. 二声短声表示上升。
4. 三声短声表示下降。
5. 断续短声表示微动。

三、旗语信号

旗语信号是现场常用的信号，如图 14-1～图 14-23 所示。

图 14-1　预　备

(单手持红绿旗上举。)

图 14-2　要主钩

(单手持红旗,旗头轻触头顶。)

图 14-3　要副钩

(一只手握拳小臂向上不动;另一只手拢红绿旗,旗头轻触前只手的肘关节。)

图 14-4　吊钩上升

(绿旗上举,红旗自然下放。)

图 14-5　吊钩下降

（绿旗拢起下指，红旗自然下放。）

图 14-6　吊钩微微上升

（绿旗上举，红旗横在绿旗上，互相垂直。）

图 14-7　吊钩微微下降

（绿旗拢起下指，红旗横在绿旗下，互相垂直。）

图 14-8　升　臂

（红旗上举，绿旗自然下放。）

图 14-9 降 臂
(红旗拢起下指,绿旗自然下放。)

图 14-10 转 臂
(红旗拢起,水平指向应转臂的方向。)

图 14-11 微微升臂
(红旗上举,绿旗拢起横在红旗上,互相垂直。)

图 14-12 微微降臂
(红旗拢起下指,绿旗横在红旗下,互相垂直。)

图 14-13 微微转臂

（红旗拢起，横在腹前指向应转臂的方向，绿旗拢起，竖在红旗前，互相垂直。）

图 14-14 伸 臂

（两旗分别拢起横在两侧，旗头外指。）

图 14-15 缩 臂

（两旗分别拢起横在胸前，旗头内指。）

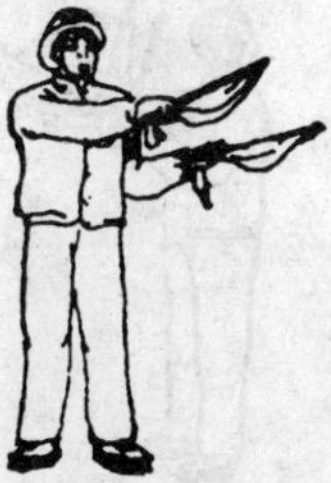

图 14-16 微动范围

（两手分别拢旗向一侧，其间距离与负载所要移动的距离接近。）

图 14-17　指出降落方位

（单手拢绿旗指向负载应降落的位置，旗头进行转动。）

图 14-18　履带起重机回转

（一只手拢旗水平指向侧前方，另一只手持旗，水平重复挥动。）

图 14-19　起重机前进

（两旗分别拢起向前上方伸出，旗头由前上方向后摆动。）

图 14-20　起重机后退

（两旗分别拢起向前伸出，旗头由前方向下摆动。）

图 14-21　停　止

（单旗左右摆动，另一面旗自然放下。）

图 14-22　紧急停止

（双手分别持旗，同时左右摆动。）

图 14-23　工作结束（两旗拢起在额前交叉。）

四、手势信号

1. 通用手势信号如图 14-24～图 14-37 所示。

图 14-24　预　备

（手臂伸直置于头上方，五指自然伸开，手心朝前保持不动。）

图 14-25　要主钩

（单手自然握拳置于头上，轻触头顶。）

图 14-26　要副钩

（一只手握拳小臂向上不动，另一只手伸出，手心轻触前只手的肘关节。）

图 14-27　吊钩上升

（小臂向侧上方伸直，五指自然伸开，高于肩部，以腕部为轴转动。）

图 14-28 吊钩下降

（手臂伸向侧前下放，与身体夹角约 30°，五指自然伸开，以腕部为轴转动。）

图 14-29 吊钩水平移动

（小臂向侧上方伸直，五指并拢手心朝外，朝负载应运行的方向，向下挥动到与肩相平的位置。）

图 14-30 吊钩微微上升

（小臂伸向侧前上方，手心朝上高于肩部，以腕部为轴重复向上摆动手掌。）

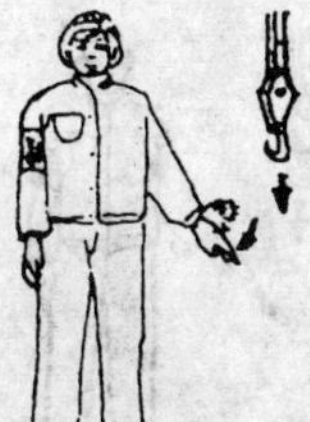

图 14-31 吊钩微微下降

（手臂伸向侧前下方，与身体夹角约 30°，手心朝下，以腕部为轴重复向下摆动手掌。）

图 14-32 吊钩水平微微移动

(小臂向侧上方自然伸出,五指并拢手心朝外,朝负载应运行的方向重复缓慢地水平运动。)

图 14-33 微动范围

(双手小臂曲起,伸向一侧,五指伸直,手心相对,其间距与负载要移动的距离接近。)

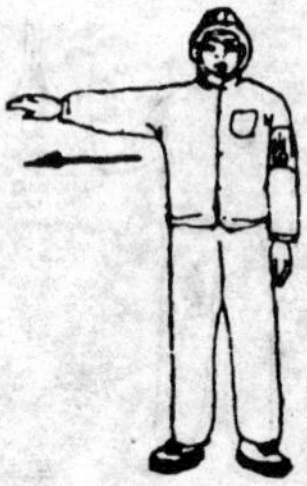

图 14-34 指示降落方位

(五指伸直,指出负载应降落的位置。)

图 14-35 停 止

(小臂水平伸直于胸前,五指伸开,手心朝下,水平挥向一侧。)

图 14-36　紧急停止

（两小臂水平伸直于胸前，五指伸开，手心朝下，同时水平挥向两侧。）

图 14-37　工作结束

（双手五指伸开在额前交叉。）

2．专用手势信号如图 14-38～图 14-51 所示。

图 14-38　升　臂

（手臂向一侧水平伸直，拇指朝上，余指握拢，小臂向上摆动。）

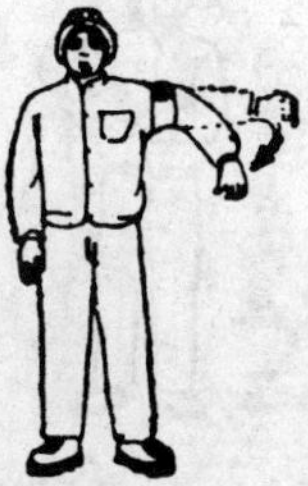

图 14-39　降　臂

（拇指伸开，余指握拢，小臂向下摆动。）

图 14-40　转　臂

（手臂水平伸直，指向应转臂的方向，拇指伸出，余指握拢，以腕部为轴转动。）

图 14-41　微微升臂

（一只手的小臂置于胸前一侧，五指伸直，手心朝下，保持不动；另一只手的拇指对着前手手心，余指握拢，做上下移动。）

图 14-42　微微降臂

（一只手的小臂置于胸前一侧，五指伸直，手心朝上，保持不动；另一只手的拇指对着前手手心，余指握拢，做上下移动。）

图 14-43　微微转臂

（一只手的小臂向前平伸，手心自然朝向内侧；另一只手的拇指指向前只手的手心，余指握拢做转动。）

图 14-44 伸 臂

（两手分别握拳，拳心朝下，拇指分别指向两侧，做相斥运动。）

图 14-45 缩 臂

（两手分别握拳，拳心朝下，拇指对指，做相向运动。）

图 14-46 履带起重机回转

（一只小臂水平前伸，五指自然伸出不动；另一只手的小臂在胸前做水平重复摆动。）

图 14-47 起重机前进

（双手臂先向前伸，小臂曲起，五指并拢，手心对着自己，做前后运动。）

图 14-48　起重机后退

（双小臂向上曲起，五指并拢，手心朝起重机，做前后运动。）

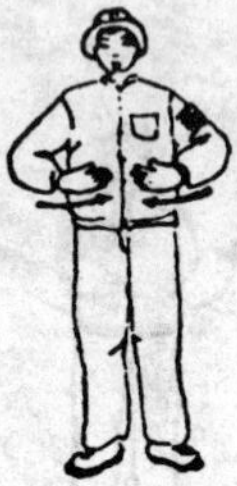

图 14-49　抓　取

（两手小臂分别置于侧前方，手心相对，由两侧向中间摆动。）

图 14-50　释　放

（两手小臂分别置于侧前方，手心朝外，两臂分别向两侧摆动。）

图 14-51　翻　转

（一只手小臂向前曲起，手心朝上；另一只手小臂向前伸出，手心朝下，双手同时进行翻转。）

3. 船用起重机（或双机吊运）专用手势信号如图 14-52～图 14-59 所示。

图 14-52　微速起钩

（两小臂水平伸向侧前方，五指伸开，手心朝上，以腕部为轴，向上摆动；当要求双机以不同速度起升时，指挥起升快的一方，手要高于另一只手。）

图 14-53　慢速起钩

（两小臂水平伸向侧前方，五指伸开，手心朝上，手臂以肘部为轴向上摆动；当要求双机以不同速度起升时，指挥起升速度快的一方，手要高于另一只手。）

图 14-54　全速升钩

（两臂下垂，五指伸开，手心朝上，全臂向上挥动。）

图 14-55　微速落钩

（两小臂水平伸向侧前方，五指伸开，手心朝下，手以腕部为轴向下摆动；当要求双机以不同的速度降落时，指挥降落速度快的一方，手要低于另一只手。）

图 14-56 慢速落钩

（两小臂水平伸向侧前方，小臂以肘部为轴向下摆动；当要求双机以不同速度降落时，指挥降落速度快的一方，手要低于另一只手。）

图 14-57 全速落钩

（两臂伸向侧上方，五指伸出，手心朝下，全臂向下挥动。）

图 14-58 一方停止，一方起钩

（指挥停止的手臂做“停止”手势，指挥起钩的手臂则作相应速度的起钩手势。）

图 14-59 一方停止、一方落钩

（指挥停止的手臂做“停止”手势，指挥落钩的手臂则做相应速度的落钩手势。）

五、信号的配合应用

指挥人员综合运用上述音响信号、旗语信号和手势信号时，应配合如下：

（一）发出上升信号　在发出“上升”音响信号时，可分别与“吊钩上升”、“升臂”、“抓取”手势或旗语相配合。

（二）发出下降信号　在发出“下降”音响信号时，可分别与“吊钩下降”、“降臂”、“缩臂”、“释放”手势或旗语相配合。

（三）发出微动信号　在发出“微动”音响信号时，可以分别与“吊钩微微下降”、“吊钩水平微微移动”、“微微升臂”、“微微降臂”手势或旗语相配合。

（四）发出紧急停止信号　在发出“紧急停止”音响信号时，可以分别与“紧急停止”手势或旗语相配合。

（五）发出预备、停止信号　在发出“预备”、“停止”音响信号时，均可与相应的手势或旗语相配合。

第二节　起重吊装作业的一般规定

一、吊装前的准备工作

（一）起重吊装施工方案的编制　起重吊装施工方案的编制应包括以下主要内容：

1. 说明吊装对象的重量、重心、几何尺寸，以及所选吊点位置、捆绑方法、安装高度、安装位置和安装精度。

2. 列出所选起重机械和所选索具的型号、规格及数量的明细表。

3. 确定吊装方法和吊装顺序，安排构件运输进场，并按规定堆放。

4. 画出起重吊装现场平面布置图，包括起重机的位置和

行走路线、构件的堆放地点。

5. 明确指挥信号及信号传递系统要求。

6. 制定施工组织和安排工程进度计划。

(二)安全技术交底　对一般起重吊装工作的安全技术交底应交清以下内容：

1. 吊装或吊运对象的特征、重量、重心位置、几何尺寸、吊点位置及安装高度、安装位置和安装精度。

2. 所选用起重机械的主要技术性能和使用注意事项。

3. 指挥信号及信号传递系统要求。

4. 吊装方法、吊装顺序及进度计划安排。

(三)设备检查

1. 检查起重机的基础、路基、路轨等是否符合要求。

2. 检查起重机的安装、起升高度、起升重量是否达到吊装要求。

3. 检查起重机械的各部件是否完好，有无变形、裂纹、腐蚀现象，焊缝、铆钉和螺栓等是否牢固可靠。

4. 检查起重机各安全装置、防护装置是否齐全；操纵系统和制动系统是否灵活可靠；电路、油路、气路、水道等是否有泄漏，工作是否正常。

5. 检查吊钩、钢丝绳、钢丝绳绳端固定情况是否正常。

6. 检查绳卡、卡环、花篮螺丝、铁扁担等是否有变形、裂纹、磨损等异常情况。

7. 检查周围环境及起重范围内有无障碍物，离电线及其它带电体的最小距离是否符合安全要求。

二、吊装安全技术措施

1. 各类起重机的操作人员和起重指挥人员必须是经过专门的操作技术和安全技术培训，并考核合格，取得操作证和

指挥合格证者，严禁无证人员操作起重机械或指挥起重作业。

2. 从事起重吊装作业时，必须坚持“十不吊”规定，即：指挥信号不明不准吊；斜牵斜挂不准吊；吊物重量不明或超负荷不准吊；散物捆扎不牢或物料装放过满不准吊；吊物上有人不准吊；地下有埋设物不准吊；机械安全装置失灵或带隐患时不准吊；现场光线阴暗看不清吊物起落点不准吊；棱刃物与钢丝绳直接接触无保护措施不准吊；六级以上强风不准吊。

3. 在吊装作业时，吊物不准在民房街巷和高压线上方及现场办公设施上方旋转，如施工条件所限必须在上述范围吊物旋转时，要对吊物经过的范围采取严密而妥善的防护措施。

4. 各种起重机械严禁在架空输电线路下面工作，在通过架空输电线路时，应将起重臂落下，并确保与架空输电线的垂直距离符合以下规定：

输电线电压在 1kV 以下时，与架空输电线的垂直安全距离 1.3m，水平安全距离 1.5m；1～20kV 时，垂直安全距离 1.5m，水平安全距离 2m；35～110kV 时，垂直安全距离 2.5m，水平安全距离 4m；154kV 时，垂直安全距离 2.5m，水平安全距离 5m；220kV 时，垂直安全距离 2.5m，水平安全距离 6m。

5. 在一个现场内多台起重机交叉作业时，两台起重机之间的最小架设距离应保证在最不利位置时，任一台的臂架都不会与另一台的塔身、塔顶相撞，并至少有 2m 的安全距离；处于高位的起重机，吊钩升至最高点时，钩底与低位起重机之间在任何情况下，其垂直方向的间隙不得小于 2m，两臂架相临近时要相互避让，水平距离至少要保持 5m。

6. 塔式起重机不准在弯道处作业。

7. 塔式起重机钢轨纵向、横向坡度均不得大于 1/1000，

轨距误差不大于 6mm，两轨接头处要用道木垫实，两轨接头处高低差不大于 2mm。

8. 指挥、吊装人员必须精神集中，保证指挥旗语、手势明显准确，哨音清楚宏亮，重物起吊后要密切注意起重机旋转、行走范围内和重物下方的情况，工作中不准吸烟、吃东西、聊天、开玩笑、打闹，更不准擅自离开工作岗位。

9. 吊物起吊后离地面 20～30cm 时，应指挥停钩检查设备和吊物有无异常情况，有问题应及时解决好后再起吊。

10. 吊物起吊悬空后应注意以下几点：

(1)出现不安全异常情况时，指挥人员应沉着指挥危险部位人员撤离，而后指挥吊车下落吊物，排除险情后再行起吊。

(2)吊装过程中突然停电或发生机械故障时，应指挥吊车将重物缓慢地落在地面上或楼层适当位置，不准长时间悬在空中。

(3)吊物运行过程中必须超过障碍物等 50cm 以上。严禁吊物从人头上越过。

(4)在吊装过程中，发生重大未遂事故和人身、设备事故时，应及时向领导或安全部门汇报，并负责保护现场。

11. 起重机在井、坑、基槽边工作时，其坡度应不小于 1：(1～0.75)，不满足要求时应采取必要的安全措施。

第三节　单层工业厂房结构吊装

一般单层工业厂房为装配式结构，需要吊装的构件主要有：柱子、柱间支撑、吊车梁、屋面系统(包括屋架、天窗架、屋面板及支撑系统等)。

在吊装每一个构件时，都有绑扎、起吊、就位、临时加固、

校正、最后固定等几个操作工序。

单层工业厂房构件示意图如图 14-60 所示。

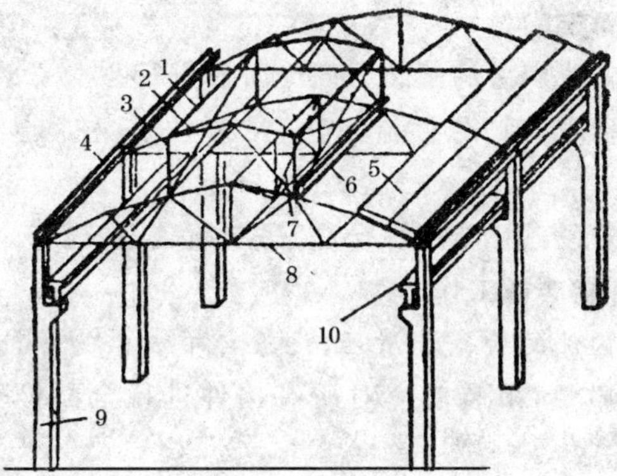

图 14-60 单层工业厂房构件示意图

1. 天窗上档 2. 天窗架垂直支撑 3. 天窗架 4. 天沟板 5. 屋面板 6. 天窗侧板 7. 屋架垂直支撑 8. 屋架 9. 柱子 10. 吊车梁

一、吊装构件操作工艺的一般要求

（一）绑扎　绑扎是用绳索和卡具将构件与起重机的吊钩连接起来，以便起吊。绑扎应牢固可靠，绑拆方便，保证构件在起吊过程中不发生永久变形、不断裂、便于安装。

（二）起吊和就位　起吊是将构件吊离地面，就位是将构件吊放到设计位置上。在起吊过程中应保证构件在空中起落和旋转平稳；就位时应目测或用线锤初步找正构件的垂直度和平整度，并加以临时固定。

（三）临时固定　临时固定是为了提高吊装效率，及时卸去吊钩，吊装下一个构件而采取的临时加固措施。临时固定应保证构件在校正过程中不倾倒。

(四)校正　校正是对构件的平面位置、标高、垂直度、平整度等进行校正,使其符合设计和施工规范的要求。

(五)最后固定　构件校正后,应按设计要求将构件加以永久性的固定。

一般工业厂房的吊装分两个阶段进行。

第一阶段:用“分件流水法”吊装柱子、柱间支撑和吊车梁。

第二阶段:用“节间综合法”吊装屋盖系统。

二、吊装准备工作

(一)构件的检查和清理、运输与堆放　为保证装配式结构的安装质量,吊装前应对所有构件进行全面检查,内容如下:

1. 检查构件的型号、规格、数量是否符合设计要求。

2. 起吊时构件的混凝土强度,一般不低于设计强度等级的75%;大跨度构件,如屋架应达到100%。

3. 检查构件的截面尺寸、预埋件、预留孔洞和吊环的位置和尺寸是否正确。构件的允许偏差见表14-2。

表14-2　构件的允许偏差

项次	项目			允许偏差(mm)
1	截面尺寸	长度	板、梁	−5,+10
			柱	−10,+5
			墙板	±5
			薄腹梁、桁架	−10,+15
		宽度	板、梁、柱、墙板、薄腹梁、桁架	±5
		高度	板、梁、柱、墙板、薄腹梁、桁架	±5
	肋宽、厚度			−2,+4

续表 14-2

项次	项	目	允许偏差(mm)
2	侧向弯曲	板 梁、柱 墙板、薄腹梁、桁架	L/500 且不大于 20 L/750 且不大于 20 L/1000 且不大于 20
3	预埋件	中心线位置 螺栓位置 螺栓明露长度	+10 +5 −5,+10
4	预留孔	中心线位置	+5
5	预留洞	中心线位置	+15
6	保护层厚度	板 梁、柱、墙板、薄腹梁、桁架	−3,+5 −5,+10
7	对角线差	板、墙板	+10
8	表面平整	板、墙板、柱、梁	+5
9	预应力构件预留孔道位置	梁、墙板、薄腹梁、桁架	+3

注:1. 受力钢筋保护层的偏差,仅在必要时进行检查。

2. L 为构件长度(mm)。

4. 检查构件的表面有无裂缝、变形及其它损坏现象,预埋铁件上如粘有砂浆等污物,应事先加以清理,以免影响构件的拼装和焊接。

5. 检查吊环的位置、吊环的固定情况、吊环有无变形和损伤,吊环孔洞能否顺利穿好卡环和钢丝绳等。

6. 检查合格的构件按计划分批进入施工现场,运输道路应平整坚实,有足够的宽度和转弯半径,使构件和运输车辆能顺利通过。构件运输时支座位置应正确,并固定牢靠。

7. 构件进场后应按施工组织场地布置图进行堆放。堆放

场地应平整坚实，排水良好，上下垫木应在同一垂线上。堆垛高度，梁一般为 2～3 层；大型屋面板叠层不宜超过 6 块；空心楼板叠层不宜超过 8 块。构件吊环要向上，标志朝外，以便查找和挂钩。

（二）构件的弹线和标号　构件经检查合格后，应在构件上弹上安装的定位墨线和校正用的墨线，作为构件安装、就位、校正的依据。几种常见构件的弹线要求为：

1. 柱子应在柱身三面弹出安装的中心线，此中心线应与柱基础杯口处的安装中心线相吻合。柱子下端应弹出高出室内地坪 50cm 的标高线。此外，在柱顶和牛腿面上还要弹出屋架和吊车梁的定位线。

2. 屋架上弦应弹出几何中心线，上弦中线应延至屋架两端下部，并从跨度中央向两端分别弹出天窗架、屋面板和檩条的安装定位线。

3. 在梁两端和顶面弹出安装中心线。在对构件弹线的同时，应按图纸对构件进行编号。编号要标在明显的部位。不易辨别上下的构件，应在构件上用记号标明，以免安装时搞错放置方向。

（三）钢筋混凝土杯形基础的准备工作　钢筋混凝土杯形基础在吊装柱子前，应做好以下准备工作：

1. 在基础顶面弹出十字交叉的安装中心线，并用红漆画上红三角。中心线对定位轴线的允许偏差为±10mm。

2. 测量杯底标高，并用砂浆将杯底抹平垫至设计标高。抹平后应对杯口加以遮盖，以防杂物落入。

三、柱子吊装

（一）柱子的绑扎　绑扎柱子用的吊具有吊索（千斤绳）、卡环（卸甲）和铁扁担等。为使在空中脱钩方便，应尽量用活络

式卡环。为避免钢丝绳磨损构件表面，可在钢丝绳与构件接触处垫麻袋或木板。

柱子的绑扎位置和绑扎点数，应根据构件的受力特性、形状、断面尺寸、配筋和起重机性能来确定。中小型柱子（重 13t 以下）可以绑扎一点；重型柱子或配筋少的细长柱子应绑扎两点，一点绑扎时常选在牛腿处绑扎；工字形截面和双肢柱，绑扎点应选在实心处。

常用的绑扎方法有：

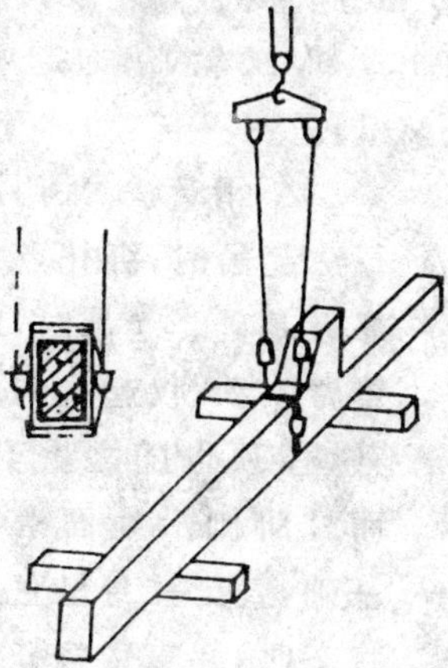

图 14-61　柱子的斜吊绑扎法

1. 斜吊绑扎法。如图 14-61 所示，柱子吊起后呈倾斜状态，由于吊索歪在柱子的一边，起重钩可低于柱顶，因此，起重臂可以低些。这种方法适用于柱子平放起吊的抗弯强度满足要求的柱子。

2. 直吊绑扎法。当柱子的平放起吊抗弯强度不足时，应采用图 14-62 所示的直吊绑扎法。这种方法起吊后，铁扁担跨于柱顶上，柱子呈直立状态，有利于垂直插入基础杯口，但因铁扁担高过柱顶，故需要较大的起重高度。

（二）柱子的吊升　柱子的吊升根据重量、长度、起重机性能和现场施工条件的不同分别采用以下方法：

1. 旋转法。如图 14-63 所示，采用旋转法起吊时，柱子的绑扎点、柱脚与柱基中心三者均位于起重机的同一工作幅度的圆弧上。起吊时，起重机边升钩、边回转，柱顶随着起重钩的

运动，也边升起，边回转，而柱脚的位置在旋转过程中是不动的。当柱子由水平转为直立状态后，起重机将其吊离地面，旋转至基础上方，缓慢地插入杯口。这种方法常采用自行式起重机（如履带式起重机或轮胎式起重机）。

2. 滑行法。采用滑行法起吊时，绑扎点宜靠近基础。起吊时，起重臂不动，仅起重钩上升，柱顶也随之上升，而柱脚则沿地面滑向基础，直至柱身呈直立状态时，起重钩将柱子吊离地面，对准基础中心，将柱脚插入杯口。

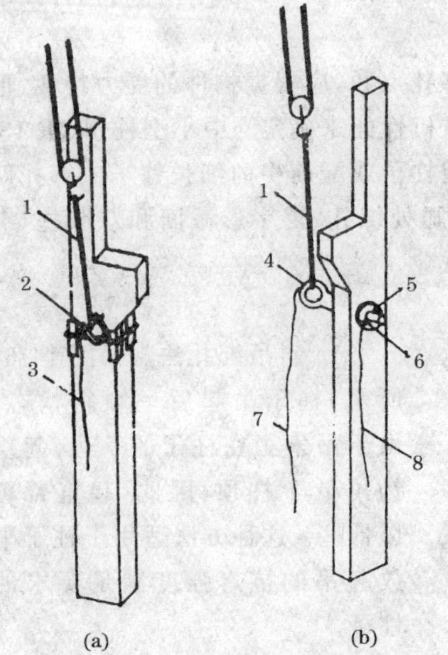

图 14-62　柱子的直吊绑扎法

(a)采用活络卡环　(b)采用柱销

1. 吊索　2. 活络卡环　3. 活络卡环插销拉绳　4. 柱销　5. 垫圈　6. 插销　7. 柱销拉绳　8. 插销拉绳

滑行法吊装柱子如图 14-64 所示。

（三）柱子对位和临时固定　柱脚插入杯口后，并不降至杯底，而是停在离杯底 30～50cm 处进行对位，对位的方法是用 8 只木楔或钢楔置于柱四面与杯口的空隙处，并配合撬棍撬动柱脚，使柱子的中心线与杯口上的安装中心线对齐，并使柱子基本垂直。

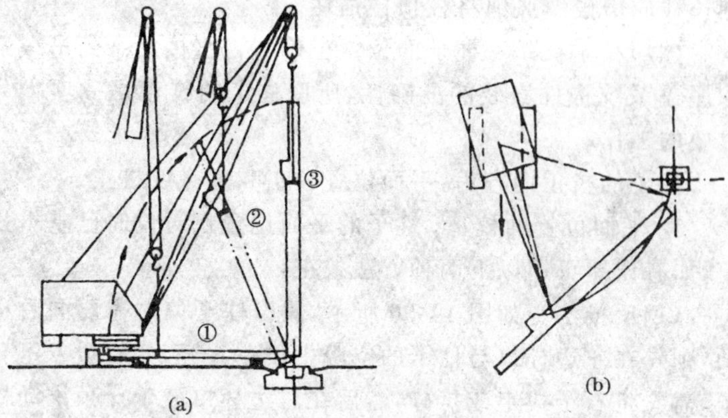

图 14-63　旋转法吊装柱子

(a)旋转过程　(b)平面布置

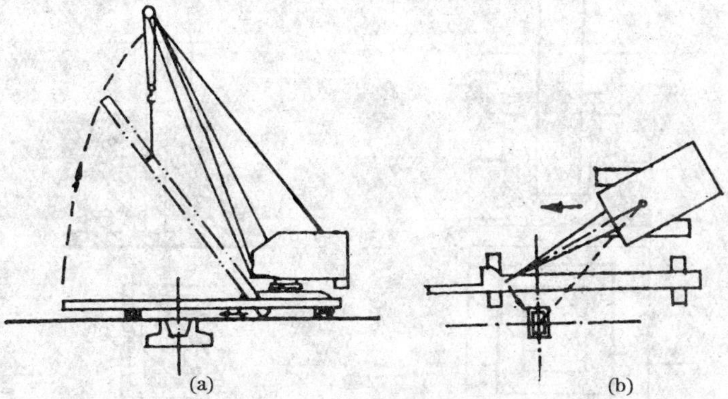

图 14-64　滑行法吊装柱子

(a)滑行过程　(b)平面布置

对位后，将楔子略为背紧，放松吊钩，使柱子靠自重降至杯底，然后再次检查一下安装中心线的对准情况，符合安装要求后，将楔块背紧，并将柱子临时固定(图 14-65)，重型柱或

细长柱应增设缆风绳将柱顶拉锚住。

(四)柱子校正　柱子的位置正确与否直接关系到吊车梁和屋盖系统构件安装的准确性，所以柱子的校正是一项十分重要的工作。

柱子的校正内容为：平面位置校正和垂直度校正。

1. 平面位置的校正。柱子的平面位置在对位时已基本找正，如有误差可用以下两种方法校正：

(1)反推法。如图 14-66 所示，假设柱子偏左需要向右移动，则先在左边杯口与柱子的空隙中放一大锤，如右边卡了石子，需先将石子拨走或打碎，然后在右边杯口放千斤顶推动柱子，使之绕大锤旋转以移动柱脚。对于小柱子也可以用敲打楔

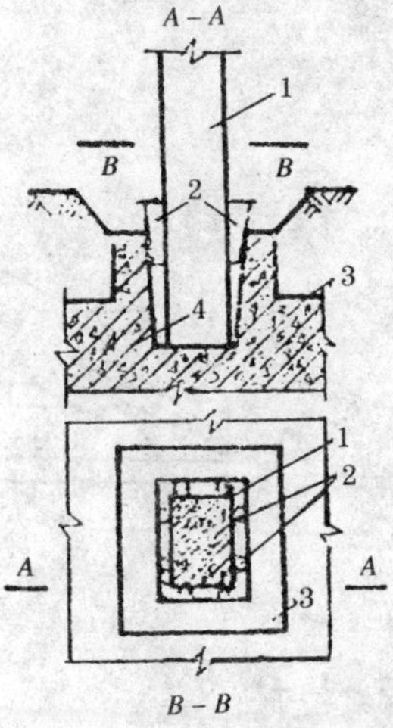

图 14-65　柱子临时固定

1. 柱子　2. 楔子　3. 杯形基础　4. 石子

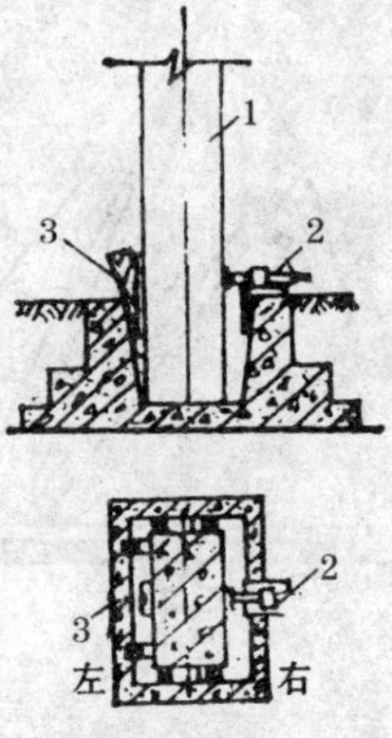

图 14-66　用反推法校正柱子的平面位置

1. 柱子　2. 千斤顶　3. 木楔

块的方法移动柱脚。

(2)敲打钢钎法。敲打钢钎法是将钢钎插入杯口下部，两边垫以“旗形”钢板，然后敲打钢钎移动柱脚，钢钎与“旗形”钢板的构造如图 14-67 所示。

2. 柱子垂直度的校正。柱子垂直度的校正常用敲打楔子法、敲打钢钎法、丝杠千斤顶平推法、钢管撑杆校正法和千斤顶立顶法等。

(1)敲打楔子法。此法最简便，通过敲打杯口的楔子，给柱身一个水平推力，使柱子绕柱脚旋转而垂直。此法劳动强度大，适用于校正 10t 以下的柱子，校正时可稍松动敲打对面的楔子，但严禁取出楔子，并用坚硬石块卡死柱脚，以防柱子发生水平位移而偏离平面位置。

(2)敲打钢钎法。参见图 14-67，假定柱子偏左，则在右面柱脚先放入“旗形”钢板 3～4 个(数量多少由空隙大小而定)，然后在空隙内插入钢钎，先轻轻敲打稳妥钢钎后，再用大锤敲打，并及时报告垂直度的误差值，直至校正到规定误差值之内为止。

这种方法不用松动楔子，较为安全可靠，适用于 25t 以下柱子的校正。

(3)丝杠千斤顶平推法。此法在杯口水平位置放一丝杠千斤顶，给柱身施加水平力，使柱子绕柱脚旋转，从而使柱子的垂直度校正到符合要求为止，如图 14-68 所示。此法适用于校正 30t 以下的柱子。

(4)钢管撑杆校正法。在杯口处斜置一个两头带丝扣的钢管，上部顶在柱身预留或后凿的凹槽内，下部顶在底板内，操纵转动手柄，给柱身施加斜向力，使柱身绕柱脚旋转而垂直，如图 14-69 所示。钢管撑杆用千斤顶代替效果更佳。此法用于

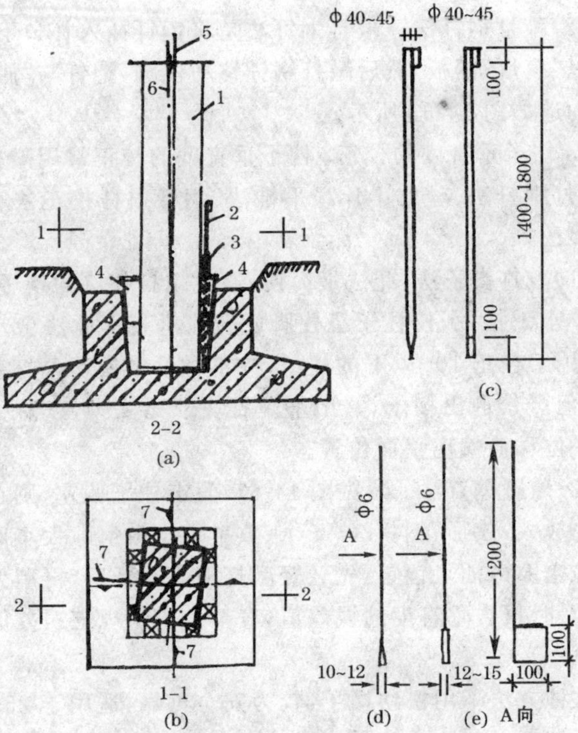

图 14-67 敲打钢钎法

(a)2-2 剖视 (b)1-1 剖视 (c)钢钎详图

(d)甲型旗形钢板 (e)乙型旗形钢板

1. 柱 2. 钢钎 3. 旗形钢板 4. 钢楔

5. 垂直线 6. 柱中线 7. 直尺

校正 30t 以下的柱子。

(5)千斤顶立顶法。如图 14-70 所示，通过千斤顶立顶给其施加一个垂直力，使柱身绕柱脚旋转而垂直，此法常用来校正双肢柱。校正前应验算双肢柱横梁的强度是否符合立顶要

求。

如用来校正实腹柱，应预留放置钢梁的孔洞。此法适用于校正 30t 以上的重型柱子。

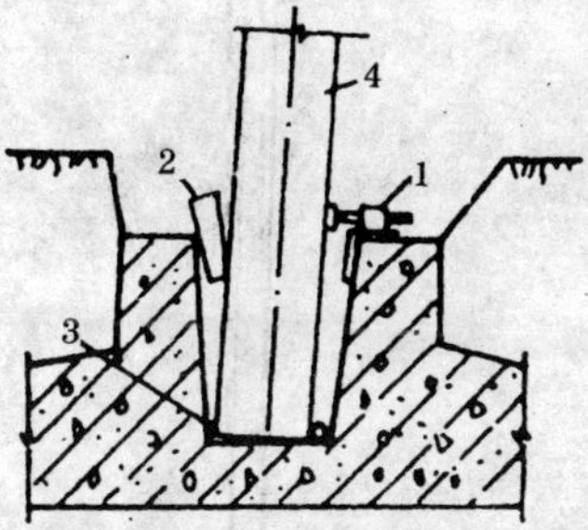

图 14-68 丝杠千斤顶平推法

1. 丝杠千斤顶　2. 楔子　3. 石子　4. 柱

无论采取什么方法校正柱子，都应该先校正偏差大的方向，后校正偏差小的方向。如果两个方向偏差相近，则先校正小面、后校正大面，一个方向校正后，稍打紧两面相对的四个楔子，再校正另一个方向。

柱子的垂直度校正后，应再次复核柱子的平面位置，如偏差在 5mm 以内，则打紧 8 个楔子，并使其松紧程度基本一致。

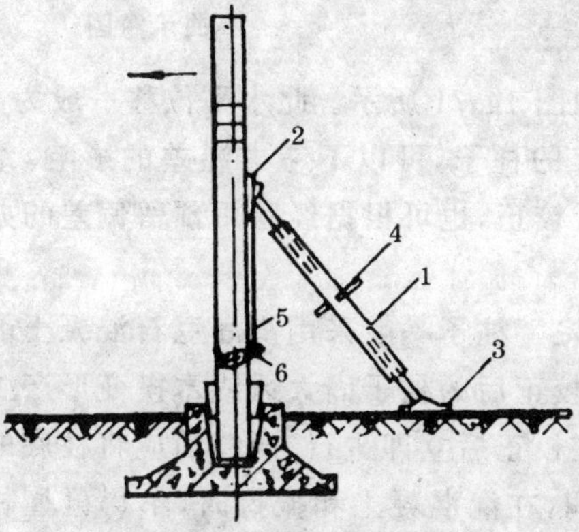

图 14-69 钢管撑杆校正法

1. 钢管　2. 头部摩擦板　3. 底板

4. 转动手柄　5. 钢丝绳　6. 卡环

采用给柱身加力使其绕柱脚旋转方法校正垂直度时，要确保柱子根部的平面位置不变，可在插入柱子校正后，在柱脚用坚硬石子将柱脚卡住。

在阳光照射下校正柱子的垂直度时应注意温差的影响，因为在阳光的照射下，柱子向阴面弯曲，使

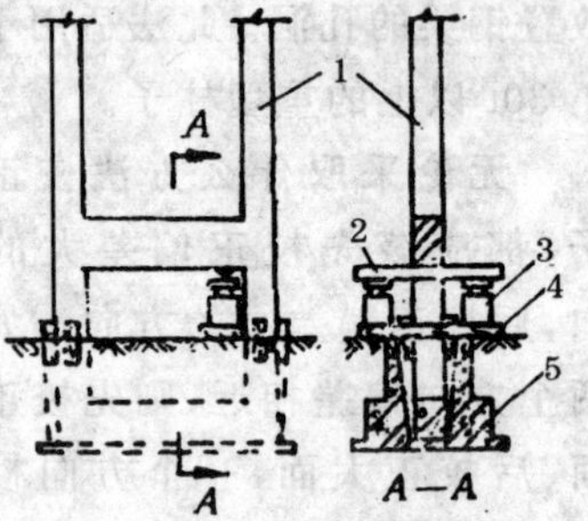

图 14-70　千斤顶立顶法校正双肢柱

1. 双肢柱　2. 钢梁　3. 千斤顶

4. 垫木　5. 基础

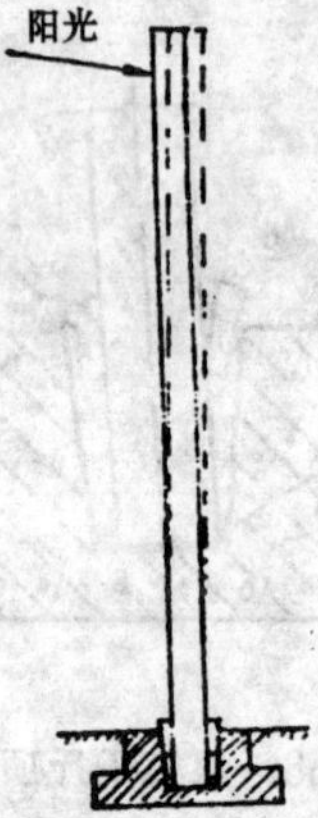

图 14-71　柱子在阳光照射下向阴面弯曲示意图

柱顶有一个水平位移，如图 14-71 所示。此水平位移一般为 3～10mm，高度小于 10m 的柱子，可以不考虑温差的影响，细高柱子可利用早晨、阴天校正，也可根据经验用预留偏差的办法解决。

（五）柱子的最后固定　柱子一般采用浇灌豆石混凝土的方法最后固定。为防止校正后的柱子因大风或木楔变形产生新的偏差，灌缝工作应在校正后立即进行。灌缝前应将柱底的杂物清理干净，洒水湿润，在灌混凝土和振捣时，不得碰撞柱子或楔块。应先灌一层稀水泥砂浆以填满柱底的空隙，余下的混凝土分两次灌注，第一次灌至楔子底，待混凝土强度达到设计强度等级的 25％时，拔去楔子，再灌完剩下的混凝土至杯口上口平齐，如图 14-72 所示。

（六）柱子安装的质量标准

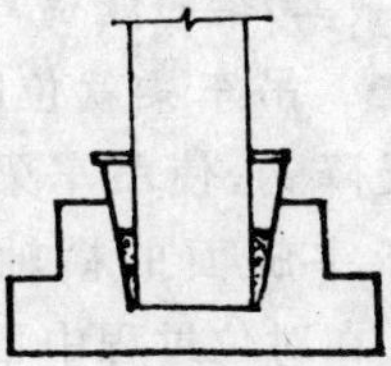

(a)

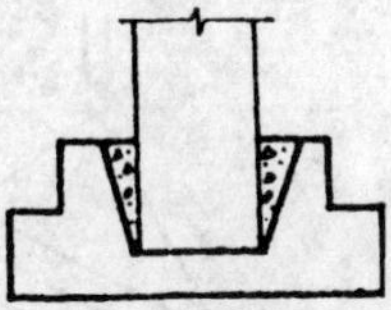

(b)

图 14-72 柱的最后固定

(a)第一次灌筑混凝土 (b)第二次灌筑混凝土

1. 杯形基础允许偏差：

(1)中心线对轴线的允许偏差为 10mm。

(2)杯底安装标高允许偏差为－10mm。

2. 柱子安装允许偏差：

(1)中心线对定位轴线位置允许偏差为 5mm。

(2)上下柱接口中心线位置允许偏差为 3mm。

(3)垂直度。高度大于 5m 的柱子的允许偏差为 10mm；高度小于 5m 的柱子的允许偏差为 5mm；大于或等于 10m 的柱子的允许偏差为柱高的 1/1000，且不大于 20mm。

(4)牛腿上表面和柱顶标高。柱高≤5m 时，允许偏差为－5mm；柱高＞5m 时，允许偏差为－8mm。

四、吊车梁的吊装

吊车梁的吊装必须在柱子杯口处第二次灌注的混凝土强度达到设计强度等级的 75％以后进行。

吊车梁的吊装顺序为：

(一)梁的绑扎、吊升 吊车梁的绑扎点应对称设在梁的两端，吊钩应对准梁的重心，如图 14-73 所示，以便起吊后梁身基本保持水平状态。梁的两端应设溜绳控制其在空中的运行，避免碰撞柱子。

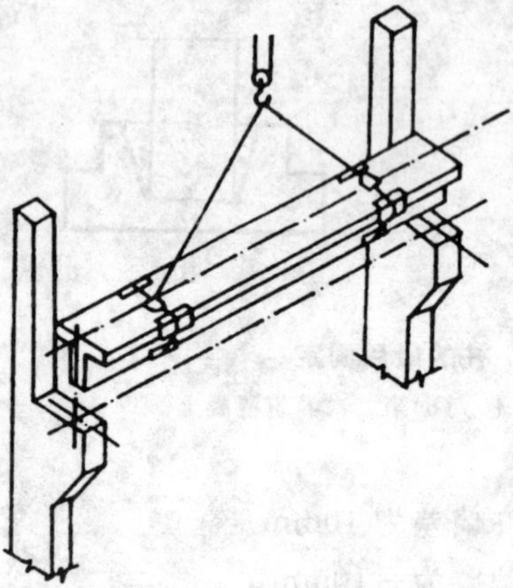

图 14-73　吊车梁的吊装

（二）梁的就位与临时固定　吊车梁就位时，应缓慢降钩，使吊车梁端与柱子牛腿面的横轴线对准。在对位过程中不宜用撬棍顺纵轴方向撬动吊车梁，因为柱子顺纵轴方向的刚度较差，撬动后会使柱顶产生水平位移。假如横轴线未对准，应重新起吊再次对位，直至符合要求为止。

吊车梁本身的稳定性较好，一般对位后，仅用铁片垫平即可，无需采取临时加固措施，起重机即可松钩移走。当梁高与梁宽之比大于 4 时，可用 8# 铁丝将梁捆绑在柱上，以防倾倒。

（三）校正与最后固定　吊车梁的校正主要是平面位置校正和垂直度校正。因为吊车梁的标高在做基础抄平时，已对牛腿面至柱脚的距离做过测量和调整，如仍有误差，可待安装吊车轨道时，在吊车梁的上表面抹一层砂浆找平。

吊车梁的平面位置和垂直度校正，要在一个车间或一个伸缩缝段内全部结构安装完毕并经最后固定以后进行。因为在安装屋架、支撑等其它构件时，可能引起柱子变形，影响吊车梁的正确位置。

吊车梁的平面位置的校正，包括纵轴线和跨距两项。校正方法有通线法和平移轴线法两种。

1. 通线法。根据柱的定位轴线，在跨端地面定出吊车梁的轴线位置并打入木桩，用经纬仪先检查两端四根吊车梁位置并校正，然后在柱列两端吊车梁上设高约 20cm 支架，拉钢丝通线，检查并校正各吊车梁的中心线，如图 14-74。

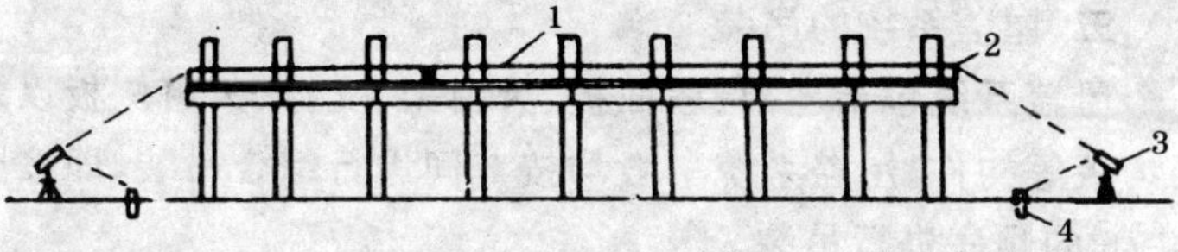

图 14-74　通线法校正吊车梁

1. 通线　2. 支架　3. 经纬仪　4. 木桩

2. 平移轴线法。在柱列内侧距安装轴线 λ 距离处用经纬仪打出一条平行线，如果吊车梁轴线至安装轴线的距离为 a，则平行轴线至吊车梁轴线的距离为(λ—a)。校正时，经纬仪安置在平行轴线上，检查人员手持一直尺，当经纬仪在尺上的读数为(λ—a)时，尺子的零端即为吊车梁轴线的位置，如图 14-75 所示。

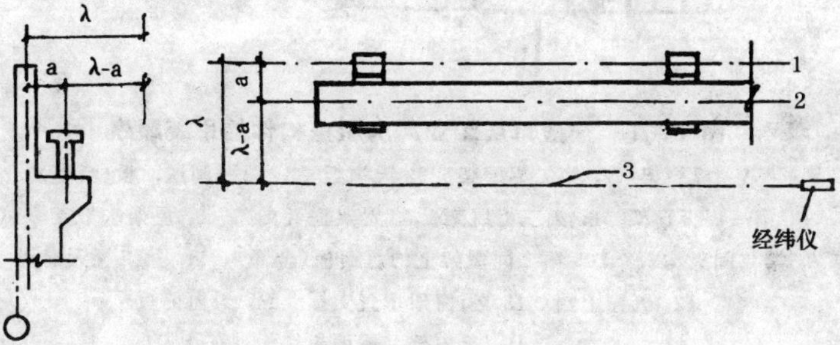

图 14-75　平移轴线法

1. 安装轴线　2. 吊车梁轴线　3. 平行轴线

吊车梁跨距检查需用检定过的钢尺直接丈量，但必须注意钢尺与吊车梁轴线垂直。

吊车梁校正后，立即用电焊做最后固定，并在吊车梁与柱的空隙处灌筑细石混凝土。

五、屋盖系统的吊装

屋盖系统包括屋架、屋面板、天窗架、支撑、天窗侧板以及天沟板等构件。屋盖系统一般均按节间进行综合吊装，即按图14-76的顺序进行吊装。

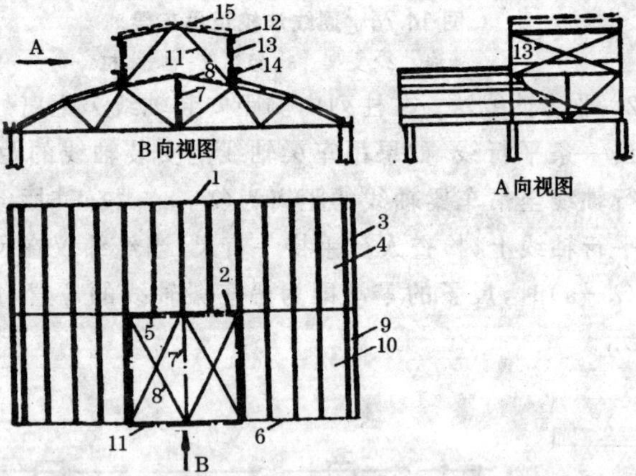

图 14-76　一般单层工业厂房屋盖构件的吊装顺序

1. 第一榀屋架　2. 第二榀屋架　3. 天沟板　4. 第一间屋面板(全部)　5. 第一榀天窗架　6. 第三榀屋架　7. 屋架垂直支撑　8. 屋架水平支撑　9. 第二间天沟板　10. 第二间屋架上的屋面板(全部)　11. 第二榀天窗架　12. 天窗上挡　13. 天窗架垂直支撑　14. 天窗侧板　15. 天窗架上屋面板

从图14-76可以看出，第一间只有屋架、天沟板和屋面板，没有天窗架。因此，在吊装时，先将第一、二榀屋顶就位、固定，然后安装天沟板和屋面板。在第二间有各种支撑和天窗架，因此，在安装、固定第三榀屋架后，应将屋架的垂直支撑和水平支撑全部安装上去，并将全部螺栓拧紧或用电焊固定。

在安装、固定好第一、二榀天窗架后，要紧接着将天窗架的上挡、垂直支撑和侧板全部安装上去并固定牢，以确保安装质量和屋盖系统的空间稳定。

头两个节间安装完毕后，即以类似的操作顺序依次进行其余各节间的吊装。

在安装屋面板时应注意，必须从跨两边向中间对称安装。如果只从一边向中间安装，造成屋架半跨受荷重作用，改变了屋架各杆件原设计的受力状态，可能造成严重的倒塌事故。

(一)屋架的吊装

1. 屋架翻身、扶直与绑扎。预制钢筋混凝土屋架多采用平卧预制，因此，在安装前，必须将屋架翻身扶直。但由于屋架的平面刚度较差，在翻身扶直过程中，处理不当极易损坏，所以，必须在翻身扶直前对屋架采取相应的加固措施，防止屋架产生侧面或下弦裂缝等质量事故。

屋架翻身扶直应注意如下事项：

(1)屋架预制多为多榀重叠，因此屋架离地面较高，翻身时易滑落地面，产生较大的冲击力而损坏屋架。所以，为了防止屋架滑落，应采取图 14-77 所示的方法，用道木打楞垫高或用方木搭成井字架，使屋架起吊翻身时逐渐压实到垫好的道木或井架上，而不致滑落。

(2)屋架的跨度超过 24m 时，应对屋架进行加固再吊装。如图 14-78 所示，一般用 10cm×10cm 的方木绑扎两道，屋架翻身时垫实中间节点处，但扶直后应将中间节点的垫实方木撤去，使屋架悬空，以防将屋架中间垫裂。

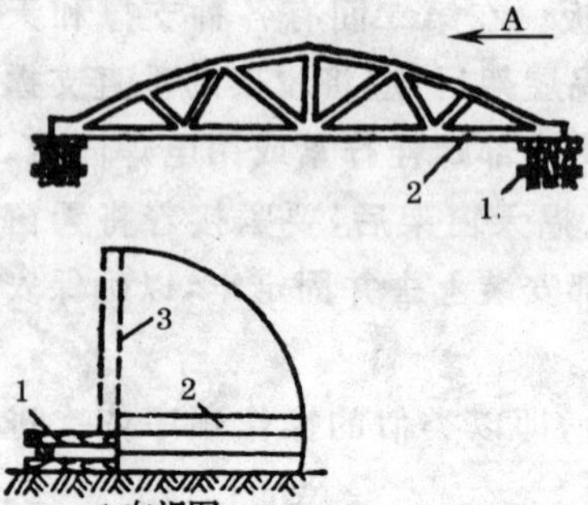

A向视图

图 14-77 重叠生产的屋架翻身

1. 井架 2. 屋架

3. 屋架立直后搁置在井架上

(3)扶直屋架时,起重机的吊钩应对准屋架中心,吊索左右对称,与地面夹角不小于45°。

(4)根据起重机与屋架的相对位置不同可采取正向扶直和反向扶直两种方法。

正向扶直方法如图14-79a所示,起重机位于屋架下弦的一侧,首先以吊钩对准屋架中心,收紧吊钩,然后稍微起臂使屋架脱模,接着起重机升钩升臂,使屋架以下弦为轴缓缓转为直立状态。

反向扶直方法如图14-79b所示,起重机立于屋架上弦一边,首先以吊钩对准屋架中心,收紧吊钩,接着升钩升臂,使屋架以下弦为轴缓缓转为直立状态。

图 14-78 设置中垫点翻屋架

1. 加固木杆 2. 中节点垫点

屋架的绑扎应根据起重机的吊杆长度以及屋架的跨度而定,一般绑扎点应选在上弦节点处,左右对称,并高于屋架重心。在屋架的两端应加溜绳,以控制屋架在空中的运行。

绑扎时,吊索与水平线的夹角不宜小于45°,以免钢丝绳对屋架产生过大的横向压力。

为了减小起重高度和横向力,必要时,可采用横吊梁(铁扁担)起吊。

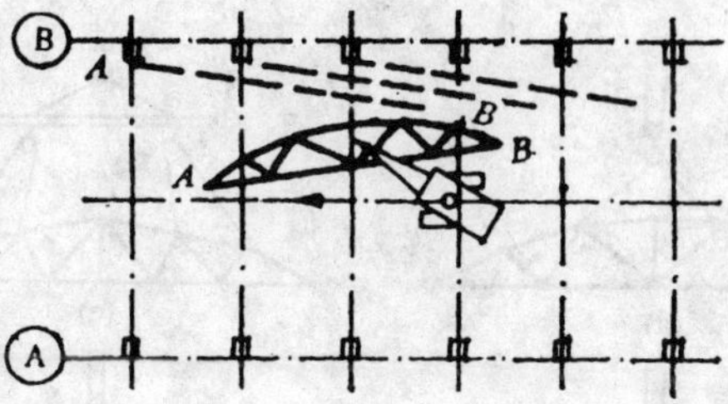

(a)

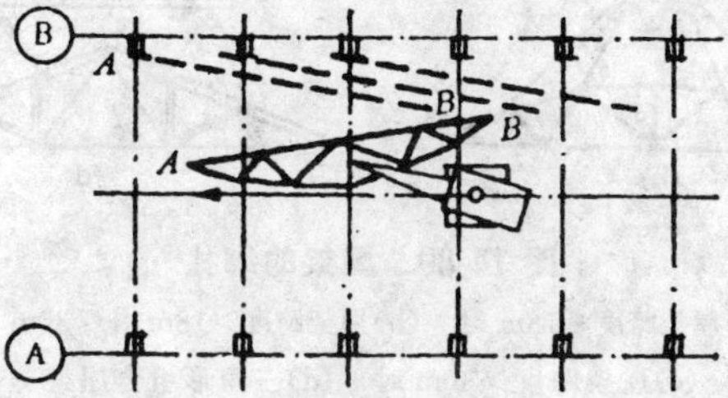

(b)

图 14-79 屋架的扶直方法

(a)正向扶直 (b)反向扶直

绑扎点的数量规定如下：跨度≤18m 时，绑扎 2 点即可；跨度＞18m 并≤30m 时，应绑扎 4 点；当跨度＞30m 时，应考虑用横吊梁，以减小绑扎高度。对三角组合屋架等刚性较差的屋架，下弦杆不能承受压力，也应考虑用横吊梁起吊，如图 14-80 所示。

2. 屋架的起吊对位安装。屋架吊起至柱顶上，用溜绳旋转屋架对准柱头，缓慢下落，操作人员用手扶住使屋架对准柱顶轴线下落到柱顶，稍有偏差用撬棍校正并用斜口铁片垫平空隙处。

3. 屋架的临时固定。第一榀屋架的临时固定至关重要，因为这时只有一榀屋架，空间稳定性极差，而且第二榀屋架的

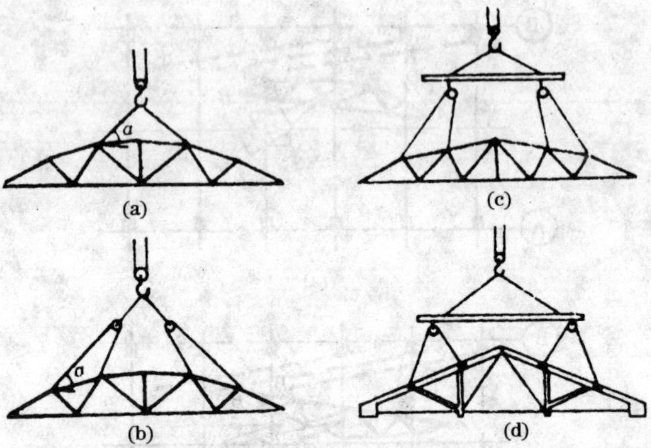

图 14-80　屋架的绑扎

(a)屋架跨度≤18m 时　(b)屋架跨度＞18m 并≤30m 时

(c)屋架跨度＞30m 时　(d)三角形组合屋架

临时加固还必须以第一榀屋架为支撑。

如图 14-81 所示，第一榀屋架一般用 4 根缆风绳从两边四角将屋架拉牢，也可将屋架与抗风柱连接作为临时固定。

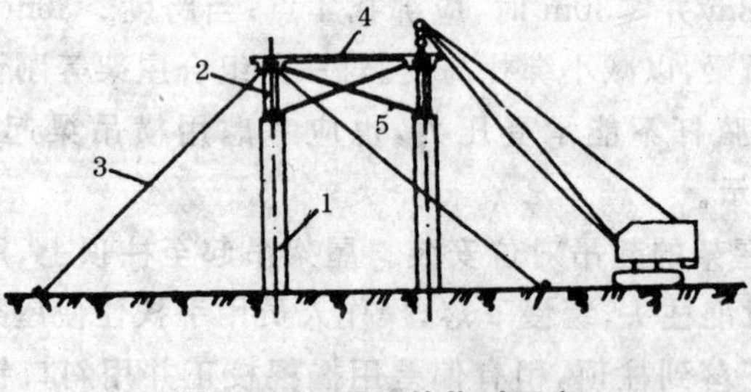

图 14-81　屋架的临时固定

1. 柱子　2. 屋架　3. 缆风绳　4. 工具式支撑　5. 屋架垂直支撑

第二榀屋架的临时固定用工具式支撑撑牢在第一榀屋架上，以后各榀屋架的临时固定也是依次用工具式支撑撑牢在前一榀屋架上，如图 14-82 所示。

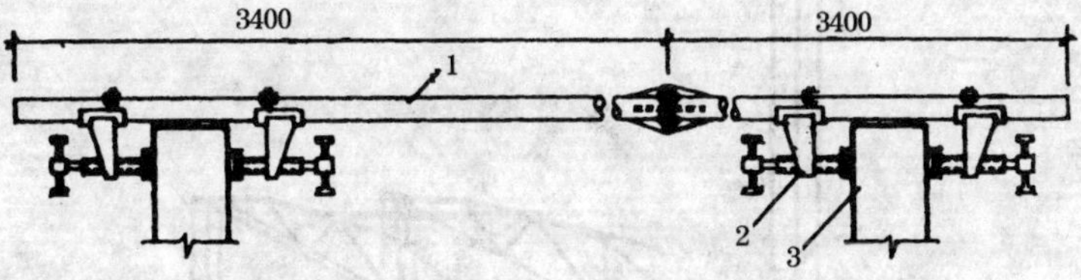

图 14-82　工具式支撑的构造

1. 钢管　2. 撑脚　3. 屋架上弦

工具式支撑的两端各有两只撑脚，撑脚上有可调整的螺栓。将工具式支撑撑放在屋架上以后，旋紧撑脚上的螺栓，即可将屋架可靠地与相邻一榀屋架牢固地连接在一起。每榀屋架至少用 2 个工具式支撑，待屋架校正固定以后，才可将支撑卸去。

4. 屋架的校正与最后固定。屋架经对位、临时加固后，其平面位置已符合要求，所以屋架的校正主要是校正垂直度。一般用经纬仪或垂球检查，用工具式支撑校正。

用经纬仪检查垂直度时，在屋架上弦安装 3 个卡尺(屋架中部、两端)，自屋架上弦几何中心线量出 50cm，在卡尺上做出标志。然后在距屋架中心线 50cm 处，在地上设一台经纬仪，用经纬仪检查 3 个卡尺上的标志是否在同一垂直面上。

用垂球检查屋架垂直度时，卡尺的设置与前述相同，标志距屋架几何中心线的距离取 30cm。在两端卡尺之间连一通线，从中央卡尺的标志处向下挂垂球，检查 3 个卡尺的标志是否在同一垂直面上，如图 14-83 所示。

第一榀屋架的垂直度可用缆风绳配合校正，两端头的屋架校正好以后，即可进行焊接，在焊接时要注意在屋架两端头

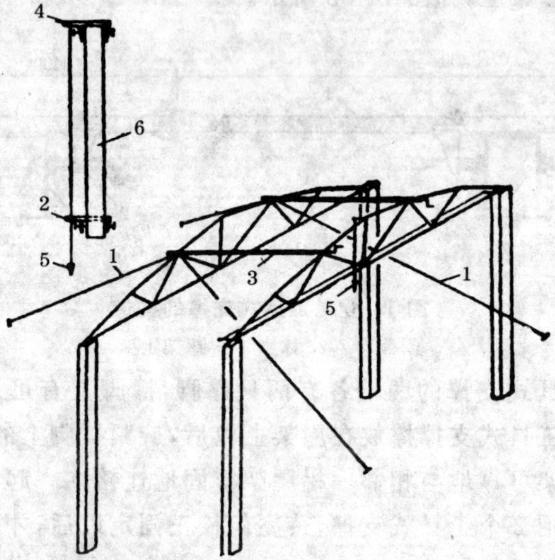

图 14-83　工具式支撑临时固定和校正屋架

1. 第一榀屋架上的缆风绳　2. 卡在屋架下弦的挂线卡子

3. 工具式支撑　4. 卡在屋架上弦的挂线卡子　5. 线锤　6. 屋架

对角焊接，先焊一侧面，再焊另一侧面，在屋架焊好后，即可吊装和校正中间各榀屋架。

在安装第二榀屋架和以后各榀屋架时，可用工具式支撑做临时固定和校正。跨度 15m 以内的用一根工具式支撑校正，跨度 18m 以上的屋架用两根工具式支撑校正。

当使用两根工具式支撑校正时，摇手柄的方向必须相同，快慢基本一致，否则不易控制校正精度。

屋架校正垂直以后，立即用电焊焊牢作为最后固定，应对角施焊，以防焊缝收缩导致屋架倾斜。

最后固定好的屋架，其安装质量应符合以下要求：屋架上弦(在跨中)对通过两支座中心垂直面的偏差不得大于h/250(h为屋架高度)。

(二)天窗架的吊装　钢筋混凝土天窗架一般采用四点绑扎,安装方法同屋架。

第一榀天窗架的校正用缆风绳,校正后用撑木做临时固定。

天窗架安装时应注意将各种支撑和天窗上挡,侧板与天窗架同时安装,并在安装支撑过程中,随时复查天窗架的安装质量。

第二榀以后的天窗架有两种校正方法:

第一种方法是在天窗架起吊、就位的同时安装上档,右端(靠起重机一端)装好临时螺栓;另一端暂时不装螺栓,并在对好底脚线以后,利用上挡和白棕绳校正天窗架的垂直度,如图14-84所示。

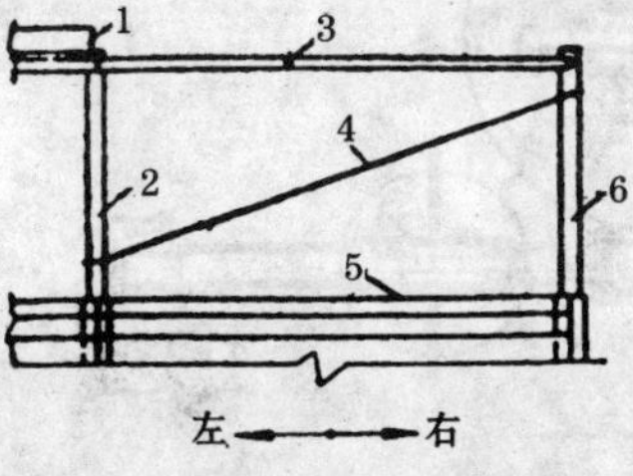

图14-84　利用上挡和白棕绳校正天窗架

1. 天窗架上的屋面板
2. 已安装的天窗架　3. 上挡
4. 白棕绳　5. 屋架上的屋面板
6. 正在安装的天窗架

第二种方法是在天窗起吊就位后,先在天窗架两侧立柱上距底脚约1m处,各安装一根校正器临时固定,然后对准底脚安装线,并点焊天窗架底脚的一侧加以临时固定。电焊时,如天窗架左偏,应点焊右侧;向右偏应点焊左侧。最后校好垂直度用电焊固定,如图14-85所示。

天窗架校正器构造见图14-86。

(三)屋面板的吊装　1.5m×6.0m的肋形屋面板都预埋

有 4 个吊环，用带钩的吊索钩住吊环即可安装。

起吊时，应使 4 根拉索拉力相等，屋面板保持水平。

屋面板的安装顺序，应自两边檐口左右对称地逐块铺向屋脊，避免屋架承受半边荷载。屋面板对位后，立即进行电焊固定，一般每块屋面板焊 3 点，最后一块只能焊 2 点。

对于大型空心板，由于重叠生产，往往没有预埋吊环，在

图 14-85　利用校正器校正天窗架

1. 正在安装的天窗架　2. 夹箍　3. 校正器　4. 已安装的天窗架

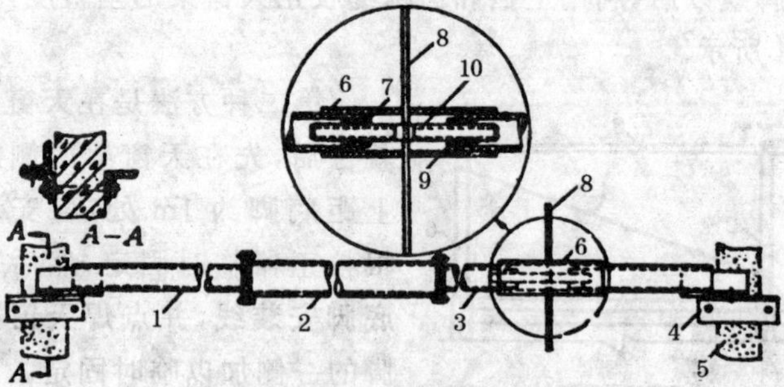

图 14-86　天窗架校正器

1. 首节　2. 中节　3. 尾节　4. 夹箍　5. 天窗架　6. 套管　7. 左旋螺母　8. 摇把　9. 右旋螺母　10. 倒顺螺杆

吊装时只能用兜吊的方法。因此，吊装时应注意以下事项：

1. 兜索应对称设置，使屋面板起吊后呈基本水平状态。

2. 吊索与屋面板的夹角必须大于 60°，因此，宜采用铁扁

担起吊，如图 14-87a 所示。

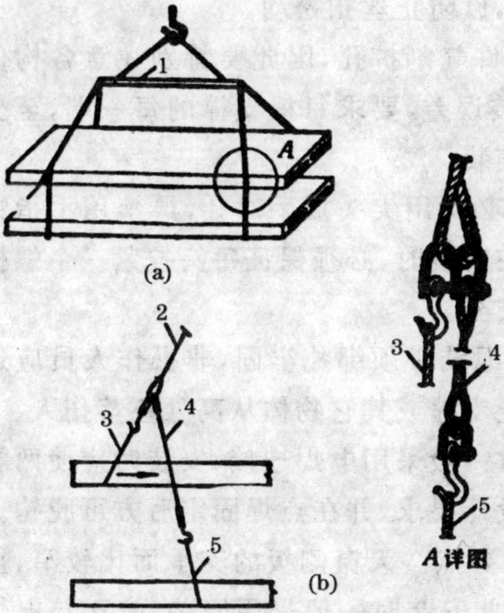

图 14-87　大型屋面板的钩挂示意

(a)正确的钩挂方法　(b)不正确的钩挂方法

1. 铁扁担　2. 吊索　3. 上面一块屋面板的兜索

4. 短吊索　5. 下面一块屋面板的兜索

3. 在一次吊运两块空心板时，上下各层板的兜索至板端的距离应基本一致；如不一致时，就会发生图 14-87b 所示的情况，当下层板起吊后，上层板的兜索将沿箭头所示方向向板中间滑动，有可能擦伤操作人员的手，甚至可能使上板滑落到地面而造成严重事故。

4. 安装天窗架上的屋面板时，在厂房的纵轴线方向应一次放准位置，不准用撬棍撬动，以防天窗架发生倾斜。

(四)支撑、侧板、天沟板的安装

1. 支撑的安装要点。支撑的作用是保证装配式构件安装的空间稳定性。

支撑按制作材料不同分为钢支撑和钢筋混凝土支撑；按构造形式分为一字形支撑、剪刀支撑、桁架式支撑等。

支撑是关系到屋盖体系的空间稳定的重要部件，安装时应注意以下要点：

(1)支撑安装有电焊和螺栓连接两种。用电焊连接时，应先用螺栓作临时固定后再电焊固定；用螺栓固定时，在拧紧螺栓后应将顶头丝扣破坏，以防止丝扣松动。

屋盖系统一般不允许气割扩孔，因此要特别注意各构件的安装精度，考虑到安装误差，要求每根支撑的每一端，至少要有两个孔眼，以便于安装。

(2)安装钢支撑时，必须用尖头扳手对孔，严禁用手指穿孔，以免出工伤事故。在安装时，必须保证每头拧紧一个螺栓以后才能松钩，以确保安全。

(3)在安装支撑时，绳结必须绑扎牢固，非操作人员应远离正在吊装的支撑，防止支撑或其它物体从高处坠落伤人。

(4)钢筋混凝土支撑一般采用电焊连接，安装时应使两端头搭接长度均匀，符合设计要求，并在点焊固定后方可脱钩。

2. 天窗侧板的安装要点。天窗侧板的支承面比较窄，重心高，安装时易倾倒，因此安装时一般采用安装、校正与电焊固定同时作业的方法。有时为了提高吊装效率，也可以采用先用木支撑临时加固，待松钩后再电焊固定的方法。无论采用何种方法，都必须保证侧板确实牢靠后方可松钩，以防侧板倾倒伤人。

3. 天沟板的安装要点。天沟板是起排水作用的跨边构件，在安装时应尽量使各天沟板成一条直线并落实垫平。有的天沟板重心偏外，容易倾翻，安装时必须焊接牢固后方可松钩。

第十五章　架子工安全技术与安全管理

在建筑工程施工中，脚手架的搭设与拆除多属高空立体交叉作业，稍不注意，就会出现安全事故，不同程度地造成人员伤亡，对施工甚至员工的思想都有影响。因此，在各种架子的施工准备、搭设、使用、拆除，以及运输、保管的全过程中，必须坚决贯彻“安全第一，预防为主”的方针，采取切实可靠的措施，防患于未然，努力防止和杜绝各种安全事故的发生。

搞好建筑工程施工安全工作的两个基本方面是积极推广、实施安全技术措施和加强安全管理。

安全技术是劳动保护的一个组成部分，是为控制和消除施工过程中的危险因素，防止发生人身事故和财产损失而研究和应用的技术。它的基本内容是制定防止事故的安全对策和完善、避免或减小伤害的保护措施。

安全管理工作即是通过组织管理手段，不断提高和完善安全技术并确保其贯彻执行，以达到安全施工的目的。

第一节　安全技术操作规程的一般规定

一、施工现场

1. 参加施工的工人（包括徒工、实习生、代培人员和民工），要熟知本工种的安全技术操作规程。在操作中，应坚守岗位，严禁酒后操作。

2. 正确使用个人防护用品和安全防护措施。进入施工现场，必须戴安全帽，禁止穿拖鞋或光脚。在没有防护措施的高空、悬崖和陡坡施工，必须系安全带。上下交叉作业有危险的出入口要有防护棚或其它隔离措施。距地面 3m 以上作业要有防护栏杆、挡板或安全网。安全帽、安全带、安全网要定期检查，不符合要求的，严禁使用。

3. 施工现场的脚手架、防护设施、安全标志和警告牌，不得擅自拆动。需要拆动的，要经工地施工负责人同意。

4. 施工现场的洞、坑、沟、升降口、漏斗等危险处，应有防护设施或明显标志。

5. 施工现场要有交通指示标志。交通频繁的交叉路口，应设指挥；火车道口两侧，应设落杆；危险地区，要悬挂“危险”或“禁止通行”牌。夜间设红灯示警。

6. 工地行驶斗车、小平车的轨道坡度不得大于 3%，铁轨终点应有车挡；车辆的制动闸和挂钩要完好可靠。

7. 坑槽施工，应经常检查边壁土质稳固情况，发现有裂缝、疏松或支撑走动，要随时采取加固措施。根据土质、沟深、水位、机械设备重量等情况，确定堆放材料和施工机械距坑边距离。经坑槽运材料，应用信号联系。

8. 在架空输电线路下面工作时应停电。不能停电时，应有隔离保护措施。起重机不得在架空输电线路下面工作，通过架空输电线路时应将起重臂落下。在架空输电线路一侧工作时，不论在何种情况下，起重臂、钢丝绳或重物等与架空输电线路的最小距离应不小于表 15-1 的规定。

表 15-1　设备与输电线路的最小距离

输电线路电压(kV)	1以下	1～20	35～110	154	220
允许与输电线路最小距离(m)	1.5	2	4	5	6

9. 行灯电压不得超过36V，在潮湿场所或金属容器内工作时，行灯电压不得超过12V。

二、高空作业

1. 从事高空作业的人员要定期体检。经医生诊断，凡患高血压、心脏病、贫血病、癫痫病以及其它不适于高空作业的人员，不得从事高空作业。

2. 高空作业衣着要灵便，禁止穿硬底和带钉易滑的鞋。

3. 高空作业所用材料要堆放平稳，工具应随手放入工具袋内，上下传递物件禁止抛掷。

4. 遇有恶劣气候(如风力在六级以上、暴雨、大雾等)影响施工安全时，禁止进行露天高空、起重和打桩作业。

5. 梯子不得缺档，不得垫高使用。梯子横挡间距以30cm为宜。使用时上端要扎牢，下端应采取防滑措施。单面梯与地面夹角以60°～70°为宜，禁止两人同时在梯上作业。如需接长使用，应绑扎牢固。人字梯底脚要拉牢。在通道处使用梯子，应有人监护或设置围栏。

6. 没有安全防护设施，禁止在屋架的上弦、支撑、桁条、挑架的挑梁和未固定的构件上行走或作业。高空作业与地面联系，应设通信装置，并有专人负责。

7. 乘人的外用电梯、吊笼，应有可靠的安全装置。除指派的专业人员外，禁止攀登起重臂、绳索和随同运料的吊篮、吊装物上下。

三、季节性施工

1. 暴雨、台风前后，要检查工地的临时设施、脚手架、机电设施、临时线路，发现倾斜、变形、下沉、漏雨、漏电等现象，应及时加固修理，有严重危险的应立即排除险情。

2. 高层建筑、烟囱、水塔的脚手架及易燃、易爆仓库和塔吊、打桩机等机械，应设临时避雷装置。对机电设备的电气开关，要有防雨、防潮设施。

3. 现场道路应加强维护。斜道和脚手板应有防滑措施。

4. 夏季作业应调整作息时间避开高温时段作业。从事高温作业的场所，应采取通风和降温措施。

5. 冬季施工如采用煤炭取暖，应符合防火要求，并指派专人负责管理，还要有防止一氧化碳中毒的措施。

第二节　脚手架的安全技术

一、安全技术要求

确保脚手架在搭设、使用和拆除过程中的安全技术要求如下：

（一）构架结构　在构架尺寸满足使用要求的同时，应确保以下安全要求。

1. 构架结构稳定：

（1）构架单元不缺基本的稳定构造杆部件。

（2）整架按规定设置斜杆、剪刀撑、连墙杆或撑、拉件。

（3）在通道、洞口以及其它需要加大结构尺寸（高度、跨度）或承受超规定荷载的部位，根据需要设置加强杆件或构造。

2. 连接节点可靠：

(1)杆件的交叉位置要符合节点构造规定。

(2)连接件的安装和紧固力矩符合要求。

(二)基础(地)和拉撑结构

1. 脚手架的基础(地)应平整夯实,具有足够的承载力和稳定性。设于坑边或台上时,立杆距坑、台的上边缘不得小于1m,且边坡的坡度不得大于土的自然安息角。否则,应做边坡的保护和加固处理。

脚手架的立杆之下必须设置垫座和垫板。

2. 脚手架的连墙点、撑拉点和悬挂(吊)点必须设置在能可靠地承受撑拉荷载的结构部位,必要时应进行结构验算。

(三)安全防护　脚手架上的安全防护设施应能有效地提供安全防护,防止架上的人员和物品发生坠落。

1. 搭设和拆除中的安全防护：

(1)作业现场应设安全围护和警示标志,禁止无关人员进入危险区域。

(2)对尚未形成或已失去结构稳定的脚手架部位应加设临时支撑或拉结。

(3)在无可靠的安全带扣挂物时,应拉设安全绳。

(4)设置材料提上或吊下设施,禁止投掷。

2. 作业面的安全防护：

(1)除高度在2m以内的装修脚手架允许使用2块脚手板外,其它脚手架作业面均不得少于3块脚手板,脚手板之间不留空隙,脚手板与墙面之间的空隙一般不大于200mm。

脚手板在长度方向采用平接时,其相接端头必须顶紧,其端部下的小横杆应固定牢固,不得浮搁,以免产生滑动,小横杆中心到板端的距离应控制在150～200mm范围内。处于脚手架始、末端的脚手板应与脚手架可靠拴接;采用搭接时,搭接长度不得小于300mm,其下的小横杆距搭接长度的中间或距下板端头应不小于150mm,其始末端也必须拴结牢固。

(2)作业面外侧立面的防护设施,可采用:

①挡脚板加两道防护栏杆。

②3道栏杆加外围塑料编织布(高度不低于1.0m或按步距设置)。

③两道栏杆绑挂高度不小于1m的竹笆。

④两道栏杆满挂立安全网。

⑤其它可靠的围护办法。

3. 临街防护:

(1)采用塑料编织布、竹笆、席子或篷布将脚手架的临街面完全封闭。

(2)在临街面满挂安全网,下设安全通道。通道的顶盖应满铺脚手板或其它能可靠承接落物的板篷材料。篷顶临街的一侧应设高于篷顶、不小于0.8m的挡墙,以免落物又反弹到街上。

4. 人行和运输通道的防护:

(1)贴近或穿过脚手架的人行和运输通道必须设置板篷。

(2)上下脚手架的有高度差的入口应设坡道或踏步,并设栏杆防护。

5. 吊、挂脚手架防护。吊、挂脚手架在移动至作业位置后,应采取撑、拉办法将其固定或减少其晃动。

二、安全技术操作要点

(一)脚手架的搭设作业

1. 按形成基本构架单元的要求逐排、逐跨和逐步地进行搭设,矩形周边脚手架宜从其中的一个角部向两个方向延伸

搭设。为确保已搭部分脚手架的稳定,应遵守以下要求:

(1)先放扫地杆,立杆竖立后按间距与扫地杆扣接或绑扎牢固,装设第一步大横杆时,将立杆校垂直后予以连接牢固。搭设时先搭设一个角部两侧 1～2 根杆长和 1 根杆高的架子,并按规定设置斜撑、剪刀撑,以形成整体稳定的起始架子,在此基础上再向两边延伸搭设,待全周边都搭好后,再分步满周边向上搭设。

(2)在设置第一道连墙点之前,除角部外,应每隔 10～12m 设 1 根抛撑,撑杆的斜角为 45°～60°,埋入地下不少于 30cm。连墙杆设置后,方可拆去抛撑。

(3)门式脚手架以及其它纵向竖立面刚度较差的脚手架,在连墙点设置层宜加设纵向水平长横杆与连接件连接。

2. 在搭设作业过程中,应做好个人防护和其他施工人员的安全工作。

(1)架上工作人员应穿防滑鞋和佩带安全带。为了便于作业和确保安全,脚下应铺设足够数量的脚手板,脚手板铺设应平稳,不得有探头板。

(2)架上作业人员应做好分工和配合,传递杆件时应掌握好重心,平稳传递。不要用力过猛,以免造成人身或物件失稳。

(3)作业人员应佩带工具袋,操作工具应放在工具袋内,防止工具失落伤人。

(4)架设材料应随搭设速度,随用随上,以免放置不当掉落伤人。

(5)每次收工前,架上材料应使用完毕,不要存留在作业面上。已搭设的架子应形成稳定结构,不稳定的应进行临时加固。

(6)在搭设过程中,地面的配合施工人员应避开可能落物的区域。

3. 其它安全注意事项：

(1)向作业面传送材料应尽量用起重设备，尽量避免或减少人工传递材料。

(2)进入现场的人员必须戴安全帽。

(3)作业人员不得攀登脚手架上下，应走房屋楼梯或单设安全人梯上下。

(4)在搭设脚手架时，不得使用不合格的架设材料。

(5)脚手架的搭设必须有专人指挥，作业人员必须服从统一指挥，不得各行其是。

(二)作业面上的操作

1. 各种架子的使用荷载必须符合以下规定：

(1)作业面上的荷载(包括脚手板、人员、工具和材料等)，设计无规定时，结构脚手架不超过 $3kN/m^2$；装修脚手架不超过 $2kN/m^2$；维护脚手架不超过 $1kN/m^2$。

(2)作业面上的荷载应均匀分布，避免荷载过大地集中在一起。

(3)脚手架的铺脚手板层和同时作业层的数量不得超过规定。

(4)垂直运输设施(井字架等)与脚手架之间的转运平台的铺板层数量和荷载控制应不超出施工组织设计的规定，不得任意增加铺板层数量和超量堆放施工材料。

(5)过梁等墙体构件应随运随安装，不得存放在脚手架上。

(6)较重的施工设备(如电焊机等)不得放置在脚手架上。

2. 不得任意拆除脚手架的基本构件和连墙件，以免影响脚手架的稳定，因作业需要不得已拆除某些杆件或连墙件时，应征得施工负责人的同意，并采取可靠的弥补加固措施。

3. 不准随意拆除安全防护设施，安全设施未设置或设置不合格的应补做或改善后才能上架作业。

4. 在作业面操作时应注意以下事项：

(1)工作面上的材料应及时清理，保持工作面规整畅通，不要乱放工具材料，以免影响作业安全和发生丢物伤人。

(2)每次收工时，架上材料应用完，一时未用完的应堆码整齐。

(3)在作业面上进行撬、拉、推、拨等操作时，要采取正确姿势，站稳脚跟或手扶牢固的支持物，以免用力过猛时身体失去平稳或把东西甩出。

(4)在作业面上进行电焊作业时，应采取可靠的防火措施。

(5)雨、雪之后上架作业时，应把架面上的积雪、积水清除掉，避免发生滑跌。

(6)当作业面的高度不够而需要垫高时，应采取可靠的垫高办法，垫高不得超过 0.5m；超过 0.5m 时，应按搭设规定升高架子的铺板层。

(三)脚手架的拆除作业

1. 脚手架的拆除作业危险性大于搭设作业。因此，在拆除前应制定详细的拆除方案，建立统一指挥并对拆除人员进行安全技术交底。

2. 按既定顺序进行拆除作业。拆除时，应注意以下事项：

(1)拆取脚手板、杆件、门架以及较长、较重、有两端连接的部件时，一定要两人或多人作业。拆除水平杆时，松开连接后，水平托下。拆除立杆时，应先把稳上端，再松开下连接点取下。

(2)一定要按照先搭后拆,后搭先拆的原则逐步逐层逐件地拆除,并及时将拆下的材料吊运到地面。

(3)应尽量避免单人作业。多人作业时,应加强指挥,禁止不按顺序进行的乱拆乱卸。

(4)因拆除上部或一侧的连墙件而使架子不稳时,应加设临时撑拉措施,以免因架子晃动,影响作业安全。

3. 作好现场安全防护工作

(1)拆除现场应设可靠的安全警戒区,并设专人看管,严禁非施工人员进入拆除作业区内。

(2)严禁将拆除下的杆件和材料向地面抛掷。已吊至地面的材料应及时运出拆除区域,保持现场整洁。

(3)作业人员的安全防护要求同搭设作业。

第三节 施工现场安全管理

一、安全责任制

1. 企业经理和主管生产的副经理对本企业的劳动保护和安全生产负总的责任;企业主任工程师(技术负责人)对本企业劳动保护和安全生产的技术工作负总的责任;工区(工程处)主任、施工队长应对本单位劳动保护和安全生产负具体领导责任;工长、施工员对所管工程的安全生产负直接责任。

2. 班组长要模范遵守安全生产规章制度,领导本组安全作业;认真执行安全交底,有权拒绝违章指挥。班前对机具、设备、防护用品进行安全检查,开好安全生产会,发生工伤及时向工长报告。

3. 企业中的生产、技术、机动、材料、财务、教育、劳资、卫生等职能部门,都应在各自业务范围内,对实现安全生产的要求负责。

4. 安全机构和专职安全人员应做好安全管理工作和监督检查工作。其主要的职责是：

(1)贯彻执行国家有关安全生产的规范条例。

(2)做好安全生产的宣传教育工作，并及时总结交流推广先进经验。

(3)经常深入基层，指导下级安全技术人员的工作，掌握安全生产情况，及时发现不安全的问题，并提出改进意见和措施。

(4)组织安全活动和定期的安全检查。

(5)参加审查施工组织设计(施工方案)和编制安全技术措施计划，并对贯彻执行情况进行监督检查。

(6)与有关部门共同做好新工人、特殊工种工人的安全技术训练、考核、发证工作。

(7)进行工伤事故统计、分析和报告，参加工伤事故的调查和处理。

(8)制止违章指挥和违章作业，遇有严重险情，有权暂停生产，并报告领导处理。

5. 多个施工单位联合施工时，应由总发包单位统一组织管理现场的安全生产工作，分包单位必须服从总发包单位的指挥。

二、安全技术管理

1. 所有建筑工程的施工组织设计(施工方案)都必须有安全技术措施。安全技术措施要有针对性，要根据工程特点、施工方法、劳动组织和作业环境等情况提出，防止一般化。

2. 做到文明施工，现场施工道路、管线、材料、临时和附属设施等应按规定布置，符合安全、卫生、防火要求。

3. 脚手架、井字架和安全网，搭设完必须经工长验收合格方能使用。使用期间要指定专人维护保养，发现有变形、倾斜、摇晃等情况，要及时加固。

4. 施工现场要执行逐级安全技术交底制度。开工前，技术负责人要将工程概况、施工方法、安全技术措施等情况向全体职工进行详细交底。两个以上施工队或工种配合施工时，施工队长、工长要按工程进度定期或不定期地向有关班组长进行交叉作业的安全交底；班组每天要对工人进行施工要求、作业环境的安全交底。

5. 加强季节性劳动保护工作。夏季要防暑降温；冬季要防寒防冻，防止煤气中毒；雨季和台风到来之前应对临时设施和电气设备进行检修，沿河流域的工地要做好防洪抢险准备工作；雨雪过后要采取防滑措施。

6. 采用各种安全技术和工业卫生的革新和科研成果，都要经过试验、鉴定和制定相应安全措施，才能使用。

7. 施工现场坑、井、沟和各种孔洞，易燃易爆场所，变压器周围，都要指定专人设置围栏或盖板和安全标志，夜间要设红灯示警；各种防护设施、警告标志，未经施工负责人批准，不得移动和拆除。

三、安全纪律

1. 企业职工要热爱本职工作，努力学习，提高政治、文化、业务水平和操作技能，积极参加安全生产的各种活动，提出改进安全工作的意见，搞好安全生产。

2. 遵守劳动纪律，服从领导和安全检查人员的指挥，工作时思想集中，坚守岗位，未经许可不得从事非本工种作业；严禁酒后上班作业；不得在禁止烟火的地方吸烟动火。

3. 严格执行操作规程，不得违章指挥和违章作业，对违章作业的指令有权拒绝，并有责任制止他人违章作业。

4. 按照作业要求正确穿戴个人防护用品。进入施工现场必须戴安全帽。

5. 在施工现场行走要注意安全，不准攀登脚手架、井字架、龙门架或随吊盘上下。

6. 正确使用防护装置和防护设施，不准随意拆除和挪动各种防护装置、防护设施和警告、安全标志。

四、安全教育

1. 广泛开展安全生产的宣传教育，使各级领导和广大职工群众牢固树立“安全第一，预防为主”思想，自觉遵守各项安全生产法令和规章制度。

2. 企业要建立经常性的安全教育和培训考核制度。要将安全技术操作规程的内容作为工人技术水平的重要依据来考核，考核成绩记入职工技术档案。

3. 新工人进场前必须进行安全教育。教育内容包括安全技术知识、设备性能、操作规程、安全制度和严禁事项，并经考核合格后方可进入操作岗位。

4. 架子工除进行一般安全教育外，还要经过本工种的安全技术教育，经考核合格发证后，方可独立操作。

5. 采用新技术、新工艺、新设备施工和调换工作岗位时，要对操作人员进行新技术操作知识和新岗位的安全教育，未经教育的不得上岗操作。

6. 定期轮训企业各级领导和安全干部，提高政策思想水平，熟悉安全技术、劳动卫生业务知识，做好安全工作。

五、安全检查

1. 企业除应进行经常性的安全生产检查外，还要组织定期检查。企业每季、工区每月、施工队每半月组织一次检查。检查时应有领导、技术干部和工人参加，边检查、边整改。

2. 每次检查要有重点、有标准、有评比记分，列入本单位考核内容。

3. 对查出的隐患应立即采取措施整改。不能立即整改的，要建立登记、整改、检查、销项制度。对整改应提出具体方案，在隐患未消除以前，必须采取可靠的防护措施，如有危及人身安全的紧急险情发生，应立即停止作业。

第十六章　施工方案的编制及班组管理

第一节　脚手架施工方案的编制

一、编制施工方案的内容

施工方案的编制是施工组织设计最重要的环节之一，是决定工程全局的关键。在拟订施工方案时，应着重研究以下几个内容：确定工程各施工过程的施工顺序；确定主要施工过程的施工方法，并选择适用的施工机械；确定工程施工的流水组织。

（一）施工顺序的确定　一般建筑物的施工顺序是：先地下、后地上；先土建、后设备；先主体、后围护；先结构、后装修。有了这样的施工顺序就可以按顺序作好各项施工准备工作，合理安排各阶段各工种的施工及相互间的协作配合。

混合结构民用房屋施工顺序如图16-1所示。

单层工业厂房施工顺序如图16-2所示。

（二）施工方法和施工机械的选择　正确地选择施工方法和施工机械是编制施工方案的关键。因为它直接影响到施工速度、工程质量、施工安全和工程的成本。应从若干种施工方法中选择适合本工程的最先进、最合理、最经济的施工方法和施工机械，达到降低工程成本，提高劳动生产率的目的。

施工方法的选择，取决于工程特点、工期要求、施工机械

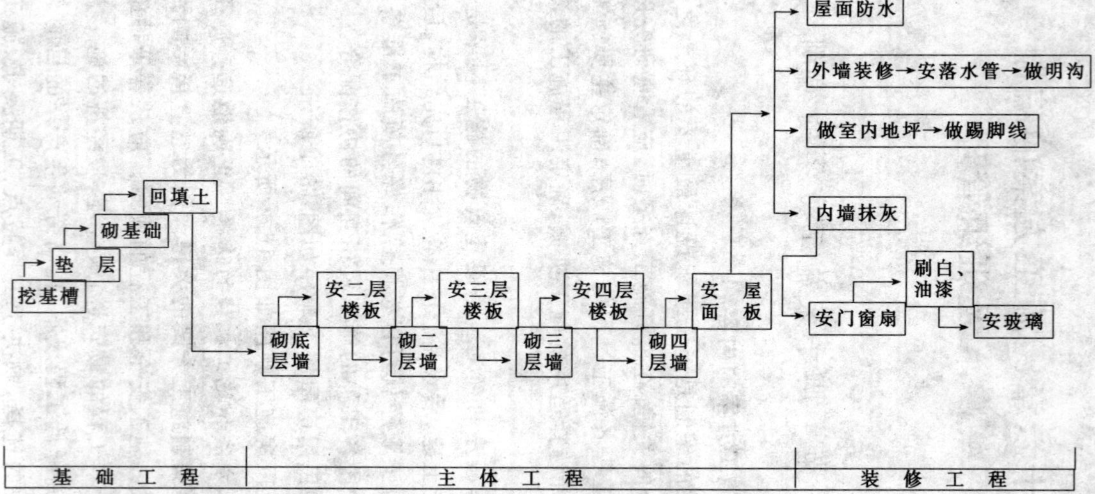

图16-1 混合结构民用房屋施工顺序示意

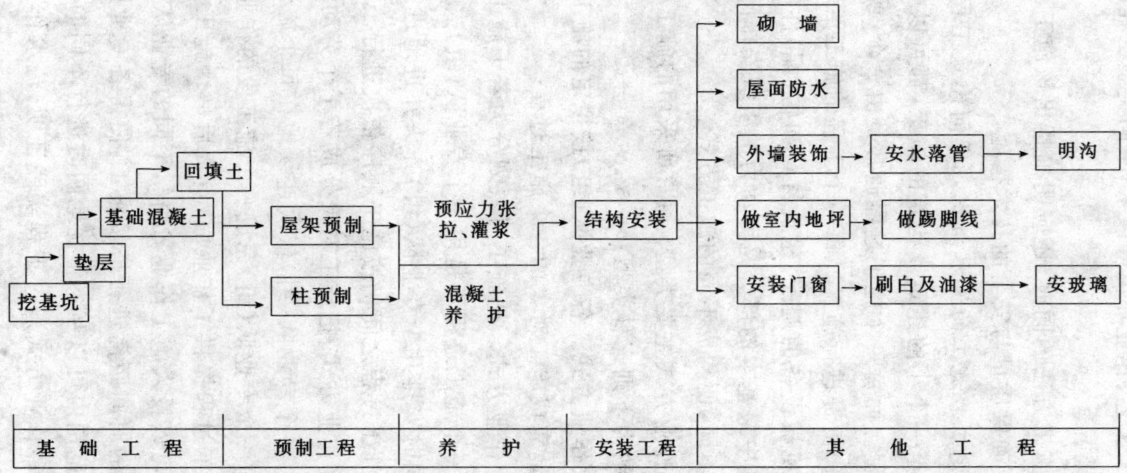

图16-2 单层工业厂房施工顺序示意

的使用和施工工艺、作业环境等因素,不同类型工程的施工方法有很大的差异。

在拟定施工方法的同时,还应明确指出该施工项目的质量标准,以及确保质量与安全的技术措施。

(三)确定工程施工的流水组织　任何建筑工程,从一个大型项目直至一个小的建筑或构筑的施工,都可以分解为许多个施工过程。而每一个施工过程通常是由一个(或多个)专业施工队(组)负责进行施工。每一个工程的施工活动中包括了劳动力和机械设备的调配、建筑材料和构(配)件的供应等组织问题,其中最基本的部分是劳动力的组织安排问题。劳动组织安排的不同,便构成不同的施工方式。

1. 施工作业方式主要类型。通常所采用的施工作业方式主要可以归纳为下列三种类型:

(1)依次作业方式。各专业队(组)按拟定的施工顺序,一个接着一个地完成施工对象的各个施工过程。

(2)平行作业方式。把施工对象划分为若干施工段,使施工对象的每一个施工过程不是用一个专业队(组)去进行施工作业,而是同时安排几个专业队(组)齐头并进地进行施工作业。并且各施工过程之间仍按施工顺序依次进行。

(3)流水作业方式。把施工对象分成若干个劳动量大致相等的施工段,各个专业队(组)依次连续地在每个施工段上进行作业,当前一个专业队(组)完成一个施工段的作业之后,就为下一个施工过程提供了作业面,负责后一个施工过程的专业队(组)便可以投入施工作业。这样,不同的专业队(组)之间保持着一定的时间距离进行搭接施工,使得各专业队(组)在不同的空间范围内可以互不干扰地同时进行不同的工作。

上述三种作业方式通过工程实践证明,流水作业方式是组织工程施工的有效方法，因此被广泛使用。

2. 组织流水施工的基本要求。

(1)将施工对象按其所包含的工作内容不同，划分为若干个施工过程，也就是划分为若干个工作性质相同的分部、分项工程或工序。

(2)对各个施工过程进行劳动组织分工，即为各施工过程组织相应的专业队(组)，负责该施工过程的施工作业。

(3)在空间上将施工对象(整个建筑工程、建筑物或分部工程)划分为工程量相等或大致相等的若干个施工段(层)。

(4)建立生产节奏，确定每一个施工过程的延续时间。

(5)组织各个施工过程之间的合理搭接。

(6)使各个专业队(组)按照一定的施工工艺程序，依次地、连续地在各个施工段上完成各自的工作。并且有些专业队(组)能在同一时间的不同空间上平行进行作业。

二、编制搭设脚手架的施工方案

脚手架的种类很多，但在施工中究竟采用哪种脚手架，应从实际出发，要根据工程量的大小、建筑物的结构形式、装修要求、工期长短、脚手架所用材料、构件大小、机具设备、劳动力，以及现场条件和配合工种等情况来确定采用脚手架的种类、搭设顺序和方法。

无论搭设哪一类脚手架，其编制施工方案的基本原则和要点是相同的。

(一)编制施工方案的基本原则和依据

1. 一般性房屋建筑外脚手架施工的外脚手架：

(1)所搭设的脚手架要有足够的面积，以满足工人操作、材料堆放和人行通道及运输的需要。

(2)所搭设的脚手架要坚固、稳定，保证在施工期内，在各种荷载和气候条件下不发生变形、不倾斜、不摇晃，安全可靠。

(3)所搭设的脚手架要构造简单、搭拆和搬运方便，并能多次周转运用。

(4)尽量考虑节约搭设脚手架的用料。

(5)脚手架为辅助工程，搭设的进度要和其它工序相配合，保证各项施工有序、有节奏，按时完成。

2. 高层建筑外脚手架：

(1)高层建筑外脚手架必须安全感好，有防御意外情况的切实措施，使高处作业人员和外脚手架影响范围内的人员的人身安全有可靠保证。

(2)高层建筑外脚手架，应能满足高层建筑施工和施工进度的要求，适用性强。

(3)高层建筑外脚手架施工方案的选择依据如下：

①建筑高度不超过 40m 时，用于涂料、干粘石或水刷石等施工的外脚手架，宜选用挂架、吊篮架和插接式框式钢管脚手架。

②建筑物外立面凹凸不大于 1m 时，可采用桥式脚手架。

③高层房屋围护结构采用砖砌体，装饰工程采用贴面砖，施工荷载较大时，可采用扣件式钢管脚手架。

④建筑物的高度超过 40m 时，应沿建筑物长度方向分段，可采用吊撑或悬挑一次或几次搭设扣件式钢管脚手架。

⑤当建筑物的总高度不超过 60m，层高低于 3m 时，可采用上吊式扣件钢管桁架式斜撑钢管加拉杆的脚手架。

⑥当建筑物的柱、梁、剪力墙为现浇钢筋混凝土结构，且层高低于 3m 时，可选用三角形钢架脚手架。

(二)编制脚手架施工方案的基本要点

1. 审核图纸，了解建筑物的总体情况。

(1)通过建筑平面图了解建筑物的平面形式,建筑物的总长和进深多宽,共有多少开间,每个开间的平面尺寸多大等。

(2)通过建筑立面图了解建筑物的立面情况。如总高多少,共有多少层,每层的层高多少;立面有无高低跨,屋顶是平屋顶还是坡屋顶,有无阳台及外墙的装饰要求等。

2. 根据施工组织设计要求选用脚手架形式。

(1)了解施工组织设计对脚手架施工提出了什么具体的要求。如施工中采用内脚手架还是采用外脚手架;做外墙装修时是否采用吊篮架子;在某些特定部位是否要求使用挑架子等。

(2)根据施工要求、施工地点和施工条件确定脚手架的种类。如外脚手架采用多立杆式脚手架时,是使用杉篙搭设,还是使用扣件式或碗扣式钢管脚手架,或是使用毛竹脚手架;如条件许可,是否可采用框式脚手架或桥式脚手架。

3. 了解项目施工的具体情况,安排脚手架的施工步骤和施工方法。

(1)掌握项目施工进度和分段流水施工的具体时间要求,了解有多少工种需搭设脚手架,掌握这些情况以后,就可以根据不同的时间要求,不同的使用要求安排脚手架的施工步骤和施工方法。

(2)提出搭设脚手架的安全技术措施。

4. 针对整个工程,计算脚手架的施工工程量和所需要的材料、机具数量,以及劳动力的用工量,并提出相应的计划、进场时间和完成日期,做到有计划科学施工。

三、编制结构吊装工程施工方案

(一)结构吊装工程的一般施工组织设计内容

1. 工程概况。介绍工程的平立面情况、结构形式、施工要求，着重说明对吊装工程有直接关系的平面、立面、剖面和结构情况。

2. 施工方案。提出包括构件的运输、拼装、吊装、临时固定和校正最后固定在内的全套施工方法，介绍选用的起重机械和设备、吊索具和绑扎点位置要求。

3. 保证建筑物吊装作业质量的技术措施和要求。

4. 保证吊装作业安全进行的安全技术措施和要求。

5. 绘制吊装现场平面布置图，标明构件的堆放区域，吊车的行走路线，空压机、电焊机等设备的位置。

6. 绘制构件布置图。包括现场预制构件布置图和现场构件堆放图，在图中详细注明构件的编号、堆放数量及位置尺寸。

7. 提出工程进度表。表中标明各工序的施工顺序和工期要求。

8. 提出劳动力计划表。表中提出各工种的需用人数，进场和退场的时间要求。

9. 提出起重机械和设备用量表。表中标明各种起重机械及设备的型号、规格、数量、用途和计划进场、退场的时间要求。

10. 提出工具、材料需用表。

11. 提出非标准脚手架、运输架和其它施工机具的制作详图。

（二）确定施工方案的基本原则　吊装工程施工方案的编制，应根据结构型式、跨度、安装高度、吊装量大小、重量、工程期限、现场的起重设备、现场吊装环境以及土建工程施工方法等因素综合确定。

一般施工方案的确定应符合以下原则：

1. 所选择的施工方案能确保按期或提前完成施工组织设计提出的任务。

2. 编制的施工方案有明确的技术措施，确保吊装质量。

3. 编制的施工方案，机械化程度高，操作简便，劳动强度低。

4. 编制的施工方案应尽量利用现有的起重机械设备和地方性材料，以降低工程成本。

5. 施工方案中应有明确的安全技术措施，确保安全和文明施工。

6. 施工方案的编制应积极推广和使用新技术、新工艺、新材料，并有利于其它工程的顺利施工。

(三)结构吊装施工方案的主要内容

1. 起重机械的选择：

(1)起重机械的选择主要根据建筑物的跨度、构件重量、安装高度以及现场施工条件和当地现有的起重设备等确定起重机械的类型。

(2)起重机械的类型确定以后，还需要进一步根据吊装要求选择起重机的型号及起重臂的长度。其起重量、起升高度、工作幅度应满足工程需要。

2. 结构安装方法及起重机的开行路线：

(1)结构安装有分件安装和综合安装两种方法。分件安装方法每次基本安装同类型的构件，索具不需要经常更换，操作程序基本相同，所以安装速度快，能充分发挥起重机的工作能力，目前装配式钢筋混凝土单层工业厂房多采用这种方法安装。综合安装方法是起重机在一次开行中，分节间完成所有各种不同类型的构件的安装。这种方法影响起重机工作效率的提高，而且使构件的供应、平面布置复杂化，构件的校正也比较困难，因此目前较少用。

(2)起重机的开行路线、停机位置与起重机的性能，构件的尺寸、重量，平面布置、供应方式、安装方法等因素有关。

编制施工方案时，应尽可能使起重机的开行路线最短，在安装各类构件时，互相衔接，不跑空车。同时，开行路线要能多次重复使用，以减少铺设钢板、枕木等材料。要充分利用附近的永久性道路作为起重机的开行路线。

3. 构件的平面布置与运输堆放。构件的平面布置关系到吊装效率和速度，布置得合理，可减少场内的二次倒运；构件布置不合理，将会给以后的吊装工作带来许多不必要的麻烦。

构件的预制位置或排放位置一般按作图法定出来，在实际工作中可将构件按比例用硬纸片剪成小模型，然后在相同比例的平面图上进行布置和调整。经研究确定以后，绘制出构件的平面布置图。

构件的运输和堆放应符合第十四章第三节的要求。

第二节　搭设各种脚手架的用料量估算

一、搭设外脚手架的用料量估算

(一)搭设扣件式钢管脚手架用料量估算　每搭设 $1000m^2$ 墙面扣件式钢管脚手架用料量估算见表 16-1。

表 16-1　扣件式钢管脚手架用料量参考表（1000m² 墙面）

材料名称	单位	墙高 20m		墙高 10m	
		单　排	双　排	单　排	双　排
1. 钢管					
立　杆	m	546	1092	583	1166
顺水杆	m	805	1560	834	1565
排　木	m	924	882	998	897
剪刀撑	m	183	183	100	100
小　计	m	2458	3717	2515	3728
钢管重量	t	9.44	14.27	9.66	14.32
2. 扣件					
直角扣件	个	908	1688	943	1685
回转扣件	个	75	75	40	40
对接扣件	个	206	404	189	361
底　座	个	26	52	53	106
小　计	个	1215	2219	1225	2193
扣件重量	t	1.63	2.98	1.65	2.97
3. 钢材用量	t	11.07	17.25	11.31	17.29

注：(1)脚手架构造：立杆纵向间距 2m，横向间距 1.5m（单排离墙面 1.4m），顺水杆间距 1.3m（最下一步 1.8m）。高 20m 者搭 15 步 25 跨，设剪刀撑 3 道；高 10m 者搭 7 步 52 跨，设剪刀撑 4 道。

(2)扣件每个重量：直角扣件为 1.25kg，回转扣件为 1.5kg，对接扣件为 1.6kg。

(3)底座用 8mm 厚钢板和 ϕ60×3.5mm 钢管焊接，每个重 2.14kg。

(4)顺水杆中包括栏杆。

(5)钢管内径为 40mm，外径为 48mm，壁厚 4mm，每米重 3.8kg。

（二）搭设扣件式组合脚手架用料量估算　每搭设 1000m² 墙面扣件式组合脚手架用料量估算见表 16-2。

表 16-2 扣件式组合脚手架用料量参考表（1000m² 墙面）

材料名称	单 位	墙高 20m	墙高 10m	备 注
1. 钢管				ϕ48×3.5
立 杆	m	574	736	
顺水大横杆	m	624	413	
排木小横杆	m	1026	1146	
剪刀撑、斜撑	m	375	386	
小 计	m	2599	2681	
钢管重量	t	9.98	10.3	
2. 扣件				
直角扣件	个	1136	1072	每个重 1.25kg
回转扣件	个	140	168	每个重 1.5kg
对接扣件	个	96	64	每个重 1.6kg
底 座	个	32	64	每个重 2.14kg
小 计	个	1404	1368	
扣件重量	t	1.85	1.83	
3. 桁架	t	0.92	1.84	6m 型钢桁架每个
4. 钢材用量	t	12.75	13.97	用钢量为 153.4kg

（三）搭设框式钢管脚手架用料量估算　每搭设 1000m² 墙面框式钢管脚手架用料量估算见表 16-3。

（四）搭设木脚手架用料量估算　搭接 1000m² 墙面木脚手架用料量估算见表 16-4。

（五）搭设竹脚手架用料量估算　每搭设 1000m² 墙面竹脚手架用料量估算见表 16-5。

（六）搭设角钢脚手架用料量估算　每搭设 1000m² 墙面

角钢脚手架用料量估算见表 16-6。

二、搭设井架的用料量估算

1. 搭设木井架用料量估算见表 16-7。

2. 搭设木井架吊盘用料量估算见表 16-8。

3. 搭设角钢井架用料量估算见表 16-9。

4. 搭设扣件式钢管井架用料量估算见表 16-10。

表 16-3 框式钢管脚手架用料量参考表（1000m² 墙面）

材料名称	单位	用料量					
		门型脚手架			梯型脚手架		
		每件重量(kg)	件数	总重量(kg)	每件重量(kg)	件数	总重量(kg)
框架	榀	33.73	270	9107	34.41	270	9291
剪刀撑	副	7.18	270	1939	7.18	270	1939
水平撑	根	2.81	504	1416	2.81	504	1416
栏杆	副				10.74	15	161
栏杆立柱	根	4.02	30	121			
栏杆横杆	根	2.64	58	153	2.67	28	75
三角架	个	4.4	30	132	4.4	30	132
底座	个	2.75	60	165	3.86	60	232
连接螺栓	个	0.09	1080	97	0.09	1080	97
合计	kg			13130			13343

注：1. 剪刀撑每 2 根为 1 副。

2. 三角架包括挂钩。

表 16-4　木脚手架用料量参考表(1000m^2 墙面)

材料名称	单位	用料量				
		墙高 20m		墙高 10m		备注
		单排	双排	单排	双排	
杉杆:梢径 7cm,长 6m	根			202	338	立杆、剪刀撑用
梢径 7cm,长 8m	根	153	258			立杆、剪刀撑用
梢径 8cm,长 8m	根	119	231	126	238	顺水杆用
木杆:梢径 8cm,长 2m	根	594	594	611	611	顺水杆用
木材合计	m^3	31.6	51.8	29.8	48	
8 号铁丝	kg	276	517	291	531	

注:1. 表中所列木脚手架构造方式:立杆纵向间距为 1.5m、立杆横向间距双排为 1m,单排立杆距墙面 1.5m;顺水杆步距为 1.2m,操作层排木间距为 0.75m。

2. 墙高 20m 者搭设 16 步 34 跨;墙高 10m 者搭设 8 步 67 跨。

表 16-5　竹脚手架用料量参考表(1000m^2 墙面)

材料名称	单位	用料量				
		墙高 20m		墙高 10m		备注
		单排	双排	单排	双排	
毛竹:梢径 7.5cm,长 6m	根		1028		1035	立杆、顺水杆、剪刀撑用
梢径 9cm,长 2m	根		594		611	排木用
竹篾:长 2.5～2.7m,每把 6～7 根	把		3350		3270	

注:1. 表列竹脚手架构造方式:立杆纵向间距为 1.5m、立杆横向间距为 1m,顺水杆步距为 1.2m,操作层排木间距为 0.75m。

2. 墙高 20m 者搭设 16 步 34 跨,墙高 10m 者搭设 8 步 67 跨。

表 16-6　角钢脚手架用料量参考表（1000m^2 墙面）

材料名称	用料量				
	单位	每件重量(kg)	件数	总重量(kg)	备注
立杆 3.88m	根	17.57	260	4568	
短立杆 2.33m	根	9.54	13	124	
顺水杆 2m	根	10.19	500	5095	
排木 1.2m	根	5.66	285	1613	
栏杆 2m	根	10.19	25	255	
斜撑	根	21.12	45	950	
三角架	个	2.26	26	59	
底座	个	2.09	52	109	
合计				12773	
其中					
L50×5				4313	
L75×50×5				6407	
L50×5				970	

注：1. 1000m^2 墙面，高 20m 的脚手架按双排 11 步 25 跨计算。

2. 每件重量已包括附焊铁件在内。

3. 斜撑按“之”字单肢布置，用 ϕ48×3.5mm 钢管。

表 16-7　木井架用料量参考表(座)

材料名称及规格	单位	用料量	
		八柱木井架	六柱木井架
		搭设高度 20m	搭设高度 20m
		井孔 4.2m×2.2m 横杆间距 1.3m	井孔 3.6m×2.0m 横杆间距 1.3m
杉木杆:			
梢径 8cm,长 8m	根	24	18
长 6.6m	根	24	
长 6.1m	根		24
长 5.3m	根	8	8
长 5m	根	32	
长 4.4m	根		32
长 3m	根	36	
长 2.8m	根		36
木材合计	m^3	6.69	5.54
8 号铁丝	kg	48	39

注:表列指标不包括吊盘、天轮梁、导轨等附件用料。

表 16-8　木井架的吊盘用料量参考表(个)

名称	大吊盘 3.8m×1.7m	中吊盘 2.4m×1.4m	小吊盘 1.5m×1.2m
底盘:大　梁	2-L63×6 组合桁架	2-匚8	2-L63×6
搁　栅	3-L50×5	5-L50×5	3-L63×6
竖吊杆	4-L63×6	2-L8	2-L63×2
斜拉杆	4-L40×4	4-L40×4	4-L40×4
横　梁	4-L63×6	1-L8	1-L8
角　撑	8-L40×4	2-L40×4	2-L40×4

表 16-9 角钢井架用料量参考表(座)

材料名称及规格	单位	用料量	
		普通角钢井架	
		Ⅰ型	Ⅱ型
		搭设高度 20m	搭设高度 20m
		井孔尺寸 1.8m×1.8m 节间尺寸 1.5m (底节 1.8m)	井孔尺寸 1.5m×1.5m 节间尺寸 1.5m (底节 1.8m)
角钢:			
L75×8	kg	751	
L63×6	kg	1198	476
L55×5	kg		692
钢板 δ=8mm	kg	231	
δ=6mm	kg		173
钢材合计	kg	2180	1341
螺栓 M16	个	512	
螺栓 M14	个		512

注:表列指标不包括吊盘、天轮梁、导轨及附设拔杆等附件材料。

表 16-10 扣件式钢管井架用料量参考表(座)

材料名称及规格	单位	用料量		
		八柱井架	六柱井架	四柱井架
		搭设高度 20m	搭设高度 20m	搭设高度 20m
		井孔 4.2m×2.4m 横杆间距 1.3m	井孔 4m×2.0m 横杆间距 1.3m	井孔 1.9m×1.9m 横杆间距 1.3m
钢管(ϕ48×3.5mm)	m	620	560	340
	kg	2381	2150	1306

续表 16-10

材料名称及规格	单位	用料量		
		八柱井架	六柱井架	四柱井架
		搭设高度 20m	搭设高度 20m	搭设高度 20m
		井孔 4.2m×2.4m 横杆间距 1.3m	井孔 4m×2.0m 横杆间距 1.3m	井孔 1.9m×1.9m 横杆间距 1.3m
其中：				
直角扣件	个	224	192	160
回转扣件	个	140	100	44
对接扣件	个	24	18	12
底　　座	个	8	6	4
扣件重量	kg	585	431	294
钢材重量	kg	2966	2581	1600

注：表列指标中不包括吊盘、天轮梁、导轨等附件用料。

第三节　脚手架施工班组管理知识

生产班组是工作班、生产小组的统称，是企业的细胞，班组工作是企业各项工作的基础。

班组根据企业内部劳动协作分工的需要，按施工程序和施工工艺、专业和工种而划分。企业生产任务的完成，达标升级规划的实现，企业的生存和发展，均依赖于班组的建设和管理。班组的建设加强了，可以大大提高劳动者的责任感和积极性，这对确保工程质量，提高企业的竞争力都有十分重要的意义。

一、班组管理的基本内容

企业为了取得最佳的经济效益和社会效益，必须加强对施工项目的生产管理、计划管理、技术管理、质量管理、材料管理以及劳动、经济管理，而这些管理目标最终都必须落实到班组来完成。

班组管理包括以下基本内容：

1. 加强政治思想工作。

2. 完成企业的计划目标。

3. 为实施企业的最佳经济效益和社会效益而开展各项施工管理活动（主要有施工生产计划管理、质量管理、安全管理）。

4. 组织班组人员参加政治、文化、技术、业务学习，不断提高班组成员的个人素质和群体素质，广泛开展技术革新、技术练兵和提合理化建议活动，努力培养“多面手”和能工巧匠。

5. 积极开展社会主义劳动竞赛。

二、班组施工生产计划管理

（一）班组施工生产计划管理的原则　企业的月、季、年施工计划目标，经过层层分解落实，最后分解为班组的月、旬、日分阶段的局部目标。这些局部目标的实现是企业施工计划目标实现的基础。因此，班组必须从全局出发加强计划管理，保证局部目标按日、旬和月完成，绝不允许只顾班组小团体利益和眼前利益，讲价钱，不服从分配和指挥。

（二）班组计划管理的内容

1. 根据施工队下达到班组的施工任务书，结合本班组的技术生产能力，编制好本班组的作业计划，并向班组全体人员进行交底，明确当月、旬生产计划任务。

2. 为完成生产任务做好一切必要的准备，包括熟悉施工图纸、工艺与工序流程、质量标准和工期进度要求，准备好所需使用的机具、材料等。

3. 班组在执行计划过程中，要逐日、逐项检查所分派的任务、时间、质量要求的情况，在检查过程中对每道工序的进展情况要及时分析、研究，对可能发生的问题要采取积极的预防措施，对检查出来的问题要及时处理好。

4. 班组要抓好作业的综合平衡和劳动力的分工协作，对于重点工序、关键部位要重点保证。对施工中的劳动力、材料、工具等要合理分配使用，达到既能满足施工作业的需要，又能取得较好的生产效率的目的。

5. 在计划的执行过程中，对已变化了的作业计划，要不失时机地根据变化了的情况及时加以调整和平衡，以保证在新的情况下，最好地实施计划目标。

三、班组的质量管理

施工质量的好坏不仅关系到企业的经济效益，而且关系到企业的社会效益，因此它是企业经营管理的核心。

班组生产质量的好坏，直接影响到后续工序的顺利进行，从而决定了施工项目的质量。因此，班组在施工质量管理方面应强调以下几点：

(一)贯彻“质量第一”方针 班组在施工中必须坚定不移地贯彻“质量第一”的方针，除了利用必要的检查控制手段外，还应建立健全并严格执行各项规章制度，确保工程质量。

(二)坚持“预防为主”方针 在施工管理中应坚持“预防为主”的方针，防患于未然，将工程质量问题的苗头和事故隐患消灭在萌芽之中，最大限度地减少损失，以施工质量保证工程质量的稳定提高。

(三)坚持“谁施工，谁负责”的原则 认真落实质量承包责任制，坚持“谁施工谁负责”的原则，层层设防，道道把关，人人有责，落到实处。

(四)坚持边施工,边自检、互检的制度　作业人员必须严格按图施工,在施工过程中应坚持边施工,边自检、互检的制度,有问题及时改正,确保施工质量符合设计和施工的质量要求。

(五)按国家有关规定进行全面检查　每项任务完成后,应按国家标准中的有关规定进行全面的检查,并如实填写质量自检记录,送交质量专职检查员复查和评定质量等级。

(六)严格执行上下工序交接检查验收制度　严格执行上下工序交接检查验收制度,做到本班的质量不合格不交工,上道工序不符合要求不进行下道工序的施工,保证每道工序符合质量标准。

(七)保护好原材料　保护好原材料、半成品,不损坏成品、不污染成品,防止材料的混杂和丢失。

(八)有质量问题的材料不得用于正式工程　当原材料、半成品、成品、设备等有质量问题时,应及时向施工队反映,在没有得到正式答复以前不得用于正式工程上。

(九)严格执行国家计量法　严格执行国家计量法,对计量仪器和测量仪器应精心维护,进行必要的检定,使之保持良好的工作状态。

(十)坚持奖罚严明的质量管理制度　对质量好的要进行精神和物质的表彰和奖励;对施工质量不好的,必须查明原因,订出改进措施并落实,对有关责任人员视情节的轻重分别给予批评和惩罚。

四、班组的安全管理

班组安全管理必须贯彻国家制定的"安全第一,预防为主"的安全生产方针,通过教育使班组全体人员了解有关安全生产的方针和制度。

班组的安全管理重点抓好以下几点：

1. 安全教育与思想教育相结合，认真贯彻有关安全生产的方针、政策、法令和各项制度，克服工人单纯追求完成定额而不关心安全的倾向。

2. 加强工前教育、工中检查、工完讲评的"三工教育"，对安全工作进行严格、及时的监控。

3. 教育班组人员自觉遵守生产安全操作规程，树立牢固、正确的安全生产观念，增强安全生产意识和自我防护能力。

4. 抓好安全技术交底和安全操作交底的日常工作。此工作除了日常抓好，并作好记录外，还要突出重点，针对性强，切忌公式化。

5. 对本班组工作范围的安全进行经常性的检查，发现隐患应及时向有关人员和部门报告，并积极提出消除隐患的意见。

6. 认真落实安全技术措施，要不断丰富职工安全操作知识，提高职工对安全作业环境的辨别能力，培养他们维护施工作业环境和提高防护能力的自觉性。

7. 正确使用和爱护劳动保护用品和安全设施。

8. 积极参加伤亡事故的调查。如一旦发生事故，要参加事故分析会，做到事故原因不查明不放过，没有切实可行的改正措施不放过，事故责任者和群众没有受到教育并吸取教训不放过。

五、QC 小组活动

在施工企业中生产和工作岗位上劳动的职工，围绕企业的方针目标，运用全面质量管理的理论和方法，以改进质量、降低消耗、提高经济效益和管理水平为目的而组织起来开展活动的小组，统称为质量管理小组，简称为QC小组。

目前，施工企业正积极开展全面质量管理工作。全面质量管理，是现代化管理的一种科学管理方法，它以实行全过程、全企业、全人员的“三全”管理为基本手段，充分发挥企业内部各部门各方面的作用，不断提高企业的管理水平，从而生产出物美价廉、经久耐用、社会和用户都满意的优质产品。

在建筑工程项目施工中，有几百人，几十个专业、工种，几十道工序同时进行施工，仅仅靠专职质量管理检查监控机构和少数专职质量检查人员是无法搞好工程质量的。必须广泛发动群众参加管理，实行专业管理与群众管理相结合的体制，使专管成线，群管成网。这几年开展群众性质量管理活动的成功经验是开展QC小组活动。

工程项目可以根据需要，成立若干个QC小组，针对某些特殊工序，包括操作难度比较高的工序，以及技术、质量难点设立活动课题，开展攻关活动。

通过QC小组活动，调动了职工的积极性和创造性，较好地解决了技术和质量中的难点，培养了职工搞好工程质量的自觉性，激发了广大职工学文化、学技术的热情。达到施工全过程的自检自控，从而高效地建造出质量高、造价低的建筑成品，以满足社会对精神和物质需求发展的需要。

(一)全面质量管理的基本内容　全面质量管理的基本内容包括：标准化、质量情报、质量教育、计量工作、质量责任制、建立质量管理小组等项工作。

1. 标准化工作。标准化是组织现代化生产的重要手段，是科学管理的重要组成部分，是国家的一项重要技术经济政策。

在施工企业中，标准化包括技术标准和企业工作标准。

技术标准是工程在性能、可靠性、安全性、经济性等质量特性方面应达到的标准，是进行施工、检查评定工程质量等级的依据。技术标准按其适用范围分为国家标准、部标准、企业标准。这些标准必须按其适用范围严格执行。

企业工作标准是企业为高质量、高效益地完成施工生产，要求企业内部各部门以至每个职工保证自己的工作质量而应达到的标准，具体通过管理工作规程、工作守则、管理条例以及有关的规章制度进行企业的施工管理、技术管理、质量管理工作。

2．质量情报工作。质量情报又称质量信息，是反映工程质量情况的各种数据、原始记录、统计报表、报告等的总称，它起着及时反映质量因素和企业生产状态的作用。

抓好质量情报工作应注意以下几点：

(1)保证质量情报的准确、及时、全面。准确是质量情报的关键，假数据比没有数据更坏，因为根据假数据会作出不符合实际的结论。情报贵在及时反映现场的施工状态，不失时机地解决施工中的质量问题。情报还要全面，因为孤立的、片面的情报也不能反映施工的真实情况，是没有价值的。

(2)做好各种资料、数据的收集、整理、分类归档工作。

3．质量教育工作。质量教育工作意在提高职工的质量意识和技术水平，是一项加强质量管理的根本性基础工作。

质量教育的内容包括：质量意识教育，全面质量管理的知识、技术标准和管理标准；企业的方针目标；质量管理小组的活动程序和活动方法；专业技术和有关的文化科学知识教育。

4．计量工作。计量工作是保证工程质量的重要工作。如果没有计量或计量不准确，就根本谈不上贯彻执行质量标准。

计量工作的主要内容是：配备齐全施工所需的量具、仪器，保证量具和仪器设备质量稳定、量度准确、操作灵便，使用先进的操作技术等。

5. 质量责任制。通过质量责任制将质量管理的各项目标进行层层分解，落实到企业每一个部门、每一个班组和每一个人，使质量工作事事有人管，人人有岗位，办事有标准，工作有考核，形成切实可行、完整有效的质量保证体系，以保证施工质量稳步提高。

6. 质量管理小组（QC 小组）。班组建立的 QC 小组，将质量责任制落到实处，并针对施工中的质量目标进行集体攻关。因此，QC 小组是开展全面质量管理的基础，是抓好班组质量工作，提高施工质量的重要保证。

（二）组建 QC 小组并开展活动　QC 小组的建立主要抓好以下工作：

1. 组建小组。结合本企业特点组建，一般有按工种班组建立和建立各专业工种的联合小组两种方式。

2. 人员组成。人数以 3～10 人为宜，应吸收技术骨干和积极分子参加，采取自愿结合的形式，要求组员有较高的质量意识、技术水平和事业心，努力学习、勇于探索。

3. 注册登记。QC 小组成立后，应向上级质量管理部门登记注册，以便上级掌握小组的基本情况、所选的课题、成果水平等。企业的各级领导应积极支持 QC 小组开展工作。

(1)QC 小组的活动要点一般有以下几点：

①小组的活动要建立在统计方法、信息反馈的科学管理上，要有明确的目标、计划、实施方法、检查和总结的科学程序。

②小组的活动要建立健全考核制度，用数据和图表说话，克服“差不多”的不科学方法。

③小组要根据现实的质量问题有针对性地选好课题。

④小组活动应经常化、制度化，不断完善和提高。

(2)QC 小组的活动内容包括以下主要方面：

①定期学习全面质量管理的基本理论和实施方法。

②开展经常化的日常质量管理活动，组织自检、互检，定期定量分析质量动态，以及组织质量攻关和技术改革活动。

③苦练基本功，不断提高专业技术水平。

④发现质量问题，及时分析原因，研究解决办法，并加以实施。

⑤做好日常原始数据和图表的记录与绘制。

⑥提出小组的经验总结报告，进行同级和上级的经验交流活动。

(3)QC 小组一般按以下程序开展工作：

①选定课题，确定目标。选题应有针对性，可根据企业的发展目标和发展规划来选，也可以根据施工中的关键、薄弱环节来选。选题应从提高质量、降低成本、提高效益、安全文明等方面考虑。

②调查分析，制定方案。课题选定以后，应对课题的现状进行调查分析，找出问题及症结所在，从而制定出有针对性的、切实可行的实施方案。

③根据方案组织实施。方案制定以后，要组织贯彻执行。在实施过程中，还应根据具体情况，对计划进行必要的调整、完善和补充，并做好记录。

④检查课题开展的效果。实施过程中以自检为主，方案完成后以专检为主，检查问题解决的程度。

⑤总结经验，写出 QC 成果报告。总结的目的在于：一是检查小组活动的质量，找出不足并提出改进意见；二是发表成

果、交流经验。

成果报告应简单明了，重点突出，分析精要，不回避存在问题。

(4)成果报告的要点如下：

①情况简介。

②选题理由。

③因果分析。

④对策实施。

⑤效果检查。

⑥巩固措施。

⑦存在问题和今后的打算。

QC 成果的发表，是检验 QC 小组活动的机会和主要形式。因此，各单位、各部门召开成果发布会时，有关领导和人员应积极参加，并组织对成果的鉴定，对成绩突出者给予奖励，以促进 QC 小组活动积极深入开展。

附　录

附录Ⅰ　钢丝绳尺寸换算表

英　　寸（分数）	英　　寸（小数）	我国习惯称呼	mm
1/16	0.0625	半分	1.5875
1/8	0.1250	一分	3.1750
3/16	0.1875	一分半	4.7625
1/4	0.2500	二分	6.3500
5/16	0.3125	二分半	7.9375
3/8	0.3750	三分	9.5250
7/16	0.4375	三分半	11.1125
1/2	0.5000	四分	12.7000
9/16	0.5625	四分半	14.2875
5/8	0.6250	五分	15.8750
11/16	0.6875	五分半	17.4652
3/4	0.7500	六分	19.0500
13/16	0.8125	六分半	20.6375
7/8	0.8750	七分	22.2250
15/16	0.9375	七分半	23.8125
1	1.0000	一英寸	25.4000

附录Ⅱ　土木建筑材料重量表

材　料　名　称	每块重量(kg)	每立方米重量(t)
黏土脊瓦	3.0	
石棉水泥瓦		1.800～2.100
石棉水泥板		1.900～2.000
脚手板		0.800～0.900
红白松		0.600
钢脚手板	长 3m:23～25	
钢脚手板	长 4m:30～31	
钢脚手板	长 6m:46～50	
黏土砖	2.5(干)	1.700
矿渣砖	2.4	1.400～1.600
硅酸盐砖	2.8	1.700～1.900
炉渣空心砖	11～14(大)	0.700～0.900
炉渣空心砖	6～8(小)	0.800～1.150
水泥平瓦	3.25	
黏土平瓦	3.0	
水泥脊瓦	3.5	
细　砂		1.200
块　石		1.600
河卵石		1.650
天然砂石		1.900
石　渣		1.300～1.500
焦　砟		0.880

续附录Ⅱ

材 料 名 称	每块重量(kg)	每立方米重量(t)
黄 土		1.250
渣 土		1.100
素混凝土		2.400
钢筋混凝土		2.500
膨胀珍珠岩混凝土		2.000
砂 浆		1.800
石 灰		0.800～1.000
白灰膏		1.350
粗 砂		1.500
中 砂		1.400

附录Ⅲ 初级架子起重工技术标准

(一)应 知

1. 识图和房屋构造的基本知识,看懂分部分项施工图和吊装方案图。

2. 架子材料的规格、质量、性能、用途。

3. 常用小型起重机具、卡具、索具、金属扣件的性能、使用保养方法。

4. 力的一般知识(如力的合成、分解和平衡)。

5. 常用脚手架的搭、拆方法和允许负荷量。

6. 一般斜道和棚盖坡度知识。

7. 搭、拆卷扬机架子、挑架子、掏空架子、门式架子、桥式架子、钢管井架的程序和方法。

8. 搭、拆跨度 9m 及其以下棚仓的程序、方法。

9. 绳扣打结及使用钢丝绳和卡具吊挂构件的方法。

10. 小型构件的起吊、运输方法和起重信号。

11. 构件吊装前的加固和吊装就位方法。

12. 本工种安全操作规程、施工验收规范和质量评定标准。

(二)应　　会

1. 搭、拆高度 20m 及以下架子、直上斜道、“之”字斜道、起重平台、卷扬机架子。

2. 搭、拆跨度 9m 及其以下棚仓。

3. 在架子上拔杆子,绑、拆剪刀撑和斜撑。

4. 制作和安装底笆(板)。

5. 架设安全网,配合安装吊篮和吊架子。

6. 吊装小型构件和架子材料。

7. 插 19mm 以下钢丝绳扣,穿三、三滑车绳。

8. 安、拆绞磨和卷扬机,埋地锚。

附录Ⅳ　中级架子起重工技术标准

(一)应　　知

1. 制图的基本知识,看懂本工种较复杂施工图。

2. 建筑力学的一般理论知识,各种架子的允许负荷量及保安期限。

3. 搭、拆各种吊架子和修缮架子的方法。

4. 高层架子、大跨度棚仓的搭设规范和防风、加固措施。
5. 小型构件和成捆架子材料找重心和选择吊点的方法。
6. 滑、大、飞、隧道模和升板工艺常识。
7. 班组管理知识。
8. 本工种施工方案的编制知识。

(二)应　　会

1. 绘制棚架施工草图。
2. 搭、拆挑架子、吊架子和一般掏空架子。
3. 主持搭、拆高度 20m 以上的各种架子及修缮各种架子。
4. 主持搭、拆跨度 9m 以上棚仓。
5. 配合装、拆各种模板和升板设备的作业。
6. 主持小型构件和架子材料的吊装。
7. 按图计算工料。
8. 制、立及移动一般木(金属)桅杆、二木搭。

附录V　高级架子起重工技术标准

(一)应　　知

1. 看懂本工种复杂施工图,并能审核图纸。
2. 复杂架子工程的施工方法。
3. 主要起重机具的性能和操作知识。
4. 装配式结构吊装的顺序。
5. 脚手架新工艺的知识。
6. 预防和处理本工种施工质量和安全事故的方法。

（二）应　　会

1. 主持搭、拆、修理高层（高度 60m 以上）架子和大跨度（跨度 30m 以上）掏空架子。

2. 主持一般钢筋混凝土构件吊装。

3. 推广、应用本工种新技术、新工艺、新材料和新设备。

4. 向初、中级工传授操作技能，并能解决本工种操作技术上的疑难问题。

5. 编制本工种施工方案，并组织施工。